一线资深工程师教你学 CAD/CAE/CAM 丛书

UG NX 12.0
快速入门及应用技巧

北京兆迪科技有限公司　编著

机械工业出版社

本书是系统学习 UG NX 12.0 软件的快速入门及应用技巧书籍，内容包括 UG NX 12.0 的安装、软件配置、二维草图的设计、零件设计、曲面设计、钣金设计、工程图设计、装配设计、模具设计和数控加工等，各功能模块都配有大量综合实例。

本书以"入门快速、简明实用"为指导，讲解由浅入深，内容清晰简明、图文并茂。在内容安排上，书中结合大量的范例对 UG NX 12.0 软件各个模块中一些抽象的概念、命令、功能和应用技巧进行讲解，所使用的范例或综合实例均为一线真实产品，这样的安排能使读者较快地进入工作实战状态；在写作方式上，本书紧贴 UG NX 12.0 软件的真实界面进行讲解，使读者能够直观、准确地操作软件，从而提高学习效率。本书附带 1 张多媒体 DVD 教学光盘，制作了与本书全程同步的语音视频文件，含多个 UG 应用技巧和具有针对性实例的语音教学视频。另外，光盘还包含了本书所有的素材源文件和已完成的实例文件。

本书可作为工程技术人员的 UG 自学教程和参考书，也可供大专院校机械专业师生作为教学参考。

图书在版编目（CIP）数据

UG NX 12.0 快速入门及应用技巧/ 北京兆迪科技有限公司编著. —2 版. —北京：机械工业出版社，2019.4
（一线资深工程师教你学 CAD/CAE/CAM 丛书）
ISBN 978-7-111-62128-7

Ⅰ. ①U⋯　Ⅱ. ①北⋯　Ⅲ. ①计算机辅助设计—应用软件　Ⅳ. ①TP391.72

中国版本图书馆 CIP 数据核字（2019）第 037056 号

机械工业出版社（北京市百万庄大街 22 号　邮政编码：100037）
策划编辑：丁　锋　　　　　　责任编辑：丁　锋
责任校对：张　薇　樊钟英　封面设计：张　静
责任印制：张　博
北京铭成印刷有限公司印刷
2019 年 4 月第 2 版第 1 次印刷
184mm×260 mm・24 印张・445 千字
0001—3000 册
标准书号：ISBN 978-7-111-62128-7
　　　　　ISBN 978-7-88709-988-4（光盘）
定价：69.90 元（含多媒体 DVD 光盘 1 张）

凡购本书，如有缺页、倒页、脱页，由本社发行部调换

电话服务　　　　　　　　　　网络服务
服务咨询热线：010-88361066　机工官网：www.cmpbook.com
读者购书热线：010-68326294　机工官博：weibo.com/cmp1952
　　　　　　　　　　　　　　　金 书 网：www.golden-book.com
封面无防伪标均为盗版　教育服务网：www.cmpedu.com

前　　言

编写本书的目的是帮助众多读者快速学会 UG NX 12.0 核心功能模块的使用方法，满足读者实际产品设计和制造的需求。本书是系统学习 UG NX 12.0 软件的快速入门及应用技巧书籍，特色如下。

- **内容全面、实用。**涵盖了产品的零件设计（含曲面、钣金设计）、装配、工程图设计、模具设计和数控加工等核心功能模块。
- **入门快速。**书中结合大量的案例对 UG NX 12.0 软件各个模块中一些抽象的概念、命令、功能和应用技巧进行讲解，所使用的案例均为一线真实产品，使初学者能够直观、准确地操作软件，这些特点都有助于读者快速学习和掌握 UG NX 12.0 这一设计利器。
- **实例丰富。**因为书的纸质容量有限，所以随书光盘中存放了大量的范例或实例教学视频（全程语音讲解），这些范例或综合实例均为一线真实产品，这样的安排可以进一步迅速提高读者的实战水平，同时也提高了本书的性价比。
- **附带 1 张多媒体 DVD 教学光盘。**包括大量 UG 应用技巧和具有针对性实例的语音教学视频，可以帮助读者轻松、高效地学习。

本书由北京兆迪科技有限公司编著，参加编写的人员有詹友刚、王焕田、刘静、雷保珍、刘海起、魏俊岭、任慧华、詹路、冯元超、刘江波、周涛、段进敏、赵枫、邵为龙、侯俊飞、龙宇、施志杰、詹棋、高政、孙润、李倩倩、黄红霞、尹泉、李行、詹超、尹佩文、赵磊、王晓萍、陈淑童、周攀、吴伟、王海波、高策、冯华超、周思思、黄光辉、党辉、冯峰、詹聪、平迪、管璇、王平、李友荣。本书虽已经过多次审校，但仍难免有疏漏之处，恳请广大读者予以指正。

本书随书光盘中含有"读者意见反馈卡"的电子文档，请读者认真填写本反馈卡，并 E-mail 给我们。E-mail: 兆迪科技 zhanygjames@163.com，丁锋 fengfener@qq.com。

咨询电话：010-82176248，010-82176249。

编　者

读者购书回馈活动

为了感谢广大读者对兆迪科技图书的信任与支持，兆迪科技面向读者推出"免费送课"活动，即日起，读者凭有效购书证明，可领取价值 100 元的在线课程代金券 1 张，此券可在兆迪科技网校（http://www.zalldy.com/）免费换购在线课程 1 门。活动详情可以登录兆迪网校或者关注兆迪公众号查看。

兆迪网校

兆迪公众号

本 书 导 读

为了能更好地学习本书的知识，请您仔细阅读下面的内容。

【写作软件蓝本】

本书采用的写作蓝本是 UG NX 12.0 中文版。

【写作计算机操作系统】

本书使用的操作系统为 64 位的 Windows7，系统主题采用 Windows 经典主题。

【光盘使用说明】

为了使读者方便、高效地学习，特将本书中所有的练习文件，素材文件，已完成的实例、范例或案例文件，软件的相关配置文件和视频语音讲解文件等按章节顺序放入随书附带的光盘中，读者在学习过程中可以打开相应的文件进行操作、练习和查看视频。

本书附带多媒体 DVD 助学光盘 1 张，建议读者在学习本书前，先将 DVD 光盘中的所有内容复制到计算机硬盘的 D 盘中。

在光盘的 ugxc12 目录下共有 2 个子目录。

（1）work 子文件夹：包含本书全部已完成的实例、范例或案例文件。

（2）video 子文件夹：包含本书讲解中所有的视频文件（含语音讲解），学习时，直接双击某个视频文件即可播放。

光盘中带有 "ok" 扩展名的文件或文件夹表示已完成的实例、范例或案例。

相比于老版本的软件，UG NX 12.0 中文版在功能、界面和操作上变化极小，经过简单的设置后，几乎与老版本完全一样（书中已介绍设置方法）。因此，对于软件新老版本操作完全相同的内容部分，光盘中仍然使用老版本的视频讲解，对于绝大部分读者而言，并不影响软件的学习。

【本书约定】

● 　本书中有关鼠标操作的简略表述说明如下。

　　☑ 　单击：将鼠标指针移至某位置处，然后按一下鼠标的左键。

　　☑ 　双击：将鼠标指针移至某位置处，然后连续快速地按两次鼠标的左键。

　　☑ 　右击：将鼠标指针移至某位置处，然后按一下鼠标的右键。

　　☑ 　单击中键：将鼠标指针移至某位置处，然后按一下鼠标的中键。

- ☑ 滚动中键：只是滚动鼠标的中键，而不是按中键。
- ☑ 选择（选取）某对象：将鼠标指针移至某对象上，单击以选取该对象。
- ☑ 拖移某对象：将鼠标指针移至某对象上，然后按下鼠标的左键不放，同时移动鼠标，将该对象移动到指定的位置后再松开鼠标的左键。
- 本书中的操作步骤分为"任务"和"步骤"两个级别，说明如下。
  - ☑ 对于一般的软件操作，每个操作步骤以 Step 开始。例如，下面是草绘环境中绘制矩形操作步骤的表述。

    Step1. 单击 ▭ 按钮。

    Step2. 在绘图区某位置单击，放置矩形的第一个角点，此时矩形呈"橡皮筋"样变化。

    Step3. 单击 XY 按钮，再次在绘图区某位置单击，放置矩形的另一个角点。此时，系统即在两个角点间绘制一个矩形。

  - ☑ 每个"步骤"操作视其复杂程度，其下面可含有多级子操作。例如，Step 下可能包含（1）、（2）、（3）等子操作，（1）子操作下可能包含①、②、③ 等子操作，①子操作下可能包含 a）、b）、c）等子操作。
  - ☑ 如果有多个任务的操作，则每个"任务"冠以 Task1、Task2、Task3 等，每个"任务"操作下则包含"步骤"级别的操作。
  - ☑ 因为已建议读者将随书光盘中的所有文件复制到计算机硬盘的 D 盘中，所以书中在要求设置工作目录或打开光盘文件时，所述的路径均以"D:"开始。

为了感谢广大读者对兆迪科技图书的信任与厚爱，兆迪科技面向读者推出免费送课、光盘下载、最新图书信息咨询、与主编在线直播互动交流等服务。

- 免费送课。读者凭有效购书证明，可领取价值 100 元的在线课程代金券 1 张，此券可在兆迪科技网校（http://www.zalldy.com/）免费换购在线课程 1 门，活动详情可以登录兆迪网校查看。
- 光盘下载。本书随书光盘中的所有文件已经上传至网络，如果您的随书光盘丢失或损坏，可以登录网站 http://www.zalldy.com/page/book 下载。

咨询电话：010-82176248，010-82176249。

目　录

第 1 章　UG NX 12.0 基础入门

1.1　UG NX 12.0 应用详解

UG NX 12.0 中提供了多种功能模块，它们既相互独立又相互联系。下面将简要介绍 UG NX 12.0 中的一些常用模块及其功能。

1．基本环境

基本环境提供一个交互环境，它允许打开已有的部件文件、创建新的部件文件、保存部件文件、创建工程图、屏幕布局、选择模块、导入和导出不同类型的文件，以及其他一般功能。该环境还提供强化的视图显示操作、屏幕布局和层功能、工作坐标系操控、对象信息和分析，以及访问联机帮助。

基本环境是执行其他交互应用模块的先决条件，是用户打开 UG NX 12.0 进入的第一个应用模块。在 UG NX 12.0 中，通过 文件(F) ➡️ 启动 列表中的 基本环境(G)... 命令，便可以在任何时候从其他应用模块回到基本环境。

2．零件建模

- 实体建模：支持二维和三维的非参数化模型或参数化模型的创建、布尔操作以及基本的相关编辑，它是最基本的建模模块，也是"特征建模"和"自由形状建模"的基础。

- 特征建模：这是基于特征的建模应用模块，支持如孔、槽等标准特征的创建和相关的编辑，允许抽空实体模型并创建薄壁对象，允许一个特征相对于任何其他特征定位，且对象可以被实例引用建立相关的特征集。

- 自由形状建模：主要用于创建复杂形状的三维模型。该模块中包含一些实用的技术，如沿曲线的一般扫描；使用 1 轨、2 轨和 3 轨方式按比例展开形状；使用标准二次曲线方式的放样形状等。

- 钣金特征建模：该模块是基于特征的建模应用模块，它支持专门的钣金特征，如弯头、肋和裁剪的创建。这些特征可以在 Sheet Metal Design 应用模块中被进

◀ ◀ ◀ ◀　　1

一步操作，如钣金件成形和展开等。该模块允许用户在设计阶段将加工信息整合到所设计的部件中。实体建模和 Sheet Metal Design 模块是运行此应用模块的先决条件。

● 用户自定义特征（UDF）：允许利用已有的实体模型，通过建立参数间的关系、定义特征变量、设置默认值等工具和方法构建用户自己常用的特征。用户自定义特征可以通过特征建模应用模块被任何用户访问。

3. 工程图

工程图模块可以从已创建的三维模型自动生成工程图图样，用户也可以使用内置的曲线/草图工具手动绘制工程图。"制图"功能支持自动生成图纸布局，包括正交视图投影、剖视图、辅助视图、局部放大图以及轴测视图等，也支持视图的相关编辑和自动隐藏线编辑。

4. 装配

装配应用模块支持"自顶向下"和"自底向上"的设计方法，提供了装配结构的快速移动，并允许直接访问任何组件或子装配的设计模型。该模块支持"在上下文中设计"的方法，即当工作在装配的上下过程中时，可以对任何组件的设计模型进行改变。

5. 用户界面样式编辑器

用户界面样式编辑器是一种可视化的开发工具，允许用户和第三方开发人员生成 UG NX 对话框，并生成封装了有关创建对话框的代码文件，这样用户不需要掌握复杂的图形化用户界面（GUI）的知识，就可以轻松改变 UG NX 的界面。

6. 加工

加工模块用于数控加工模拟及自动编程，可以进行一般的 2 轴、2.5 轴铣削，也可以进行 3 轴到 5 轴的加工；可以模拟数控加工的全过程；支持线切割等加工操作；还可以根据加工机床控制器的不同来定制后处理程序，因而生成的指令文件可直接应用于用户的特定数控机床，而不需要修改指令，便可进行加工。

7. 分析

● 模流分析（Moldflow）：该模块用于在注射模中分析熔化塑料的流动，在部件上构造有限元网格，并描述模具的条件与塑料的特性，利用分析包反复运行以决定最佳条件，减少试模的次数，并可以产生表格和图形文件两种结果。此模块能节省模具设计和制造的成本。

- Motion 应用模块：该模块提供了精密、灵活的综合运动分析。它有以下 2 个特点：提供了机构链接设计的所有方面，从概念到仿真原型；它的设计和编辑能力允许用户开发任一多连杆机构，完成运动学分析，且提供了多种格式的分析结果，同时可将该结果提供给第三方运动学分析软件进行进一步分析。

- 智能建模（ICAD）：该模块可在 ICAD 和 NX 之间启用线框和实体几何体的双向转换。ICAD 是一种基于知识的工程系统，它允许描述产品模型的信息（物理属性诸如几何体、材料类型及函数约束），并进行相关处理。

8. 编程语言

- 图形交互编程（GRIP）：是一种在很多方面与 Fortran 类似的编程语言，使用类似于英语的词汇，GRIP 可以在 NX 及其相关应用模块中完成大多数的操作。在某些情况下，GRIP 可用于执行高级的定制操作，这比在交互的 NX 中执行更高效。

- NX Open C 和 C++ API 编程：是使程序开发能够与 NX 组件、文件和对象数据交互操作的编程界面。

9. 质量控制

- VALISYS：利用该应用模块可以将内部的 Open C 和 C++ API 集成到 NX 中，该模块也提供单个的加工部件的 QA（审查、检查和跟踪等）。

- DMIS：该应用模块允许用户使用坐标测量机（CMM）对 NX 几何体编制检查路径，并从测量数据生成新的 NX 几何体。

10. 机械布管

利用该模块可对 UG NX 装配体进行管路布线。例如，在飞机发动机内部、管道和软管中，从燃料箱连接到发动机周围不同的喷射点上。

11. 钣金（Sheet Metal）

该模块提供了基于参数、特征方式的钣金零件建模功能，并提供对模型的编辑功能和零件的制造过程，还提供了对钣金模型展开和重叠的模拟操作。

12. 电子表格

电子表格程序提供了在 Xess 或 Excel 电子表格与 UG NX 之间的智能界面。可以使用电子表格来执行以下操作。

- 从标准表格布局中构建部件主题或族。
- 使用分析场景来扩大模型设计。
- 使用电子表格计算优化几何体。
- 将商业议题整合到部件设计中。
- 编辑 UG NX 12.0 复合建模的表达式——提供 UG NX 12.0 和 Xess 电子表格之间概念模型数据的无缝转换。

13. 电气线路

电气线路使电气系统设计者能够在用于描述产品机械装配的相同 3D 空间内创建电气配线。电气线路将所有相关电气元件定位于机械装配内，并生成建议的电气线路中心线，然后将全部相关的电气元件从一端发送到另一端，而且允许在相同的环境中生成并维护封装设计和电气线路安装图。

注意：以上有关 UG NX 12.0 功能模块的介绍仅供参考，如有变动应以 UGS 公司最新相关的正式资料为准，特此说明。

1.2　UG NX 12.0 软件的安装与启动

1.2.1　UG NX 12.0 软件的安装要求

UG NX 12.0 应用程序可以安装在工作站（Workstation）或个人计算机（PC）上，为了保证应用程序的正常安装和使用，安装前要了解安装要求及安装前的准备。下面首先介绍安装 UG NX 12.0 应用程序的相关要求及安装前的准备，然后介绍其安装的一般过程。

1. 硬件要求

- CPU 芯片：一般要求奔腾 3 以上，推荐使用英特尔公司生产的"酷睿"系列双核心以上的芯片。
- 内存：一般要求为 4GB 以上。如果要装配大型部件或产品，进行结构、运动仿真分析或产生数控加工程序，则建议使用 8GB 以上的内存。

- 显卡：一般要求支持 Open_GL 的 3D 显卡，分辨率为 1024×768 像素以上，推荐使用至少 64 位独立显卡，显存 512MB 以上。如果显卡性能太低，打开软件后会自动退出。
- 网卡：以太网卡。
- 硬盘：安装 UG NX 12.0 软件系统的基本模块需要 14GB 左右的硬盘空间，考虑到软件启动后虚拟内存及获取联机帮助的需要，建议在硬盘上准备 16GB 以上的空间。
- 鼠标：强烈建议使用三键（带滚轮）鼠标，如果使用二键鼠标或不带滚轮的三键鼠标，会极大地影响工作效率。
- 显示器：一般要求使用 15in（1in=2.54cm）以上显示器。
- 键盘：标准键盘。

2．操作系统要求

- 操作系统：UG NX 12.0 无法在 32 位系统上安装，推荐使用 64 位 Windows 7 系统；Internet Explorer 要求 IE 8 或 IE 9；Excel 和 Word 版本要求 2007 版或 2010 版。
- 硬盘格式：建议格式为 NTFS，FAT 也可。
- 网络协议：TCP/IP。
- 显卡驱动程序：分辨率为 1024×768 像素以上，真彩色。

1.2.2　UG NX 12.0 的安装方法

下面具体介绍 UG NX 12.0 应用程序的安装过程。

Task1．在服务器上准备好许可证文件

Step1. 首先将合法获得的 UG NX 12.0 许可证文件 NX 12.0.lic 复制到计算机中的某个位置，例如 C:\ug12.0\NX 12.0.lic。

Step2. 修改许可证文件并保存，如图 1.2.1 所示。

Task2．安装许可证管理模块

Step1. 将 UG NX 12.0 软件（NX 12.0.0.27 版本）安装光盘放入光驱内（如果已经将系统安装文件复制到硬盘上，可双击系统安装目录下的 `Launch.exe` 文件），等待片刻后，系统会弹出"NX 12 Software Installation"对话框，在此对话框中单击 **Install License Manager** 按

钮；然后在系统弹出的对话框中接受系统默认的语言 简体中文 ，单击 确定 按钮。

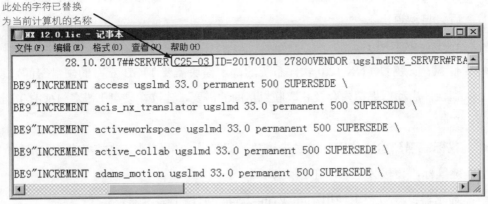

图 1.2.1 修改许可证文件

Step2. 在系统弹出的 "Siemens PLM License Server v8.2.4.1" 对话框中单击 下一步(N) 按钮。

Step3. 等待片刻后，在 "Siemens PLM License Server v8.2.4.1" 对话框中接受默认的安装路径，然后单击 下一步(N) 按钮。

Step4. 在系统弹出的 "Siemens PLM License Server v8.2.4.1" 对话框中单击 选择(O)... 按钮，选择许可证路径（即 NX 12.0.lic 的路径），然后单击 下一步(N) 按钮。

Step5. 在系统弹出的 "Siemens PLM License Server v8.2.4.1" 对话框中单击 安装(I) 按钮。

Step6. 完成许可证管理模块的安装。

（1）系统弹出 "Siemens PLM License Server v8.2.4.1" 对话框，并显示安装进度，然后在系统弹出的 "Siemens PLM License Server" 对话框中单击 确定 按钮。

（2）等待片刻后，在 "Siemens PLM License Server v8.2.4.1" 对话框中单击 完成(D) 按钮，完成许可证的安装。

Task3. 安装 UG NX 12.0 软件主体

Step1. 在 "NX 12.0 Software Installation" 对话框中单击 Install NX 按钮。

Step2. 在系统弹出的 "Siemens NX 12.0 InstallShield Wizard" 对话框中接受系统默认的语言 中文（简体） ，单击 确定(O) 按钮。

Step3. 数秒后，系统弹出 "Siemens NX 12.0 InstallShield Wizard" 对话框（一），单

击 下一步(N) > 按钮。

Step4. 系统弹出"Siemens NX 12.0 InstallShield Wizard"对话框（二），选中 ⊙ 完整安装(O) 单选项，采用系统默认的安装类型，单击 下一步(N) > 按钮。

Step5. 系统弹出"Siemens NX 12.0 InstallShield Wizard"对话框（三），接受系统默认的路径，单击 下一步(N) > 按钮。

Step6. 系统弹出图 1.2.2 所示的"Siemens NX 12.0 InstallShield Wizard"对话框（四），确认 输入服务器名或许可证文件。 文本框中的"27800@"后面已是当前计算机的名称，单击 下一步(N) > 按钮。

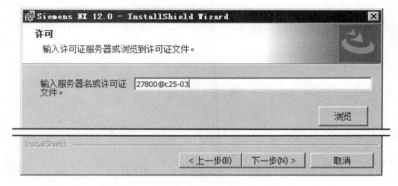

图 1.2.2　"Siemens NX 12.0 InstallShield Wizard"对话框（四）

Step7. 系统弹出"Siemens NX 12.0 InstallShield Wizard"对话框（五），选中 ⊙ 简体中文 单选项，单击 下一步(N) > 按钮。

Step8. 系统弹出"Siemens NX 12.0 InstallShield Wizard"对话框（六），单击 安装(I) 按钮。

Step9. 完成主体安装。

（1）系统弹出"Siemens NX 12.0 InstallShield Wizard"对话框（七），并显示安装进度。

（2）等待片刻后，在"Siemens NX 12.0 InstallShield Wizard"对话框（八）中单击 完成(F) 按钮，完成安装。

（3）在"NX 12 Software Installation"对话框中单击 Exit 按钮，退出 UG NX 12.0 的安装程序。

1.2.3　UG NX 12.0 软件的启动和退出

一般来说，有两种方法可启动并进入 UG NX 12.0 软件环境。

方法一：双击 Windows 桌面上的 NX 12.0 软件快捷图标。

说明：如果软件安装完毕后，桌面上没有 NX 12.0 软件快捷图标，请参考下面介绍的方法二启动软件。

方法二：从 Windows 系统"开始"菜单进入 UG NX 12.0，操作方法如下。

Step1. 单击 Windows 桌面左下角的 开始 按钮。

Step2. 选择 所有程序 ➡ Siemens NX 12.0 ➡ NX 12.0 命令，系统进入 UG NX 12.0 软件环境。

退出 UG 软件环境的方法与其他软件相似，单击标题栏右上角的 ⨯ 按钮，即可退出软件环境。

1.3　UG NX 12.0 的工作界面

1.3.1　设置界面主题

启动软件后，一般情况下系统默认显示的是图 1.3.1 所示的 "浅色（推荐）"界面主题，由于在该界面主题下软件中的部分字体显示较小，显示得不够清晰，因此本书的写作界面将采用"经典，使用系统字体"界面主题，读者可以按照以下方法设置界面主题。

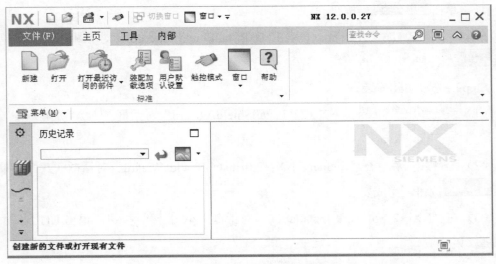

图 1.3.1　"浅色（推荐）"界面主题

Step1. 单击软件界面左上角的 文件(F) 按钮。

Step2. 选择 首选项(P) ➡ 用户界面(I)… 命令，系统弹开图 1.3.2 所示的"用户界面首选项"对话框。

Step3. 在"用户界面首选项"对话框中单击 主题 选项组，在右侧 类型 下拉列表中选择 经典，使用系统字体 选项。

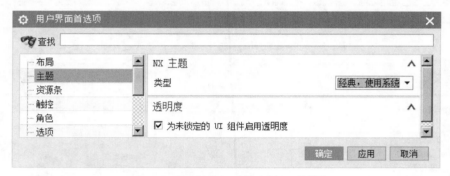

图 1.3.2　"用户界面首选项"对话框

Step4. 在"用户界面首选项"对话框中单击 确定 按钮，完成界面设置，如图 1.3.3 所示。

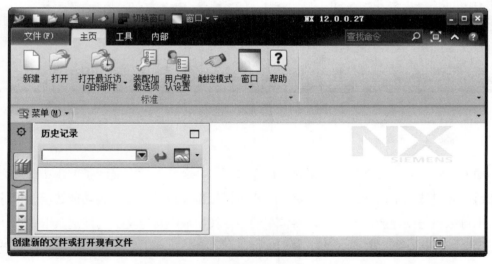

图 1.3.3　"经典，使用系统字体"界面主题

1.3.2　UG NX 12.0 用户界面简介

在学习本节时，请先打开文件 D:\ugxc12\work\ch01.03.02\down_base.prt。

UG NX 12.0 的"经典，使用系统字体"用户界面包括标题栏、下拉菜单区、快速访问工具条、功能区、消息区、图形区、部件导航器区及资源工具条，如图 1.3.4 所示。

图 1.3.4　UG NX 12.0 中文版界面

1．功能区

功能区中包含"文件"下拉菜单和命令选项卡。命令选项卡显示了 UG 中的所有功能按钮，并以选项卡的形式进行分类。用户可以根据需要自己定义各功能选项卡中的按钮，也可以自己创建新的选项卡，将常用的命令按钮放在自定义的功能选项卡中。

注意：用户会看到有些菜单命令和按钮处于非激活状态（呈灰色，即暗色），这是因为它们目前还没有处在发挥功能的环境中，一旦它们进入有关的环境，便会自动激活。

2．下拉菜单区

下拉菜单中包含创建、保存、修改模型和设置 UG NX 12.0 环境的所有命令。

3. 资源工具条区

资源工具条区包括"装配导航器""约束导航器""部件导航器""重用库""视图管理器导航器"和"历史记录"等导航工具。用户通过该工具条可以方便地进行一些操作。对于每一种导航器，都可以直接在其相应的项目上右击，快速地进行各种操作。

资源工具条区主要选项的功能说明如下。

- "装配导航器"显示装配的层次关系。
- "约束导航器"显示装配的约束关系。
- "部件导航器"显示建模的先后顺序和父子关系。父对象（活动零件或组件）显示在模型树的顶部，其子对象（零件或特征）位于父对象之下。在"部件导航器"中右击，从系统弹出的快捷菜单中选择 时间戳记顺序 命令，则按"模型历史"显示。"模型历史树"中列出了活动文件中的所有零件及特征，并按建模的先后顺序显示模型结构。若打开多个 UG NX 12.0 模型，则"部件导航器"只反映活动模型的内容。
- "重用库"中可以直接从库中调用标准零件。
- "历史记录"中可以显示曾经打开过的部件。

4. 消息区

执行有关操作时，与该操作有关的系统提示信息会显示在消息区。消息区中间有一个可见的边线，左侧是提示栏，用来提示用户如何操作；右侧是状态栏，用来显示系统或图形当前的状态，例如显示选取结果信息等。执行每个操作时，系统都会在提示栏中显示用户必须执行的操作，或者提示下一步操作。对于大多数的命令，用户都可以利用提示栏的提示来完成操作。

5. 图形区

图形区是 UG NX 12.0 用户主要的工作区域，建模的主要过程、绘制前后的零件图形、分析结果和模拟仿真过程等都在这个区域内显示。用户在进行操作时，可以直接在图形区中选取相关对象进行操作。

同时还可以选择多种视图操作方式。

方法一：右击图形区，系统弹出快捷菜单，如图 1.3.5 所示。

方法二：按住右键，系统弹出挤出式菜单，如图 1.3.6 所示。

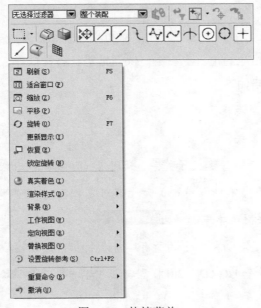

图 1.3.5　快捷菜单

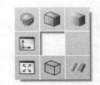

图 1.3.6　挤出式菜单

6. "全屏"按钮

在 UG NX 12.0 中单击"全屏"按钮，允许用户将可用图形窗口最大化。在最大化窗口模式下再次单击"全屏"按钮，即可切换到普通模式。

1.4　UG NX 12.0 的鼠标基本操作

用鼠标不但可以选择某个命令、选取模型中的几何要素，还可以控制图形区中的模型进行缩放和移动，这些操作只是改变模型的显示状态，却不能改变模型的真实大小和位置。

- 按住鼠标中键并移动鼠标，可旋转模型。
- 先按住键盘上的 Shift 键，然后按住鼠标中键，移动鼠标可移动模型。
- 滚动鼠标中键滚轮，可以缩放模型：向前滚，模型变大；向后滚，模型变小。

1.5　UG NX 12.0 的文件基本操作

1.5.1　创建工作目录

使用 UG NX 12.0 软件时，应该注意文件的目录管理。如果文件管理混乱，会造成系统找不到正确的相关文件，从而严重影响 UG NX 12.0 软件的全相关性，同时也会使文件的保存、删除等操作产生混乱，因此应按照操作者的姓名、产品名称（或型号）建立用户文件目录，如本书要求在 E 盘上创建一个名为 ug-course 的文件目录（如果用户的计算机上没有 E 盘，在 C 盘或 D 盘上创建也可）。

1.5.2　文件的新建

新建一个 UG 文件可以采用以下方法。

Step1. 选择下拉菜单 文件(F) ➡ 新建(N)... 命令（或单击"新建"按钮 ）。

Step2. 系统弹出图 1.5.1 所示的 "新建"对话框；在 模板 列表框中选择模板类型为 模型 ，在 名称 文本框中输入文件名称（如_model1），单击 文件夹 文本框后的 按钮设置文件存放路径（或者在 文件夹 文本框中输入文件保存路径）。

Step3. 单击 确定 按钮，完成新部件的创建。

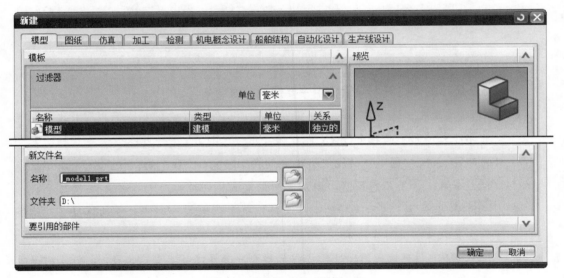

图 1.5.1　"新建"对话框

1.5.3　文件的打开

打开一个文件，一般采用以下方法。

Step1. 选择下拉菜单 文件(F) ➡ 打开(O)... 命令。

Step2. 系统弹出图 1.5.2 所示的"打开"对话框；在 查找范围(I): 下拉列表中选择需打开文件所在的目录（如 D:\ugxc12\work\ch01.05.03），选中要打开的文件后，在 文件名(N): 文本框中显示部件名称（如 down_base.prt），也可以在 文件类型(T): 下拉列表中选择文件类型。

Step3. 单击 OK 按钮，即可打开部件文件。

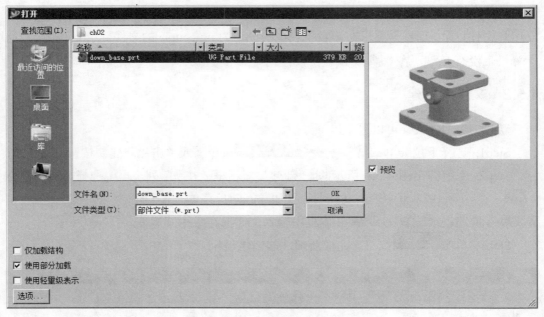

图 1.5.2　"打开"对话框

图 1.5.2 所示的"打开"对话框中主要选项的说明如下。

- ☑ 预览 复选框：选中该复选框，将显示选择部件文件的预览图像。利用此功能观看部件文件而不必在 UG NX 12.0 软件中一一打开，这样可以很快地找到所需要的部件文件。"预览"功能仅针对存储在 UG NX 12.0 中的部件，在 Windows 平台上有效。如果不想预览，取消选中该复选框即可。

- 文件名(N) 文本框：显示选择的部件文件，也可以输入一部件文件的路径名，路径名长度最多为 256 个字符。

- 文件类型(T) 下拉列表：用于选择文件的类型。选择了某类型后，在"打开"对话框的列表框中仅显示该类型的文件，系统也自动地用显示在此区域中的扩展名存储部件文件。

- 选项... （选项）：单击此按钮，系统弹出"装配加载选项"对话框，利用该对话框可以对加载方式、加载组件和搜索路径等进行设置。

1.5.4　保存文件

1. 保存

在 UG NX 12.0 中，选择下拉菜单 文件(F) ➡ 保存(S) 命令，即可保存文件。

2. 另存为

选择下拉菜单 文件 (F) ➡ 另存为 (A)... 命令，系统弹出"另存为"对话框，可以利用不同的文件名存储一个已有的部件文件作为备份。

1.5.5　导入与导出文件

导入文件是将其他三维软件（如 CATIA、Pro/E）创建的文件，或一些中间格式的文件（如 STP 文件、IGS 文件）导入到 UG 中；导出文件是将 UG 文件转换成中间格式文件，以便能使用其他三维软件打开。如果 UG NX 用户需要和使用其他三维软件进行产品设计的客户进行数据交流，常常需要导入与导出文件。

1. 导入文件

在较早的 UG NX 版本中，导入文件需要选择 文件 (F) ➡ 导入 (M) 命令，然后选择要导入的文件类型，再选择导入的文件；在 UG NX 12.0 中，可以使用 文件 (F) ➡ 打开 (O)... 命令，在 文件类型 (T) 下拉列表中选择文件类型后，直接打开要导入的文件。

要注意的是，UG 导入或打开其他模型文件后，模型将是无参数的，也就是没有建模步骤，也没有任何尺寸标注，但模型中的尺寸能在软件中量取。个别文件导入 UG 后，还有可能出现颜色丢失、部分表面不完整的现象。

2. 导出文件

与导入文件相似，导出文件既可以使用 文件 (F) ➡ 导出 (E) 命令进行操作，也可以直接使用 文件 (F) ➡ 另存为 (A)... 命令导出文件。

1.5.6　使用中文文件名和文件路径

在较早的 UG NX 版本中，是不允许使用中文文件名的，打开文件的路径中也不能出现中文字符。但是在 UG NX 12.0 中，已经开始全面支持中文，无须进行任何设置，就可以使用中文文件名/文件路径。

第 2 章　二维草图设计

2.1　进入与退出草图环境

1. 进入草图环境的操作方法

Step1. 打开 UG NX 12.0 后，选择下拉菜单 文件(F) ➡ 新建(N)... 命令（或单击"新建"按钮 ），系统弹出图 2.1.1 所示的"新建"对话框，在 模板 选项卡中选取模板类型为 模型 ，在 名称 文本框中输入文件名，在 文件夹 文本框中输入模型的保存目录，然后单击 确定 按钮，进入 UG NX 12.0 工作环境。

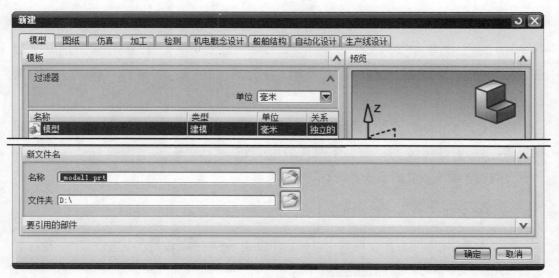

图 2.1.1　"新建"对话框

Step2. 选择下拉菜单 插入(S) ➡ 在任务环境中绘制草图(V)... 命令，系统弹出图 2.1.2 所示的"创建草图"对话框，选择"XY 平面"为草图平面，单击该对话框中的 确定 按钮，系统进入草图环境。

2. 选择草图平面

进入草图工作环境以后，在创建新草图之前，一个特别要注意的事项就是要为新草图选择草图平面，也就是要确定新草图在三维空间的放置位置。草图平面是草图所在的某个空间平面，它可以是基准平面，也可以是实体的某个表面。

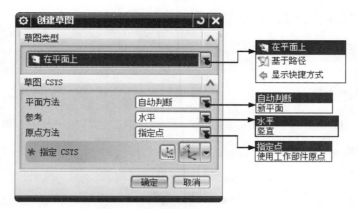

图 2.1.2 "创建草图"对话框

图 2.1.2 所示的"创建草图"对话框的作用就是用于选择草图平面，利用该对话框中的某个选项或按钮可以选择某个平面作为草图平面，然后单击 确定 按钮，"创建草图"对话框则关闭。

图 2.1.2 所示的"创建草图"对话框的说明如下。

● 类型 区域中包括 在平面上 和 基于路径 两种选项。

  ☑ 在平面上：选取该选项后，用户可以在绘图区选择任意平面为草图平面（此选项为系统默认选项）。

  ☑ 基于路径：选取该选项后，系统在用户指定的曲线上建立一个与该曲线垂直的平面，作为草图平面。

  ☑ 显示快捷方式：选择此项后， 在平面上 和 基于路径 两个选项将以按钮形式显示。

  说明：其他命令的下拉列表中也会有 显示快捷方式 选项，以后不再赘述。

● 草图 CSYS 区域中包括"平面方法"下拉列表、"参考"下拉列表及"原点方法"下拉列表。

  ☑ 自动判断：选取该选项后，用户可以选择基准面或者图形中现有的平面作为草图平面。

  ☑ 新平面：选取该选项后，用户可以通过"平面对话框"按钮 ，创建一个基准平面作为草图平面。

● 参考 下拉列表用于定义参考平面与草图平面的位置关系。

  ☑ 水平：选取该选项后，用户可定义参考平面与草图平面的位置关系为水平。

  ☑ 竖直：选取该选项后，用户可定义参考平面与草图平面的位置关系为竖直。

3. 退出草图环境的操作方法

草图绘制完成后，单击功能区中的"完成"按钮 完成，即可退出草图环境。

4. 直接草图工具

在 UG NX 12.0 中，系统还提供了另一种草图创建的环境——直接草图，进入直接草图环境的具体操作步骤如下。

Step1. 新建模型文件，进入 UG NX 12.0 工作环境。

Step2. 选择下拉菜单 插入 (S) ➡ 草图(H)... 命令（或单击"直接草图"区域中的"草图"按钮），系统弹出"创建草图"对话框，选择"XY 平面"为草图平面，单击该对话框中的 确定 按钮，系统进入直接草图环境，此时可以使用功能区"直接草图"工具栏（图 2.1.3）绘制草图。

Step3. 单击工具栏中的"完成草图"按钮 完成草图，即可退出直接草图环境。

图 2.1.3 "直接草图"工具栏

说明：

● "直接草图"工具创建的草图，在部件导航器中同样会显示为一个独立的特征，也能作为特征的截面草图使用。此方法本质上与"任务环境中的草图"没有区别，只是实现方式较为"直接"。

● 单击"直接草图"工具栏中的"在草图任务环境中打开"按钮，系统即可进入"任务环境中的草图"环境。

● 在三维建模环境下，双击已绘制的草图也能进入直接草图环境。

● 为保证内容的一致性，本书中的草图均以"任务环境中的草图"来创建。

2.2 UG 草图新增功能

在 UG NX 12.0 中绘制草图时，在 主页 功能选项卡的 约束 区域中选中 ✓ 连续自动标注尺寸 选项（图 2.2.1），然后确认 按钮处于按下状态，系统可自动给绘制的草图添加尺寸标注。如图 2.2.2 所示，在草图环境中任意绘制一个矩形，系统会自动添加矩形所需要的定形和定位尺寸，使矩形全约束。

说明：默认情况下 按钮是激活的，即绘制的草图系统会自动添加尺寸标注；单击该按钮，使其弹起（即取消激活），这时绘制的草图，系统就不会自动添加尺寸标注了。因为系统自动标注的尺寸比较凌乱，而且当草图比较复杂时，有些标注可能不符合标注要求，所以在绘制草图时，最好是不使用自动标注尺寸功能。本书中都没有采用自动标注。

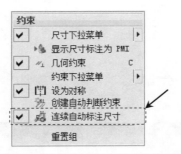

图 2.2.1　"连续自动标注尺寸"选项

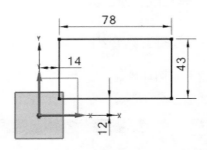

图 2.2.2　自动标注尺寸

2.3　二维草图管理

在草图绘制完成后，可通过图 2.3.1 所示的"草图"区域来管理草图。下面简单介绍该区域中的各工具按钮功能。

图 2.3.1　"草图"区域

1. 定向到草图

"定向到草图"按钮为 ，用于使草图平面与屏幕平行，方便草图的绘制。

2. 定向到模型

"定向到模型"按钮为 ，用于将视图定向到当前的建模视图，即在进入草图环境之前显示的视图。

3. 重新附着

"重新附着"按钮为 ，该按钮有以下三个功能：

◆ 移动草图到不同的平面、基准平面或路径。

◆ 切换原位上的草图到路径上的草图，反之亦然。

◆ 沿着所附着到的路径，更改路径上的草图的位置。

注意： 目标平面、面或路径必须有比草图更早的时间戳记（即在草图前创建）。对于原位上的草图，重新附着也会显示任意的定位尺寸，并重新定义它们参考的几何体。

2.4 草图绘制工具

2.4.1 草图工具介绍

进入草图环境后，在"主页"功能选项卡中会出现绘制草图时所需要的各种工具按钮，如图 2.4.1 所示。

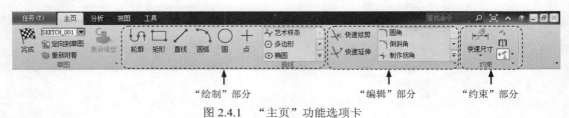

图 2.4.1 "主页"功能选项卡

说明： 草图环境"主页"功能选项卡中的按钮根据其功能可分为三大部分，"绘制"部分、"约束"部分和"编辑"部分。本节将重点介绍"绘制"部分的按钮功能，其余部分功能在后面章节中陆续介绍。

图 2.4.1 所示的"主页"功能选项卡中"绘制"和"编辑"部分按钮的说明如下。

轮廓： 单击该按钮，可以创建一系列相连的直线或线串模式的圆弧，即上一条曲线的终点作为下一条曲线的起点。

直线： 绘制直线。 **圆弧：** 绘制圆弧。

圆： 绘制圆。 **圆角：** 在两曲线间创建圆角。

倒斜角： 在两曲线间创建倒斜角。 **矩形：** 绘制矩形。

多边形： 绘制多边形。

艺术样条： 通过定义点或者极点来创建样条曲线。

拟合曲线： 通过已经存在的点创建样条曲线。

椭圆： 根据中心点和尺寸创建椭圆。

二次曲线： 创建二次曲线。 **点：** 绘制点。

偏置曲线：偏置位于草图平面上的曲线链。

派生直线：单击该按钮，则可以从已存在的直线复制得到新的直线。

投影曲线：单击该按钮，则可以沿着草图平面的法向将曲线、边或点（草图外部）投影到草图上。

快速修剪：单击该按钮，则可将一条曲线修剪至任一方向上最近的交点。如果曲线没有交点，可以将其删除。

快速延伸：快速延伸曲线到最近的边界。

制作拐角：延伸或修剪两条曲线到一个交点处创建制作拐角。

2.4.2　轮廓线

轮廓线包括直线和圆弧。

选择下拉菜单 插入(S) ➡ 曲线(C)▶ ➡ 轮廓(O)... 命令（或单击 按钮），系统弹出图 2.4.2 所示的"轮廓"工具条。

具体操作过程参照直线和圆弧的绘制，这里不再赘述。

绘制轮廓线的说明：

● 轮廓线与直线、圆弧的区别在于，轮廓线可以绘制连续的对象，如图 2.4.3 所示。

● 绘制时，按下、拖动并释放鼠标左键，直线模式变为圆弧模式，如图 2.4.4 所示。

● 利用动态输入框可以绘制精确的轮廓线。

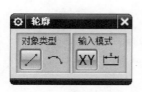

图 2.4.2　"轮廓"工具条

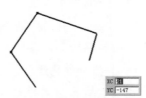

图 2.4.3　绘制连续的对象

图 2.4.4　用"轮廓线"命令绘制弧

2.4.3　直线

Step1. 进入草图环境以后，选择 XY 平面为草图平面。

说明：进入草图工作环境以后，如果是创建新草图，则首先必须选取草图平面，也就是要确定新草图在空间的哪个平面上绘制。

Step2. 选择命令。选择下拉菜单 插入(S) ➡ 曲线(C)▶ ➡ 直线(L)... 命令（或单击"直线"按钮 ），系统弹出图 2.4.5 所示的"直线"工具条。

Step3. 定义直线的起始点。在系统 选择直线的第一点 的提示下，在图形区中的任意位置单击左键，以确定直线的起始点，此时可看到一条"橡皮筋"线附着在鼠标指针上。

说明：系统提示 选择直线的第一点 显示在消息区，有关消息区的具体介绍请参见第 1 章的相关内容。

Step4. 定义直线的终止点。在系统 选择直线的第二点 的提示下，在图形区中的另一位置单击左键，以确定直线的终止点，系统便在两点间创建一条直线（在终点处再次单击，在直线的终点处出现另一条"橡皮筋"线）。

Step5. 单击中键，结束直线的创建。

图 2.4.5 所示的"直线"工具条的说明如下。

- XY（坐标模式）：单击该按钮（默认），系统弹出图 2.4.6 所示的动态输入框（一），可以通过输入 XC 和 YC 的坐标值来精确绘制直线，坐标值以工作坐标系（WCS）为参照。要在动态输入框的选项之间切换可按 Tab 键。要输入值，可在文本框内输入值，然后按 Enter 键。

- ⌒（参数模式）：单击该按钮，系统弹出图 2.4.7 所示的动态输入框（二），可以通过输入长度值和角度值来绘制直线。

图 2.4.5　"直线"工具条　　　图 2.4.6　动态输入框（一）　　　图 2.4.7　动态输入框（二）

说明：

- 可以利用动态输入框实现直线的精确绘制，其他曲线的精确绘制也一样。

- "橡皮筋"是指操作过程中的一条临时虚构线段，它始终是当前鼠标光标的中心点与前一个指定点的连线。因为它可以随着光标的移动而拉长或缩短，并可绕前一点转动，所以形象地称之为"橡皮筋"。

- 在绘制或编辑草图时，单击"快速访问工具栏"上的 ↺ 按钮，可撤销上一个操作；单击 ↻ 按钮（或者选择下拉菜单 编辑(E) ➡ ↻ 重做(R) 命令），可以重新执行被撤销的操作。

2.4.4　圆

选择下拉菜单 插入(S) ➡ 曲线(C)▶ ➡ ◯ 圆(C)... 命令（或单击"圆"按钮 ◯），系统弹出图 2.4.8 所示的"圆"工具条，有以下两种绘制圆的方法。

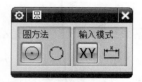

图 2.4.8 "圆"工具条

方法一：中心和半径决定的圆——通过选取中心点和圆上一点来创建圆。其一般操作步骤如下。

Step1. 选择方法。单击"圆心和直径定圆"按钮 ⊙。

Step2. 定义圆心。在系统 选择圆的中心点 的提示下，在某位置单击，放置圆的中心点。

Step3. 定义圆的半径。在系统 在圆上选择一个点 的提示下，拖动鼠标至另一位置，单击确定圆的大小。

Step4. 单击中键，结束圆的创建。

方法二：通过三点决定的圆——通过确定圆上的三个点来创建圆。

2.4.5　圆弧

选择下拉菜单 插入(S) ➡ 曲线(C)▶ ➡ ⌒ 圆弧(A)... 命令（或单击"圆弧"按钮 ⌒），系统弹出图 2.4.9 所示的"圆弧"工具条，有以下两种绘制圆弧的方法。

图 2.4.9 "圆弧"工具条

方法一：通过三点的圆弧——确定圆弧的两个端点和弧上的一个附加点来创建一个三点圆弧。其一般操作步骤如下。

Step1. 选择方法。单击"三点定圆弧"按钮 ⌒。

Step2. 定义端点。在系统 选择圆弧的起点 的提示下，在图形区中的任意位置单击左键，以确定圆弧的起点；在系统 选择圆弧的终点 的提示下，在另一位置单击，放置圆弧的终点。

Step3. 定义附加点。在系统 在圆弧上选择一个点 的提示下，移动鼠标，圆弧呈"橡皮筋"样变化，在图形区另一位置单击以确定圆弧。

Step4. 单击中键，结束圆弧的创建。

方法二：用中心和端点确定圆弧。其一般操作步骤如下。

Step1. 选择方法。单击"中心和端点定圆弧"按钮 ⌒。

Step2. 定义圆心。在系统 选择圆弧的中心点 的提示下，在图形区中的任意位置单击，以确定圆弧中心点。

Step3. 定义圆弧的起点。在系统 选择圆弧的起点 的提示下，在图形区中的任意位置单击，以确定圆弧的起点。

Step4. 定义圆弧的终点。在系统 选择圆弧的终点 的提示下，在图形区中的任意位置单击，以确定圆弧的终点。

Step5. 单击中键，结束圆弧的创建。

2.4.6　矩形

选择下拉菜单 插入(S) ➡ 曲线(C)▶ ➡ □ 矩形(R)... 命令（或单击"矩形"按钮 □），系统弹出图 2.4.10 所示的"矩形"工具条，可以在草图平面上绘制矩形。在绘制草图时，使用该命令可省去绘制四条线段的麻烦。共有 3 种绘制矩形的方法，下面将分别介绍。

方法一： 按两点——通过选取两对角点来创建矩形，其一般操作步骤如下。

Step1. 选择方法。单击"用两点"按钮 。

Step2. 定义第一个角点。在图形区某位置单击，放置矩形的第一个角点。

Step3. 定义第二个角点。单击 XY 按钮，再次在图形区另一位置单击，放置矩形的另一个角点。

Step4. 单击中键，结束矩形的创建，结果如图 2.4.11 所示。

图 2.4.10　"矩形"工具条

图 2.4.11　"用两点"方式

方法二： 按三点——通过选取三个顶点来创建矩形，其一般操作步骤如下。

Step1. 选择方法。单击"用 3 点"按钮 。

Step2. 定义第一个顶点。在图形区某位置单击，放置矩形的第一个顶点。

Step3. 定义第二个顶点。单击 XY 按钮，在图形区另一位置单击，放置矩形的第二个顶点（第一个顶点和第二个顶点之间的距离即矩形的宽度），此时矩形呈"橡皮筋"样变化。

Step4. 定义第三个顶点。单击 XY 按钮，再次在图形区单击，放置矩形的第三个顶点（第二个顶点和第三个顶点之间的距离即矩形的高度）。

Step5. 单击中键，结束矩形的创建，结果如图 2.4.12 所示。

方法三：从中心——通过选取中心点、一条边的中点和顶点来创建矩形，其一般操作步骤如下。

Step1. 选择方法。单击"从中心"按钮 ⟆。

Step2. 定义中心点。在图形区某位置单击，放置矩形的中心点。

Step3. 定义第二个点。单击 **XY** 按钮，在图形区另一位置单击，放置矩形的第二个点（一条边的中点），此时矩形呈"橡皮筋"样变化。

Step4. 定义第三个点。单击 **XY** 按钮，再次在图形区单击，放置矩形的第三个点。

Step5. 单击中键，结束矩形的创建，结果如图 2.4.13 所示。

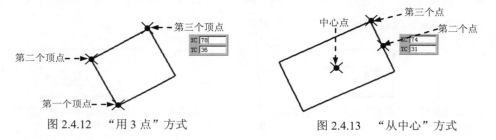

图 2.4.12　"用 3 点"方式　　　　图 2.4.13　"从中心"方式

2.4.7　圆角

选择下拉菜单 插入(S) ➡ 曲线(C)▶ ➡ ⌐ 圆角(F)... 命令（或单击"圆角"按钮 ⌐），可以在指定两条或三条曲线之间创建一个圆角。系统弹出图 2.4.14 所示的"圆角"工具条。该工具条中包括四个按钮："修剪"按钮 ⌐、"取消修剪"按钮 ⌐、"删除第三条曲线"按钮 ⌐ 和"创建备选圆角"按钮 ⌐。

图 2.4.14　"圆角"工具条

创建圆角的一般操作步骤如下。

Step1. 打开文件 D:\ ugxc12\work\ch02.04.07\round_corner.prt。

Step2. 双击草图，在 直接草图 下拉选项 更多 中单击 品 在草图任务环境中打开 按钮，选择下拉菜单 插入(S) ➡ 曲线(C)▶ ➡ ⌐ 圆角(F)... 命令。系统弹出"圆角"工具条，在工具条中单击"修剪"按钮 ⌐。

Step3. 定义圆角曲线。单击选择图 2.4.15 所示的两条直线。

Step4. 定义圆角半径。拖动鼠标至适当位置，单击确定圆角的大小（或者在动态输入框中输入圆角半径值，以确定圆角的大小）。

Step5. 单击中键，结束圆角的创建。

说明：

- 如果单击"取消修剪"按钮⌐，则绘制的圆角如图 2.4.16 所示。

图 2.4.15　选取直线　　　　　　　　图 2.4.16　"取消修剪"的圆角

- 如果单击"创建备选圆角"按钮⟳，则可以生成每一种可能的圆角（或按 Page Down 键选择所需的圆角），如图 2.4.17 和图 2.4.18 所示。

图 2.4.17　"创建备选圆角"的选择（一）　　图 2.4.18　"创建备选圆角"的选择（二）

2.4.8　艺术样条曲线

样条曲线是指利用给定的若干个点拟合出的多项式曲线，样条曲线采用的是近似的拟合方法，但可以很好地满足工程需求，因此得到了较为广泛的应用。下面通过创建图 2.4.19a 所示的曲线来说明创建艺术样条的一般过程。

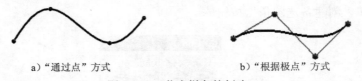

a)"通过点"方式　　　　　　　　　b)"根据极点"方式

图 2.4.19　艺术样条的创建

Step1. 选择命令。选择下拉菜单 插入(S) ➡ 曲线(C)▶ ➡ ✦ 艺术样条(I)... 命令（或单击✦按钮），系统弹出"艺术样条"对话框。

Step2. 定义曲线类型。在对话框的 类型 下拉列表中选择 通过点 选项，依次在图 2.4.19a 所示的各点位置单击，系统生成图 2.4.19a 所示的"通过点"方式创建的样条曲线。

说明：如果选择 根据极点 选项，依次在图 2.4.19b 所示的各点位置单击，系统则生成图 2.4.19b 所示的"根据极点"方式创建的样条曲线。

Step3. 在"艺术样条"对话框中单击 确定 按钮（或单击中键），完成样条曲线的创建。

2.5 草图编辑

2.5.1 操纵草图

1. 直线的操纵

UG NX 12.0 软件提供了对象操纵功能，可方便地旋转、拉伸和移动对象。

操纵 1 的操作流程（图 2.5.1）：在图形区，把鼠标指针移到直线端点上，按下左键不放，同时移动鼠标，此时直线以远离鼠标指针的那个端点为圆心转动，达到绘制意图后，松开鼠标左键。

操纵 2 的操作流程（图 2.5.2）：在图形区，把鼠标指针移到直线上，按下左键不放，同时移动鼠标，此时会看到直线随着鼠标移动，达到绘制意图后，松开鼠标左键。

图 2.5.1 操纵 1：直线的转动和拉伸   图 2.5.2 操纵 2：直线的移动

2. 圆的操纵

操纵 1 的操作流程（图 2.5.3）：把鼠标指针移到圆的边线上，按下左键不放，同时移动鼠标，此时会看到圆在变大或缩小，达到绘制意图后，松开鼠标左键。

操纵 2 的操作流程（图 2.5.4）：把鼠标指针移到圆心上，按下左键不放，同时移动鼠标，此时会看到圆随着指针一起移动，达到绘制意图后，松开鼠标左键。

图 2.5.3 操纵 1：圆的缩放   图 2.5.4 操纵 2：圆的移动

3. 圆弧的操纵

操纵 1 的操作流程（图 2.5.5）：把鼠标指针移到圆弧上，按下左键不放，同时移动鼠标，此时会看到圆弧半径变大或变小，达到绘制意图后，松开鼠标左键。

操纵 2 的操作流程（图 2.5.6）：把鼠标指针移到圆弧的某个端点上，按下左键不放，同时移动鼠标，此时会看到圆弧以另一端点为固定点旋转，并且圆弧的包角也在变化，达到绘制意图后，松开鼠标左键。

操纵 3 的操作流程（图 2.5.7）：把鼠标指针移到圆心上，按下左键不放，同时移动鼠标，此时圆弧随着指针一起移动，达到绘制意图后，松开鼠标左键。

图 2.5.5　操纵 1：改变弧的半径　　图 2.5.6　操纵 2：改变弧的位置　　图 2.5.7　操纵 3：弧的移动

4. 样条曲线的操纵

操纵 1 的操作流程（图 2.5.8）：把鼠标指针移到样条曲线的某个端点或定位点上，按下左键不放，同时移动鼠标，此时样条曲线拓扑形状（曲率）不断变化，达到绘制意图后，松开鼠标左键。

操纵 2 的操作流程（图 2.5.9）：把鼠标指针移到样条曲线上，按下左键不放，同时移动鼠标，此时样条曲线随着鼠标移动，达到绘制意图后，松开鼠标左键。

图 2.5.8　操纵 1：改变曲线的形状　　　　　　图 2.5.9　操纵 2：曲线的移动

2.5.2　删除草图

Step1. 在图形区单击或框选要删除的对象（框选时要框住整个对象），此时可看到选中的对象变成蓝色。

Step2. 按 Delete 键，所选对象即被删除。

说明：要删除所选的对象，还有下面 4 种方法。

● 在图形区单击鼠标右键，在系统弹出的快捷菜单中选择 ╳ 删除(D) 命令。

● 选择 编辑(E) 下拉菜单中的 ╳ 删除(D) 命令。

● 单击"标准"工具条中的 ╳ 按钮。

● 按<Ctrl + D>组合键。

注意：如要恢复已删除的对象，可用<Ctrl+Z>组合键来完成。

2.5.3　修剪草图

Step1. 选择命令。选择下拉菜单 编辑(E) ➡ 曲线(V) ➡ ╲ 快速修剪(Q)... 命令（或单击 ╲ 按钮）。系统弹出"快速修剪"对话框。

Step2. 定义修剪对象。依次单击图 2.5.10a 所示的需要修剪的部分。

Step3. 单击中键，完成对象的修剪，结果如图 2.5.10b 所示。

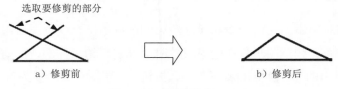

a）修剪前   b）修剪后

图 2.5.10   快速修剪

2.5.4   延伸草图

Step1. 选择下拉菜单 编辑(E) ➡ 曲线(V)▶ ➡ ⚡ 快速延伸(X)... 命令（或单击 ⚡ 按钮）。

Step2. 选择图 2.5.11a 所示的曲线，完成曲线到下一个边界的延伸，结果如图 2.5.11b 所示。

说明： 在延伸时，系统自动选择最近的曲线作为延伸边界。

选取此曲线

a）延伸前   b）延伸后

图 2.5.11   快速延伸

2.5.5   制作拐角

"制作拐角"命令是通过两条曲线延伸或修剪到公共交点来创建的拐角。此命令应用于直线、圆弧、开放式二次曲线和开放式样条等，其中开放式样条仅限修剪。

下面以图 2.5.12 所示的范例来说明创建"制作拐角"的一般操作步骤。

Step1. 选择命令。选择下拉菜单 编辑(E) ➡ 曲线(V)▶ ➡ ⚡ 制作拐角(M)... 命令（或单击"制作拐角"按钮 ⊥），系统弹出图 2.5.13 所示的"制作拐角"对话框。

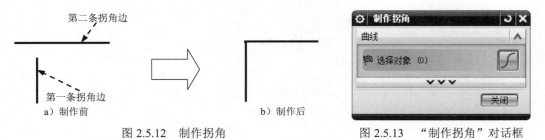

第二条拐角边

第一条拐角边

a）制作前   b）制作后

图 2.5.12   制作拐角   图 2.5.13   "制作拐角"对话框

Step2. 定义要制作拐角的两条曲线。单击选择图 2.5.12a 所示的两条直线。

Step3. 单击中键，完成制作拐角的创建。

2.5.6 将草图对象转化为参考线

在为草图对象添加几何约束和尺寸约束的过程中，有些草图对象是作为基准、定位来使用的，或者有些草图对象在创建尺寸时可能引起约束冲突，此时可利用 主页 功能选项卡 约束 区域中的"转换至/自参考对象"按钮，将草图对象转换为参考线；当然必要时，也可利用该按钮将其激活，即从参考线转化为草图对象。下面以图 2.5.14 所示的图形为例，说明其操作方法及作用。

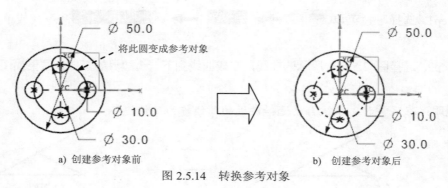

a) 创建参考对象前   b) 创建参考对象后

图 2.5.14 转换参考对象

Step1. 打开文件 D:\ ugxc12\work\ch02.05.06\reference.prt。

Step2. 双击已有草图，在 直接草图 下拉选项 更多 中单击 品 在草图任务环境中打开 按钮，进入草图工作环境。

Step3. 选择命令。选择下拉菜单 工具(T) ➡ 约束(T) ➡ 转换至/自参考对象(V)... 命令（或单击 主页 功能选项卡 约束 区域中的"转换至/自参考对象"按钮 ），系统弹出图 2.5.15 所示的"转换至/自参考对象"对话框，选中 ⊙ 参考曲线或尺寸 单选项。

图 2.5.15 "转换至/自参考对象"对话框

Step4. 根据系统 选择要转换的曲线或尺寸 的提示，选取图 2.5.14a 所示的圆，单击 应用 按钮，被选取的对象就转换成参考对象，结果如图 2.5.14b 所示。

说明：如果选择的对象是曲线，它转换成参考对象后，用浅色双点画线显示，在对草图曲线进行拉伸和旋转操作时，它将不起作用；如果选择的对象是一个尺寸，在它转换为参考对象后，它仍然在草图中显示，并可以更新，但其尺寸表达式在表达式列表框中将消失，它不再对原来的几何对象产生约束效应。

Step5. 在"转换至/自参考对象"对话框中选中 ⊙ 活动曲线或驱动尺寸 单选项，然后选取图 2.5.14b 所示创建的参考对象，单击 应用 按钮，参考对象被激活，变回图 2.5.14a 所示的形式，然后单击 取消 按钮。

说明：对于尺寸来说，它的尺寸表达式又会出现在尺寸表达式列表框中，可修改其尺寸表达式的值，以改变它所对应的草图对象的约束效果。

2.5.7　镜像草图

镜像操作是将草图对象以一条直线为对称中心，将所选取的对象以这条对称中心为轴进行复制，生成新的草图对象。镜像复制的对象与原对象形成一个整体，并且保持相关性。"镜像"操作在绘制对称图形时是非常有用的。下面以图 2.5.16 所示的范例来说明"镜像"的一般操作步骤。

Step1. 打开文件 D:\ ugxc12\ch02.05.07\mirror.prt，如图 2.5.16a 所示。

Step2. 双击草图，单击 ⊞ 按钮，进入草图环境。

Step3. 选择命令。选择下拉菜单 插入(S) ➡ 来自曲线集的曲线(F)▶ ➡ 镜像曲线(M)... 命令（或单击 ⊞ 按钮），系统弹出图 2.5.17 所示的"镜像曲线"对话框。

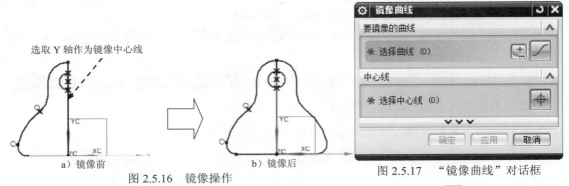

a）镜像前　　　　　b）镜像后
图 2.5.16　镜像操作　　　　　图 2.5.17　"镜像曲线"对话框

Step4. 定义镜像对象。在"镜像曲线"对话框中单击"曲线"按钮 ⌒ ，选取图形区中的所有草图曲线。

Step5. 定义中心线。单击"镜像曲线"对话框中的"中心线"按钮 ⊕，选取坐标系的 Y 轴作为镜像中心线。

注意：选择的镜像中心线不能是镜像对象的一部分，否则无法完成镜像操作。

Step6. 单击 应用 按钮，则完成镜像操作（如果没有其他镜像操作，直接单击 〈 确定 〉 按钮），结果如图 2.5.16b 所示。

图 2.5.17 所示的"镜像曲线"对话框中各按钮的功能说明如下。

- ⊕（中心线）：用于选择存在的直线或轴作为镜像的中心线。选择草图中的直线作为镜像中心线时，所选的直线会变成参考线，暂时失去作用。如果要将其转化为正常的草图对象，可用 主页 功能选项卡 约束 区域中的"转换至/自参考对象"功能。

- ⌡（曲线）：用于选择一个或多个要镜像的草图对象。在选取镜像中心线后，用户可以在草图中选取要进行"镜像"操作的草图对象。

2.5.8　偏置曲线

"偏置曲线"就是对当前草图中的曲线进行偏移，从而产生与源曲线相关联、形状相似的新的曲线。可偏移的曲线包括基本绘制的曲线、投影曲线以及边缘曲线等。创建图 2.5.18 所示的偏置曲线的具体步骤如下。

a）参照曲线　　　　　b）"延伸端盖"形式的曲线　　　c）"圆弧帽形体"形式的曲线

图 2.5.18　偏置曲线的创建

Step1. 打开文件 D:\ugxc12\work\ch02.05.08\offset.prt。

Step2. 双击草图，在 直接草图 下拉选项 更多 中单击 品在草图任务环境中打开 按钮，进入草图环境。

Step3. 选择命令。选择下拉菜单 插入(S) ➡ 来自曲线集的曲线(F)▶ ➡ 偏置曲线(V)... 命令，系统弹出"偏置曲线"对话框。

Step4. 定义偏置曲线。在图形区选取图 2.5.18a 所示的草图。

Step5. 定义偏置参数。在 距离 文本框中输入偏置距离值 5，取消选中 ☑创建尺寸 复选框。

Step6. 定义端盖选项。在 端盖选项 下拉列表中选择 延伸端盖 选项。

说明：如果在 端盖选项 下拉列表中选择 圆弧帽形体 选项，则偏置后的结果如图 2.5.18c 所示。

Step7. 定义近似公差。接受 公差 文本框中默认的偏置曲线精度值。

Step8. 完成偏置。单击 应用 按钮，完成指定曲线偏置操作。还可以对其他对象进行相同的操作，操作完成后，单击 〈确定〉 按钮，完成所有曲线的偏置操作。

注意：可以单击"偏置曲线"对话框中的 ⊠ 按钮改变偏置的方向。

2.5.9 派生直线

选择下拉菜单 插入(S) ➡ 来自曲线集的曲线(F)▶ ➡ ◥ 派生直线(I)... 命令（或单击 ◥ 按钮），可绘制派生直线，其一般操作步骤如下。

Step1. 打开文件 D:\ ugxc12\work\ch02.05.09\derive_line.prt。

Step2. 双击草图，在 直接草图▼ 下拉选项 更多▼ 中单击 ⛛ 在草图任务环境中打开 按钮，选择下拉菜单 插入(S) ➡ 来自曲线集的曲线(F)▶ ➡ ◥ 派生直线(I)... 命令。

Step3. 定义参考直线。单击选取图 2.5.19 所示的直线为参考。

Step4. 定义派生直线的位置。拖动鼠标至另一位置单击，以确定派生直线的位置。

Step5. 单击中键，结束派生直线的创建，结果如图 2.5.19 所示。

说明：

● 如需要派生多条直线，可以在上述 Step4 中，在图形区合适的位置继续单击，然后单击中键完成，结果如图 2.5.20 所示。

图 2.5.19 直线的派生（一）　　　　图 2.5.20 直线的派生（二）

● 如果选择两条平行线，系统会在这两条平行线的中点处创建一条直线。可以通过拖动鼠标以确定直线长度，也可以在动态输入框中输入值，如图 2.5.21 所示。

● 如果选择两条不平行的直线（不需要相交），系统将构造一条角平分线。可以通过拖动鼠标以确定直线长度（或在动态输入框中输入一个值），也可以在成角度两条直线的任意象限放置平分线，如图 2.5.22 所示。

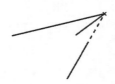

图 2.5.21 派生两条平行线中间的直线　　　图 2.5.22 派生角平分线

2.5.10 相交

"相交曲线"命令可以通过用户指定的面与草图基准平面相交产生一条曲线。下面以图 2.5.23 所示的模型为例,讲解相交曲线的操作步骤。

Step1. 打开文件 D:\ ugxc12\work\ch02.05.10\intersect01.prt。

Step2. 定义草绘平面。选择下拉菜单 插入(S) ➡ 在任务环境中绘制草图(V)... 命令,选取 XY 平面作为草图平面,单击 确定 按钮。

a)创建前 　　　　　　　　　　　　　　　　 b)创建后

图 2.5.23　创建相交曲线

Step3. 选择命令。选择下拉菜单 插入(S) ➡ 配方曲线(U) ▶ ➡ 相交曲线(U)... 命令(或单击"相交曲线"按钮),系统弹出图 2.5.24 所示的"相交曲线"对话框。

图 2.5.24　"相交曲线"对话框

Step4. 选取要相交的面。选取图 2.5.23a 所示的模型表面为要相交的面,即产生图 2.5.23b 所示的相交曲线,接受默认的 距离公差 和 角度公差 值。

Step5. 单击"相交曲线"对话框中的 < 确定 > 按钮,完成相交曲线的创建。

图 2.5.24 所示的"相交曲线"对话框中各按钮的功能说明如下。

- （面）: 选择要在其上创建相交曲线的面。
- ☑忽略孔 复选框: 当选取的"要相交的面"上有孔特征时,勾选此复选框后,系统会在曲线遇到的第一个孔处停止相交曲线。

● ☑连结曲线 复选框：用于多个"相交曲线"之间的连接。勾选此复选框后，系统会自动将多个相交曲线连接成一个整体。

2.5.11 投影

"投影曲线"功能是将选取的对象按垂直于草图工作平面的方向投影到草图中，使之成为草图对象。创建图 2.5.25b 所示的投影曲线的步骤如下。

图 2.5.25 创建投影曲线

Step1. 打开文件 D:\ ugxc12\work\ch02.05.11\projection.prt。

Step2. 进入草图环境。选择下拉菜单 插入(S) ➡️ 在任务环境中绘制草图(V)... 命令，选取图 2.5.25a 所示的平面作为草图平面，单击 确定 按钮。

Step3. 选择命令。选择下拉菜单 插入(S) ➡️ 配方曲线(U) ▶ ➡️ 投影曲线(T)... 命令（或单击"投影曲线"按钮 ），系统弹出图 2.5.26 所示的"投影曲线"对话框。

Step4. 选取要投影的对象。选取图 2.5.25a 所示的四条边线为投影对象。

Step5. 单击 确定 按钮，完成投影曲线的创建，结果如图 2.5.25b 所示。

图 2.5.26 "投影曲线"对话框

图 2.5.26 所示的"投影曲线"对话框中各选项的功能说明如下。

● （曲线）：用于选择要投影的对象，默认情况下为按下状态。

- （点）：单击该按钮后，系统将弹出“点”对话框。
- ☑ 关联 复选框：定义投影曲线与投影对象之间的关联性。选中该复选框后，投影曲线与投影对象将存在关联性，即投影对象发生改变时，投影曲线也随之改变。
- 输出曲线类型 下拉列表：该下拉列表包括 原始 、 样条段 和 单个样条 三个选项。

2.5.12 编辑定义截面

草图曲线一般可用于拉伸、旋转和扫掠等特征的剖面，如果要改变特征截面的形状，可以通过“编辑定义截面”功能实现。图 2.5.27b 所示的编辑定义截面的具体操作步骤如下。

Step1. 打开文件 D:\ ugxc12\work\ch02.05.12\edit-section.prt。

Step2. 在模型树中右击草图 1，在系统弹出的快捷菜单中选择 可回滚编辑... 命令，进入草图编辑环境。选择下拉菜单 编辑(E) → 编辑定义截面(F)... 命令，系统弹出“编辑定义截面”对话框（如果当前草图中没有曲线经过拉伸、旋转等操作来生成几何体，系统弹出图 2.5.28 所示的“编辑定义截面”对话框中的警告信息）。

a）编辑定义线串前　　　　b）编辑定义线串后

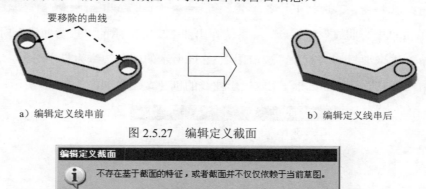

图 2.5.27 编辑定义截面

图 2.5.28 “编辑定义截面”对话框

说明：“编辑定义截面”操作只适合于经过拉伸、旋转生成特征的曲线，如果不符合此要求，此操作就不能实现。

Step3. 按住 Shift 键，在草图中选取图 2.5.27a 所示（曲线以高亮显示）的曲线为要移除的曲线；单击对话框中的 确定 按钮，完成草图截面的编辑。

说明：用 Shift+左键选择要移除的对象；用左键选择要添加的对象。

Step4. 单击 完成 按钮，退出草图环境。

Step5. 更新模型。选择下拉菜单 工具(T) ➡ 更新(U) ▶ ➡ 更新以获取外部更改(E) 命令。

说明：此处如果系统进行自动更新就不需要选择更新命令进行更新。

2.6 草图几何约束

2.6.1 添加几何约束

在二维草图中，添加几何约束主要有两种方法：手工添加几何约束和自动产生几何约束。一般在添加几何约束时，要先单击"显示草图约束"按钮 ，则二维草图中存在的所有约束都显示在图中。

方法一：手工添加约束。手工添加约束是指由用户自己对所选对象指定某种约束。在"主页"功能选项卡的 约束 区域中单击 按钮，系统就进入了几何约束操作状态。此时，在图形区中选择一个或多个草图对象，所选对象在图形区中会加亮显示。同时，可添加的几何约束类型按钮将会出现在图形区的左上角。

根据所选对象的几何关系，在几何约束类型中选择一个或多个约束类型，则系统会添加指定类型的几何约束到所选草图对象上。这些草图对象会因所添加的约束而不能随意移动或旋转。

下面通过添加图 2.6.1b 所示的相切约束来说明创建约束的一般操作步骤。

a）约束前　　　　　　　　　　　　b）约束后

图 2.6.1　添加相切约束

Step1. 打开文件 D:\ ugxc12\work\ch02.06.01\add_1.prt。

Step2. 双击已有草图，在 直接草图 下拉选项 更多 中单击 在草图任务环境中打开 按钮，进入草图工作环境，单击"显示草图约束"按钮 和"几何约束"按钮 ，系统弹出图 2.6.2 所示的"几何约束"对话框。

Step3. 定义约束类型。单击 按钮，添加"相切"约束。

Step4. 定义约束对象。根据系统 选择要约束的对象 的提示，选取图 2.6.1a 所示的直线并单击鼠标中键，再选取圆。

Step5. 单击 关闭 按钮，完成创建，草图中会自动添加约束符号，如图 2.6.1b 所示。

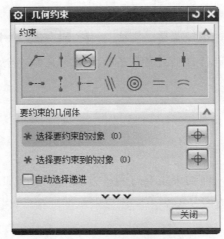

图 2.6.2　"几何约束"对话框

下面通过添加图 2.6.3b 所示的约束来说明创建多个约束的一般操作步骤。

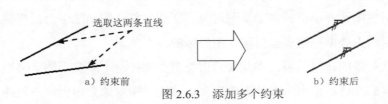

图 2.6.3　添加多个约束

Step1. 打开文件 D:\ ugxc12\work\ch02.06.01add_2.prt。

Step2. 双击已有草图，在 直接草图 下拉选项 更多 中单击 在草图任务环境中打开 按钮，进入草图工作环境，单击"显示草图约束"按钮 和"几何约束"按钮，系统弹出"几何约束"对话框。单击"等长"按钮，添加"等长"约束，根据系统 选择要创建约束的曲线 的提示，分别选取图 2.6.3a 所示的两条直线；单击"平行"按钮，同样分别选取两条直线，则直线之间会添加"平行"约束。

Step3. 单击 关闭 按钮，完成创建，草图中会自动添加约束符号，如图 2.6.3b 所示。

关于其他类型约束的创建，与以上两个范例的创建过程相似，这里不再赘述，读者可以自行研究。

方法二：自动产生几何约束。自动产生几何约束是指系统根据选择的几何约束类型以及草图对象间的关系，自动添加相应约束到草图对象上。一般都利用"自动约束"按钮 让系统自动添加约束。其操作步骤如下。

Step1. 单击 主页 功能选项卡 约束 区域中的"自动约束"按钮，系统弹出"自动约束"对话框。

Step2. 在"自动约束"对话框中单击要自动创建约束的相应按钮，然后单击 确定 按
钮。用户一般都选择"自动创建所有的约束"，这样只需在对话框中单击 全部设置 按
钮，则对话框中的约束复选框全部被选中，然后单击 确定 按钮，完成自动创建约束的
设置。

这样，在草图中画任意曲线，系统会自动添加相应的约束，而系统没有自动添加的约
束就需要用户利用手动添加约束的方法来自己添加。

2.6.2 显示/移除约束

单击 主页 功能选项卡 约束 区域中的 ⚞ 按钮，将显示施加到草图上的所有几何约束。

"关系浏览器"主要是用来查看现有的几何约束，设置查看的范围、查看类型和列表
方式，以及移除不需要的几何约束。

单击 主页 功能选项卡 约束 区域中的 ⚞ 按钮，使所有存在的约束都显示在图形区中，
然后单击 主页 功能选项卡 约束 区域中的 ⚏ 按钮，系统弹出图 2.6.4 所示的"草图关系浏
览器"对话框。

图 2.6.4 "草图关系浏览器"对话框

图 2.6.4 所示的"草图关系浏览器"对话框中各选项用法的说明如下。

● 范围 下拉列表：控制在浏览器区域中要列出的约束。它包含 3 个选项。

☑ 活动草图中的所有对象 选项：在浏览器区域中列出当前草图对象中的所有约束。

☑ 单个对象 选项：允许每次仅选择一个对象。选择其他对象将自动取消选择以前
   选定的对象。该浏览器区域显示了与选定对象相关的约束。这是默认设
   置。

☑ 多个对象 选项：可选择多个对象，选择其他对象不会取消选择以前选定的对象，
　　它允许用户选取多个草图对象，在浏览器区域中显示它们所包含的几何约束。

● 顶级节点对象 区域：过滤在浏览器区域中显示的类型。用户从中选择要显示的类
型即可。在 ⦿曲线 和 ⦿约束 两个单选项中只能选一个，通常默认选择 ⦿曲线 单
选项。

2.6.3 约束的备选解

当用户对一个草图对象进行约束操作时，同一约束条件可能存在多种满足约束的情
况。"备选解"操作正是针对这种情况的，它可从约束的一种解法转为另一种解法。

"草图工具"工具条中没有"备选解"按钮，读者可以在工具条中加入此按钮🔠，
也可通过定制的方法在下拉菜单中添加该命令，以下如有添加命令或按钮的情况将不再
说明。单击此按钮，则会弹出"备选解"对话框（图 2.6.5），在系统
选择具有相切约束的线性尺寸或几何体 的提示下选择对象，系统会将所选对象直接转换为同一约
束的另一种约束表现形式，单击 应用 按钮之后还可以继续对其他操作对象进行约束方
式的"备选解"操作；如果没有，则单击 确定 按钮，完成"备选解"操作。

下面用一个具体的范例来说明一下"备选解"的操作。如图 2.6.6 所示，绘制的是两
个相切的圆。两圆相切有"外切"和"内切"两种情况。如果不想要图中所示的"外切"
的图形，就可以通过"备选解"操作，把它们转换为"内切"的形式，具体步骤如下。

Step1. 打开文件 D:\ ugxc12\work\ch02.06.03\alternation.prt。

Step2. 双击曲线，在 直接草图 下拉选项 更多 中单击 在草图任务环境中打开 按钮，进入草
图工作环境。

Step3. 选择下拉菜单 工具(T) ➡️ 约束(T) ➡️ 备选解(D)... 命令（或单击 主页 功
能选项卡 约束 区域中的"备选解"按钮🔠），系统弹出"备选解"对话框，如图 2.6.5
所示。

图 2.6.5　"备选解"对话框

Step4. 选取图 2.6.6 所示的任意圆，实现"备选解"操作，结果如图 2.6.7 所示。

Step5. 单击 关闭 按钮，关闭"备选解"对话框。

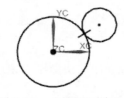

图 2.6.6 "外切"图形

图 2.6.7 "内切"图形

2.7 草图尺寸约束

2.7.1 添加尺寸约束

添加尺寸约束也就是在草图上标注尺寸，并设置尺寸标注线的形式与尺寸大小来驱动、限制和约束草图几何对象。选择下拉菜单 插入(S) ➡ 尺寸(M) 中的命令。添加尺寸约束主要包括以下 7 种标注方式。

1. 标注水平尺寸

标注水平尺寸是标注直线或两点之间的水平投影距离。下面通过标注图 2.7.1b 所示的尺寸来说明创建水平尺寸标注的一般操作步骤。

Step1. 打开文件 D:\ ugxc12\work\ch02.07.01\add_dimension_1.prt。

Step2. 双击图 2.7.1a 所示的直线，在 直接草图 下拉选项 更多 中单击 ⊞ 在草图任务环境中打开 按钮，进入草图工作环境，选择下拉菜单 插入(S) ➡ 尺寸(M) ▶ ➡ ⊞ 线性(L)... 命令，此时系统弹出"线性尺寸"对话框。

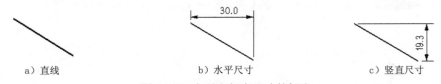

图 2.7.1 水平和竖直尺寸的标注

Step3. 定义标注尺寸的对象。在"线性尺寸"对话框 测量 区域的 方法 下拉列表中选择 水平 选项，选择图 2.7.1a 所示的直线，则系统生成水平尺寸。

Step4. 定义尺寸放置的位置。移动鼠标至合适位置，单击放置尺寸。如果要改变直线尺寸，则可以在系统弹出的动态输入框中输入所需的数值。

Step5. 单击"线性尺寸"对话框中的 关闭 按钮，完成水平尺寸的标注，如图 2.7.1b

所示。

2. 标注竖直尺寸

标注竖直尺寸是标注直线或两点之间的垂直投影距离。下面通过标注图 2.7.1c 所示的尺寸来说明创建竖直尺寸标注的步骤。

Step1. 选择刚标注的水平距离并右击，在系统弹出的快捷菜单中选择 ╳ 删除(D) 命令，删除该水平尺寸。

Step2. 选择下拉菜单 插入(S) ➡ 尺寸(M) ➡ 凵 线性(L)... 命令，在"线性尺寸"对话框 测量 区域的 方法 下拉列表中选择 竖直 选项，单击选取图 2.7.1a 所示的直线，则系统生成竖直尺寸。

Step3. 移动鼠标至合适位置，单击放置尺寸。如果要改变距离，则可以在系统弹出的动态输入框中输入所需的数值。

Step4. 单击"线性尺寸"对话框中的 关闭 按钮，完成竖直尺寸的标注，如图 2.7.1c 所示。

3. 标注平行尺寸

标注平行尺寸是标注所选直线两端点之间的最短距离。下面通过标注图 2.7.2b 所示的尺寸来说明创建平行尺寸标注的步骤。

Step1. 打开文件 D:\ ugxc12\work\ch02.07.01\add_dimension_2.prt。

Step2. 双击图 2.7.2a 所示的直线，在 直接草图 下拉选项 更多 中单击 品 在草图任务环境中打开 按钮，进入草图工作环境。选择下拉菜单 插入(S) ➡ 尺寸(M) ➡ 凵 线性(L)... 命令，在"线性尺寸"对话框 测量 区域的 方法 下拉列表中选择 点到点 选项，选择两条直线的两个端点，系统生成平行尺寸。

选取这两个端点　　　　　　　　　20.0

a) 直线　　　　　　　　　　　　b) 平行尺寸

图 2.7.2　平行尺寸的标注

Step3. 移动鼠标至合适位置，单击放置尺寸。

Step4. 单击"线性尺寸"对话框中的 关闭 按钮，完成平行尺寸的标注，如图 2.7.2b 所示。

4．标注垂直尺寸

标注垂直尺寸是标注所选点与直线之间的垂直距离。下面通过标注图 2.7.3b 所示的尺寸来说明创建垂直尺寸标注的步骤。

Step1．打开文件 D:\ ugxc12\work\ch02.07.01add_dimension_3.prt。

Step2．双击图 2.7.3a 所示的直线，在 `直接草图▼` 下拉选项 `更多▼` 中单击 `凸 在草图任务环境中打开` 按钮，进入草图工作环境，选择下拉菜单 `插入(S)` ➡ `尺寸(M)` ➡ `口 线性(L)` 命令，在"线性尺寸"对话框 `测量` 区域的 `方法` 下拉列表中选择 `垂直` 选项，标注点到直线的距离，先选择直线，然后再选择点，系统生成垂直尺寸。

Step3．移动鼠标至合适位置，单击左键放置尺寸。

Step4．单击"线性尺寸"对话框中的 `关闭` 按钮，完成垂直尺寸的标注，如图 2.7.3b所示。

注意：要标注点到直线的距离，必须先选择直线，然后再选择点。

a）直线　　　　　　　　　　　　　　　　b）垂直尺寸

图 2.7.3　垂直尺寸的标注

5．标注两条直线间的角度

标注两条直线间的角度是标注所选直线之间夹角的大小，且角度有锐角和钝角之分。下面通过标注图 2.7.4 所示的角度来说明标注直线间角度的步骤。

Step1．打开文件 D:\ ugxc12\work\ch02.07.01\add_angle.prt。

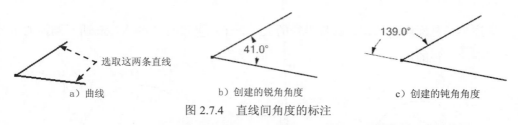

a）曲线　　　　　　　b）创建的锐角角度　　　　　　　c）创建的钝角角度

图 2.7.4　直线间角度的标注

Step2．双击已有草图，在 `直接草图▼` 下拉选项 `更多▼` 中单击 `凸 在草图任务环境中打开` 按钮，进入草图工作环境，选择下拉菜单 `插入(S)` ➡ `尺寸(M)` ➡ `△ 角度(A)...` 命令，选择两条直线（图 2.7.4a），系统生成角度。

Step3. 移动鼠标至合适位置（移动的位置不同，生成的角度可能是锐角或钝角，如图 2.7.4 所示），单击放置尺寸。

Step4. 单击"角度尺寸"对话框中的 关闭 按钮，完成角度的标注，如图 2.7.4b、c 所示。

6. 标注直径

标注直径是标注所选圆直径的大小。下面通过标注图 2.7.5b 所示圆的直径来说明标注直径的步骤。

a）原始曲线　　　　　　　　　　　　　b）标注直径

图 2.7.5　直径的标注

Step1. 打开文件 D:\ ugxc12\work\ch02.07.01add_d.prt。

Step2. 双击已有草图，在 直接草图 下拉选项 更多 中单击 在草图任务环境中打开 按钮，进入草图工作环境，选择下拉菜单 插入(S) ➡ 尺寸(M) ➡ 径向(R)... 命令，选择图 2.7.5a 所示的圆，然后在"径向尺寸"对话框 测量 区域的 方法 下拉列表中选择 直径 选项，系统生成直径尺寸。

Step3. 移动鼠标至合适位置，单击放置尺寸。

Step4. 单击"径向尺寸"对话框中的 关闭 按钮，完成直径的标注，如图 2.7.5b 所示。

7. 标注半径

标注半径是标注所选圆或圆弧半径的大小。下面通过标注图 2.7.6b 所示圆弧的半径来说明标注半径的步骤。

a）原始曲线　　　　　　　　　　　　　b）标注半径

图 2.7.6　半径的标注

Step1. 打开文件 D:\ ugxc12\work\ch02.07.01add_arc.prt。

Step2. 双击已有草图，在 直接草图 下拉选项 更多 中单击 在草图任务环境中打开 按钮，进入草图工作环境，选择下拉菜单 插入(S) ➡ 尺寸(M) ➡ 径向(R) 命令，选择圆弧（图 2.7.6a），系统生成半径尺寸。

Step3. 移动鼠标至合适位置，单击放置尺寸。如果要改变圆的半径尺寸，则在系统弹出的动态输入框中输入所需的数值。

Step4. 单击"径向尺寸"对话框中的 关闭 按钮，完成半径的标注，如图 2.7.6b 所示。

2.7.2　尺寸移动

为了使草图的布局更清晰合理，可以移动尺寸文本的位置，操作步骤如下。

Step1. 将鼠标移至要移动的尺寸处，按住鼠标左键。

Step2. 左右或上下移动鼠标，可以移动尺寸箭头和文本框的位置。

Step3. 在合适的位置松开鼠标左键，完成尺寸位置的移动。

2.7.3　修改尺寸值

修改草图的标注尺寸有如下两种方法。

方法一：

Step1. 双击要修改的尺寸，如图 2.7.7 所示。

Step2. 系统弹出动态输入框，如图 2.7.8 所示。在动态输入框中输入新的尺寸值，并按鼠标中键，完成尺寸的修改，如图 2.7.9 所示。

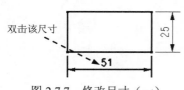

图 2.7.7　修改尺寸（一）

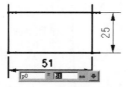

图 2.7.8　修改尺寸（二）

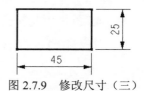

图 2.7.9　修改尺寸（三）

方法二：

Step1. 将鼠标移至要修改的尺寸处右击。

Step2. 在系统弹出的快捷菜单中选择 编辑(E)... 命令。

Step3. 在系统弹出的动态输入框中输入新的尺寸值，单击中键完成尺寸的修改。

第 **3** 章　二维草图设计综合实例

3.1　二维草图设计综合实例一

实例概述：

本实例讲解的是一个草图标注的技巧。在图 3.1.1a 中，标注了圆角圆心到直线的距离值 5.5。如果要将该尺寸变为图 3.1.1b 中的尺寸值 7.0，那么就必须先绘制辅助交点，然后才能创建尺寸值 7.0。操作步骤如下。

Step1. 打开文件 D:\ugxc12\work\ch03.01\spsk04.prt。

Step2. 双击已有草图，单击 〔名 在草图任务环境中打开〕按钮，进入草图环境，隐藏尺寸。

图 3.1.1　实例一

Step3. 创建点 1。选择下拉菜单〔插入⑤〕 ➡ 〔基准/点⑪▶〕 ➡ 〔＋ 点⑫...〕命令，系统弹出"点"对话框；在图 3.1.2a 所示的位置单击，然后单击"点"对话框中的〔关闭〕按钮，完成点 1 的创建，如图 3.1.2b 所示。

Step4. 单击"几何约束"按钮〔∥⊥〕，在系统弹出的"几何约束"工具条中单击〔↑〕按钮，然后选择图 3.1.3 所示的点 1 和直线 1，为点 1 和直线 1 添加"点在曲线上"约束，如图 3.1.4 所示。

图 3.1.2　创建点 1

Step5. 参照 Step4 为点 1 和直线 2 添加"点在曲线上"约束，如图 3.1.5 所示。

Step6. 显示尺寸。删除图 3.1.6 所示的"尺寸 5.5"，重新创建图 3.1.7 所示的尺寸值 7.0。

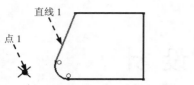

图 3.1.3 选取点 1 和直线 1

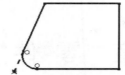

图 3.1.4 为点 1 和直线 1 添加约束后

图 3.1.5 为点 1 和直线 2 添加约束后

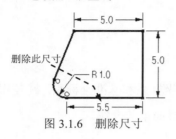

图 3.1.6 删除尺寸

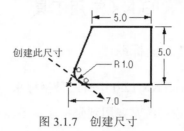

图 3.1.7 创建尺寸

3.2 二维草图设计综合实例二

实例概述：

本实例主要介绍草图的绘制、编辑和标注的过程，读者要重点掌握约束与尺寸的处理技巧。图形如图 3.2.1 所示。

说明： 本实例的详细操作过程请参见随书光盘中 video\ch03.02\文件夹下的语音视频讲解文件。模型文件为 D:\ugxc12\work\ch03.02\spsk03.prt。

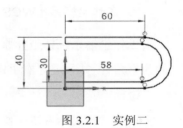

图 3.2.1 实例二

3.3 二维草图设计综合实例三

实例概述：

本实例从新建一个草图开始，详细介绍草图的绘制、编辑和标注过程，要重点掌握的是绘图前的设置、约束的处理以及尺寸的处理技巧。本节主要绘制图 3.3.1 所示的图形。

图 3.3.1 实例三

说明：本实例的详细操作过程请参见随书光盘中 video\ch03.03\文件夹下的语音视频讲解文件。模型文件为 D:\ugxc12\work\ch03.03\spsk1.prt。

第 4 章 零件设计

4.1 UG NX 常用工具

4.1.1 坐标系

UG NX 12.0 中有三种坐标系：绝对坐标系、工作坐标系和基准坐标系。在使用软件的过程中经常要用到坐标系，下面对这三种坐标系进行简单的介绍。

1. 绝对坐标系（ACS）

绝对坐标系是原点在（0，0，0）的坐标系，是固定不变的。

2. 工作坐标系（WCS）

工作坐标系包括坐标原点和坐标轴，如图 4.1.1 所示。它的轴通常是正交的（即相互间为直角），并且遵守右手定则。

说明：

● 工作坐标系不受修改操作（删除、平移等）的影响，但允许非修改操作，如隐藏和分组。

● UG NX 12.0 的部件文件可以包含多个坐标系，但是其中只有一个是 WCS。

● 用户可以随时挑选一个坐标系作为 WCS。系统用 XC、YC 和 ZC 表示工作坐标系的坐标。工作坐标系的 XC-YC 平面称为工作平面。

3. 基准坐标系（坐标系）

基准坐标系由单独的可选组件组成，如图 4.1.2 所示，包括：

◆ 整个坐标系。

◆ 三个基准平面。

◆ 三个基准轴。

◆ 原点。

可以在坐标系中选择单个基准平面、基准轴或原点，也可以隐藏坐标系及其单个组成部分。

4. 右手定则

◆ 常规的右手定则。

如果坐标系的原点在右手掌，拇指向上延伸的方向对应于某个坐标轴的方向，则可以利用常规的右手定则确定其他坐标轴的方向。例如，在图 4.1.3 中，假设拇指指向 ZC 轴的正方向，食指伸直的方向对应于 XC 轴的正方向，中指向外延伸的方向则为 YC 轴的正方向。

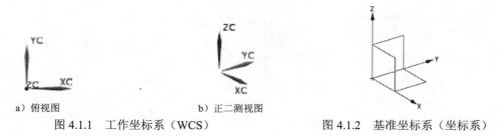

a）俯视图   b）正二测视图

图 4.1.1 工作坐标系（WCS）   图 4.1.2 基准坐标系（坐标系）

◆ 旋转的右手定则。

旋转的右手定则用于将矢量和旋转方向关联起来。

当拇指伸直并且与给定的矢量对齐时，则弯曲的其他四指就能确定该矢量关联的旋转方向。反过来，当弯曲手指表示给定的旋转方向时，则伸直的拇指就确定关联的矢量。

例如，在图 4.1.4 中，如果要确定当前坐标系的旋转逆时针方向，那么拇指就应该与 ZC 轴对齐，并指向其正方向，此时逆时针方向即为四指从 XC 轴正方向向 YC 轴正方向旋转。

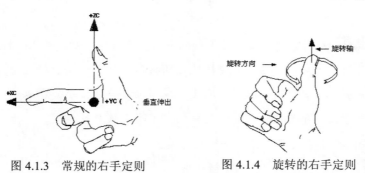

图 4.1.3 常规的右手定则   图 4.1.4 旋转的右手定则

4.1.2 矢量构造器

在建模过程中，矢量构造器的应用十分广泛，如对定义对象的高度方向、投影方向和旋转中心轴等进行设置。单击"矢量对话框"按钮，系统弹出图 4.1.5 所示的"矢量"对话框,下面对"矢量"对话框的使用进行详细的介绍。

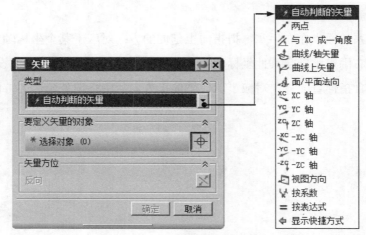

图 4.1.5   "矢量"对话框

图 4.1.5 所示的"矢量"对话框的 类型 下拉列表中的部分选项功能说明如下。

◆ **⚡ 自动判断的矢量** : 可以根据选取的对象自动判断所定义矢量的类型。

◆ **两点** : 利用空间两点创建一个矢量,矢量方向为由第一点指向第二点。

◆ **与 XC 成一角度** : 用于在 XC-YC 平面上创建与 XC 轴成一定角度的矢量。

◆ **曲线/轴矢量** : 通过选取曲线上某点的切向矢量来创建一个矢量。

◆ **曲线上矢量** : 在曲线上的任一点指定一个与曲线相切的矢量。可按照圆弧长或百分比圆弧长指定位置。

◆ **面/平面法向** : 用于创建与实体表面(必须是平面)法线或圆柱面的轴线平行的矢量。

◆ **XC 轴** : 用于创建与 XC 轴平行的矢量。注意这里的"与 XC 轴平行的矢量"不是 XC 轴,例如,在定义旋转特征的旋转轴时,如果选择此项,只是表示旋转轴的方向与 XC 轴平行,并不表示旋转轴就是 XC 轴,所以这时要完全定义旋转轴还必须再选取一点定位旋转轴。下面五项与此相同。

◆ **YC 轴** : 用于创建与 YC 轴平行的矢量。

◆ **ZC 轴** : 用于创建与 ZC 轴平行的矢量。

◆ **-XC 轴** : 用于创建与-XC 轴平行的矢量。

◆ **-YC 轴** : 用于创建与-YC 轴平行的矢量。

◆ **-ZC 轴** : 用于创建与-ZC 轴平行的矢量。

◆ **视图方向** : 指定与当前工作视图平行的矢量。

◆ █ 按系数 ：按系数指定一个矢量。

◆ █ 按表达式 ：使用矢量类型的表达式来指定矢量。

4.1.3 类选择

UG NX 12.0 提供了一个分类选择的工具，利用选择对象类型和设置过滤器的方法，以达到快速选取对象的目的。选取对象时，可以直接选取对象，也可以利用"类选择"对话框中的对象类型过滤功能来限制选择对象的范围。选中的对象以高亮方式显示。

注意：在选取对象的操作中，如果光标短暂停留后，后面出现"…"的提示，则表明在光标位置有多个可供选择的对象。

下面以图 4.1.6 所示选取曲线的操作为例，介绍如何选择对象。

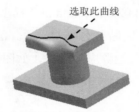

图 4.1.6　选取曲线特征

Step1. 打开文件 D:\ugxc12\work\ch04.01.03\display_2.prt。

Step2. 选择命令。选择下拉菜单 █ 编辑(E) ➡ █ 对象显示(T)… 命令，系统弹出"类选择"对话框。

Step3. 定义对象类型。单击"类选择"对话框中的 ✛ 按钮，系统弹出"按类型选择"对话框，选择 █ 曲线 选项，单击 █ 确定 按钮。

Step4. 根据系统 █ 选择要编辑的对象 的提示，在图形区选取图 4.1.6 所示的曲线为目标对象，单击 █ 确定 按钮。

Step5. 系统弹出"编辑对象显示"对话框，单击 █ 确定 按钮，完成对象的选取。

注意：这里主要是介绍对象的选取，编辑对象显示的操作不再赘述。

4.2　UG NX 的部件导航器

4.2.1　概述

单击资源板中的第三个按钮 █ ，可以打开部件导航器。部件导航器是 UG NX 12.0 资源板中的一个部分，它可以用来组织、选择和控制数据的可见性，以及通过简单浏览来理解数据，也可以在其中更改现存的模型参数，以得到所需的形状和定位表达；另外，"制图"和"建模"数据也包括在部件导航器中。

部件导航器被分隔成 4 个面板："主面板""相关性面板""细节面板"以及"预览面板"。构造模型或图纸时，数据被填充到这些面板窗口。使用这些面板导航部件并执行各种操作。

4.2.2　部件导航器界面

部件导航器"主面板"提供了最全面的部件视图。可以使用它的树状结构（简称"模型树"）查看和访问实体、实体特征及所依附的几何体、视图、图样、表达式、快速检查以及模型中的引用集。

打开文件 D:\ugxc12\work\ch04.02.02\section.prt，模型如图 4.2.1 所示，在与之相应的模型树中，括号内的时间戳记跟在各特征名称的后面。部件导航器"主面板"有两种模式："时间戳记顺序"和"非时间戳记顺序"模式，如图 4.2.2 所示。

图 4.2.1　参照模型　　　　　图 4.2.2　"部件导航器"界面

（1）在"部件导航器"中右击，在系统弹出的快捷菜单中选择 ✔ 时间戳记顺序 命令，如图 4.2.3 所示。可以在两种模式间进行切换。

（2）在"设计视图"模式下，工作部件中的所有特征在模型节点下显示，包括它们的特征和操作，先显示最近创建的特征（按相反的时间戳记顺序）；在"时间戳记顺序"模式下，工作部件中的所有特征都按它们创建的时间戳记显示为一个节点的线性列表，"非时间戳记顺序"模式不包括"设计视图"模式中可用的所有节点，如图 4.2.4 和图 4.2.5 所示。

部件导航器"相关性"面板可以查看部件中特征几何体的父子关系，可以帮助修改计划对部件的潜在影响。单击 相关性 选项可以打开和关闭该面板，选择其中一个特征，其界面如图 4.2.6 所示。

部件导航器"细节"面板显示属于当前所选特征的定位参数。如果特征被表达式抑制，则特征抑制也将显示。单击 细节 选项可以打开和关闭该面板，选择其中一个特征，其界面如图 4.2.7 所示。

图 4.2.3　快捷菜单

图 4.2.4　"非时间戳记顺序"模式

图 4.2.5　"时间戳记顺序"模式

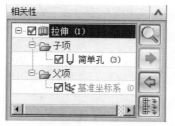

图 4.2.6　部件导航器"相关性"面板界面

图 4.2.7　部件导航器"细节"面板界面

"细节"面板有三列：参数、值和表达式。在此仅显示单个特征的参数，可以直接在"细节"面板中编辑该值：双击该值进入编辑模式，可以更改表达式的值，按 Enter

键结束编辑。参数和表达式可以通过右击系统弹出菜单中的"导出至浏览器"或"导出至电子表格",将"细节"面板的内容导出至浏览器或电子表格,并且可以按任意列排序。

部件导航器"预览"面板显示可用的预览对象的图像。单击 预览 选项可以打开和关闭该面板。"预览"面板的性质与上述"细节"面板类似,不再赘述。

4.2.3 部件导航器基本操作

1. 部件导航器的作用

部件导航器可以用来抑制或释放特征和改变它们的参数或定位尺寸等,部件导航器在所有 UG NX 12.0 应用环境中都是有效的,而不只是在建模环境中有效。可以在建模环境执行特征编辑操作。在部件导航器中,编辑特征可以引起一个在模型上执行的更新。

在部件导航器中使用时间戳记顺序,可以按时间序列排列建模所用到的每个步骤,并且可以对其进行参数编辑、定位编辑、显示设置等各种操作。

部件导航器中提供了正等测视图、前视图、右视图等 8 个模型视图,用于选择当前视图的方向,以便从各个视角观察模型。

2. 部件导航器的显示操作

部件导航器对识别模型特征是非常有用的。在部件导航器窗口中选择一个特征,该特征将在图形区高亮显示,并在部件导航器窗口中高亮显示其父特征和子特征。反之,在图形区中选择一特征,该特征及其父/子层级也会在部件导航器窗口中高亮显示。

为了显示部件导航器,可以在图形区左侧的资源条上单击 🔲 按钮,系统弹出部件导航器界面。当光标离开部件导航器窗口时,部件导航器窗口立即关闭,以方便图形区的操作。如果需要固定部件导航器窗口的显示,单击 ⚙ 按钮,然后在弹出的菜单中选中 ✔ 销住 选项,则窗口始终固定显示。

如果需要以某个方向观察模型,可以在部件导航器中双击 🔧 模型视图 下的选项(图4.2.8),得到图 4.2.8 所示的 8 个方向的视角,当前应用视图后有"(工作)"字样。

图 4.2.8 "模型视图"中的选项

3. 在部件导航器中编辑特征

在"部件导航器"中，有多种方法可以选择和编辑特征，在此列举两种。

方法一：

Step1. 双击树列表中的特征，打开其编辑对话框。

Step2. 用与创建时相同的对话框控制编辑其特征。

方法二：

Step1. 在树列表中选择一个特征。

Step2. 右击，选择系统弹出菜单中的 编辑参数(P)... 命令，打开其编辑对话框。

Step3. 用与创建时相同的对话框控制编辑其特征。

4. 显示表达式

在"部件导航器"中会显示"主面板表达式"文件夹内定义的表达式，且其名称前会显示表达式的类型（即距离、长度或角度等）。

5. 抑制与取消抑制

通过抑制（Suppressed）功能可使已显示的特征临时从图形区中移去。取消抑制后，该特征显示在图形区中，例如，图 4.2.9a 所示的孔特征处于抑制的状态，此时其模型树如图 4.2.10a 所示；图 4.2.9b 所示的孔特征处于取消抑制的状态，此时其模型树如图 4.2.10b 所示。

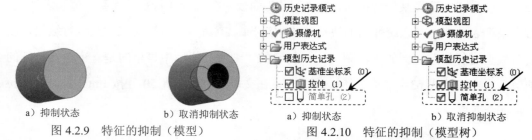

a）抑制状态　　　b）取消抑制状态
图 4.2.9　特征的抑制（模型）　　　　图 4.2.10　特征的抑制（模型树）

如果要抑制某个特征，可在模型树中选择该特征右击，在系统弹出的快捷菜单中选择 抑制(S) 命令。如果需要取消某个特征的抑制，可在模型树中选择该特征并右击，在系统弹出的快捷菜单中选择 取消抑制(U) 命令，即可恢复显示。

说明：

● 选取 抑制(S) 命令可以使用另外一种方法，即在模型树中选择某个特征后右击，在系统弹出的快捷菜单中选择 抑制(S) 命令。

- 在抑制某个特征时，其子特征也将被抑制；在取消抑制某个特征时，其父特征
  也将被取消抑制。

6. 特征回放

使用下拉菜单 编辑(E) ➡ 特征(F) ▶ ➡ 🔧 重播... 命令可以一次显示一个特征，逐步表示模型的构造过程。

注意：

- 被抑制的特征在回放过程中是不显示的。

- 如果草图是在特征内部创建的，则在回放过程中不显示；否则草图会显示。

7. 信息获取

信息（Information）下拉菜单提供了获取有关模型信息的选项。

信息窗口显示所选特征的详细信息，包括特征名、特征表达式、特征参数和特征的父子关系等。特征信息的获取方法：在部件导航器中选择特征并右击，然后选择 🔲 信息(I) 命令，系统弹出"信息"窗口。

说明：在"信息"窗口中可以单击 🔲 命令。在系统弹出的"另存为"对话框中可以以文本格式保存在信息窗口中列出的所有信息；🔲 命令用于将信息列表打印。

8. 细节

在模型树中选择某个特征后，在"细节"面板中会显示该特征的参数、值和表达式，右击某个表达式，在系统弹出的快捷菜单中选择 编辑 命令，可以对表达式进行编辑，以便对模型进行修改。例如，在图 4.2.11 所示的"细节"面板中显示的是一个拉伸特征的细节，右击表达式 p3=45，选择 编辑 命令，在文本框中输入值 50 并按 Enter 键，则该拉伸特征会变厚。

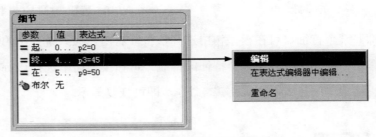

图 4.2.11　"表达式"编辑的操作

4.3　应用体素建模

4.3.1　基本体素设计

特征是组成零件的基本单元。一般而言，长方体、圆柱体、圆锥体和球体 4 个基本体素特征常常作为零件模型的第一个特征（基础特征）使用，然后在基础特征之上，通过添加新的特征以得到所需的模型，因此体素特征对零件的设计而言是最基本的特征。下面分别介绍以上 4 种基本体素特征的创建方法。

1. 创建长方体

进入建模环境后，选择下拉菜单 插入(S) ➡ 设计特征(E)▶ ➡ 长方体(K)... 命令，系统弹出图 4.3.1 所示的"长方体"对话框，在对话框的 类型 列表中可以选择创建长方体的方法。

说明：如果下拉菜单 插入(S) ➡ 设计特征(E)▶ 中没有 长方体(K)... 命令，则需要定制。在后面的章节中如有类似情况，将不再做具体说明。

下面以图 4.3.2 所示的长方体为例，说明使用"原点和边长"方法创建长方体的一般过程。

Step1. 选择命令。选择下拉菜单 插入(S) ➡ 设计特征(E)▶ ➡ 长方体(K)... 命令，系统弹出图 4.3.1 所示的"长方体"对话框。

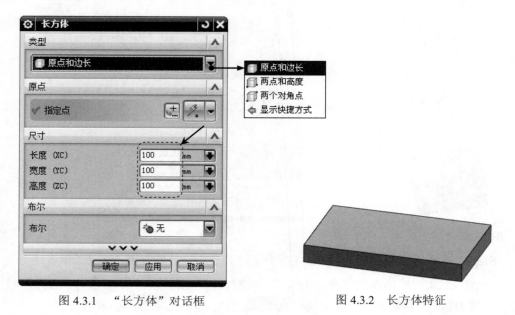

图 4.3.1　"长方体"对话框　　　　图 4.3.2　长方体特征

Step2. 选择创建长方体的方法。在 类型 下拉列表中选择 原点和边长 选项，如图 4.3.1 所示。

Step3. 定义长方体的原点（即长方体的一个顶点）。选择坐标原点为长方体顶点（系统默认选择坐标原点为长方体顶点）。

Step4. 定义长方体的参数。在 长度（XC） 文本框中输入值 140，在 宽度（YC） 文本框中输入值 90，在 高度（ZC） 文本框中输入值 16。

Step5. 单击 确定 按钮，完成长方体的创建。

说明：长方体创建完成后，如果要对其进行修改，可直接双击该长方体，然后根据系统信息提示编辑其参数。

2．创建圆柱体

创建圆柱体有"直径、高度"和"高度、圆弧"两种方法，下面以图 4.3.3 所示的圆柱体为例来说明使用"直径、高度"方法创建圆柱体的一般操作过程。

Step1. 选择命令。选择下拉菜单 插入(S) ➡ 设计特征(E)▶ ➡ 圆柱(C)... 命令（或在 主页 功能选项卡 特征 区域的 下拉列表中单击 圆柱 按钮），系统弹出图 4.3.4 所示的"圆柱"对话框。

图 4.3.3　创建圆柱体　　　　　图 4.3.4　"圆柱"对话框

Step2. 选择创建圆柱体的方法。在 类型 下拉列表中选择 轴、直径和高度 选项。

Step3. 定义圆柱体轴线方向。单击"矢量对话框"按钮 ，系统弹出"矢量"对话框。在该对话框的 类型 下拉列表中选择 ZC 轴 选项，单击 确定 按钮。

Step4. 定义圆柱体底面圆心位置。在"圆柱"对话框中单击"点对话框"按钮，系统弹出"点"对话框。在该对话框中设置圆心的坐标为 XC=0.0、YC=0.0、ZC=0.0，单击 确定 按钮，系统返回到"圆柱"对话框。

Step5. 定义圆柱体参数。在"圆柱"对话框的 直径 文本框中输入值 100，在 高度 文本框中输入值 100，单击 确定 按钮，完成圆柱体的创建。

3. 创建圆锥体

圆锥体的创建方法有五种，下面以图 4.3.5 所示的圆锥体为例来说明使用"直径、高度"方法创建圆锥体的一般操作过程。

Step1. 选择命令。选择下拉菜单 插入(S) ➡ 设计特征(E)▶ ➡ ⚠ 圆锥(O)... 命令（或在 主页 功能选项卡 特征 区域的 □▾ 下拉列表中单击 ⚠ 圆锥 按钮），系统弹出图 4.3.6 所示的"圆锥"对话框。

图 4.3.5　圆锥体特征　　　　图 4.3.6　"圆锥"对话框

Step2. 选择创建圆锥体的方法。在 类型 下拉列表中选择 ⚠ 直径和高度 选项。

Step3. 定义圆锥体轴线方向。在该对话框中单击 按钮，系统弹出"矢量"对话框，在"矢量"对话框的 类型 下拉列表中选择 ZC 轴 选项。

Step4. 定义圆锥体底面原点（圆心）。接受系统默认的原点（0,0,0）为底圆原点。

Step5. 定义圆锥体参数。在 底部直径 文本框中输入值 50，在 顶部直径 文本框中输入值 0，在 高度 文本框中输入值 25。

Step6. 单击 确定 按钮，完成圆锥体的创建。

4. 创建球体

球体特征的创建可以通过"直径、圆心"和"选择圆弧"这两种方法，下面以图 4.3.7 所示的球体为例来说明使用"直径、圆心"方法创建球体的一般操作过程。

图 4.3.7 球体特征

Step1. 选择命令。选择下拉菜单 插入(S) ➡ 设计特征(E)▶ ➡ 球(S)... 命令，系统弹出"球"对话框。

Step2. 选择创建球体的方法。在 类型 下拉列表中选择 中心点和直径 选项。

Step3. 定义球中心点位置。在该对话框中单击 + 按钮，系统弹出 "点"对话框，接受系统默认的坐标原点（0，0，0）为球心。

Step4. 定义球体直径。在 直径 文本框中输入值 100。单击 确定 按钮，完成球体的创建。

4.3.2 体素应用范例

本节以图 4.3.8 所示的实体模型的创建过程为例，说明在基本体素特征上添加其他特征的一般过程。

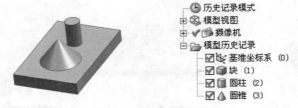

图 4.3.8 模型及模型树

Step1. 新建文件。选择下拉菜单 文件(F) ➡ 新建(N)... 命令，系统弹出"新建"对话框。接受系统默认的模板，在 名称 文本框中输入文件名称 body，单击 确定 按钮。

Step2. 创建图 4.3.9 所示的基本长方体特征。

（1）选择命令。选择下拉菜单 插入(S) ➡ 设计特征(E)▶ ➡ 长方体(K)... 命令，系统弹出"长方体"对话框。

（2）选择创建长方体的类型。在 类型 下拉列表中选择 原点和边长 选项。

（3）定义长方体的原点。选择坐标原点为长方体原点。

（4）定义长方体参数。在 长度（XC） 文本框中输入值 140，在 宽度（YC） 文本框中输入值 90，在 高度（ZC） 文本框中输入值 16。

（5）单击 确定 按钮，完成长方体的创建。

Step3．创建图 4.3.10 所示的圆柱体特征。

（1）选择命令。选择下拉菜单 插入(S) ➡ 设计特征(E)▶ ➡ 圆柱(C)... 命令，系统弹出"圆柱"对话框。

（2）选择创建圆柱体的方法。在 类型 下拉列表中选择 轴、直径和高度 选项。

（3）定义圆柱体轴线方向。单击"矢量对话框"按钮 ↑，系统弹出"矢量"对话框。在 类型 下拉列表中选择 ZC 轴 选项，单击 确定 按钮，系统返回到"圆柱"对话框。

（4）定义圆柱底面圆心位置。在"圆柱"对话框中单击"点对话框"按钮 +，系统弹出"点"对话框。在该对话框中设置圆心的坐标，在 XC 文本框中输入值 45，在 YC 文本框中输入值 45，在 ZC 文本框中输入值 0。单击 确定 按钮，系统返回到"圆柱"对话框。

（5）定义圆柱体参数。在 直径 文本框中输入值 20，在 高度 文本框中输入值 50。

（6）对圆柱体和长方体特征进行布尔运算。在 布尔 下拉列表中选择 合并 选项，采用系统默认的求和对象。单击 确定 按钮，完成圆柱体的创建。

Step4．创建图 4.3.11 所示的圆锥体特征。

（1）选择命令。选择下拉菜单 插入(S) ➡ 设计特征(E)▶ ➡ 圆锥(O)... 命令，系统弹出"圆锥"对话框。

图 4.3.9　创建长方体特征　　　图 4.3.10　创建圆柱体特征　　　图 4.3.11　添加圆锥体特征

（2）选择创建圆锥体的类型。在 类型 下拉列表中选择 直径和高度 选项。

（3）定义圆锥体轴线方向。在该对话框中单击 ↑ 按钮，系统弹出"矢量"对话框，在"矢量"对话框的 类型 下拉列表中选择 ZC 轴 选项。

（4）定义圆锥体底面圆心位置。在对话框中单击"点对话框"按钮 +，系统弹出"点"对话框。在该对话框中设置圆心的坐标，在 XC 文本框中输入值 90，在 YC 文本框中输入值 45，在 ZC 文本框中输入值 0。单击 确定 按钮，系统返回到"圆锥"对话框。

（5）定义圆锥体参数。在 底部直径 文本框中输入值 80，在 顶部直径 文本框中输入值 0，在 高度 文本框中输入值 50。

（6）对圆锥体和前面已求和的实体进行布尔运算。在 布尔 下拉列表中选择 ⊕ 合并 选项，采用系统默认的求和对象。单击 确定 按钮，完成圆锥体的创建。

4.4 布尔操作

4.4.1 求和操作

布尔求和操作用于将工具体和目标体合并成一体。下面以图 4.4.1 所示的模型为例，介绍布尔求和操作的一般过程。

Step1. 打开文件 D:\ ugxc12\work\ch04.04.01\unite.prt。

Step2. 选择命令。选择下拉菜单 插入(S) ➡ 组合(B) ▶ ➡ ⊕ 合并(U)... 命令，系统弹出图 4.4.2 所示的"合并"对话框。

Step3. 定义目标体和工具体。在图 4.4.1a 中，依次选择目标（长方体）和刀具（球体），单击 ＜确定＞ 按钮，完成布尔求和操作，结果如图 4.4.1b 所示。

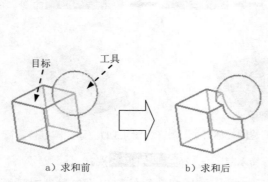

a）求和前   b）求和后

图 4.4.1 布尔求和操作

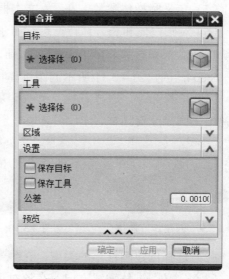

图 4.4.2 "合并"对话框

注意：布尔求和操作要求工具体和目标体必须在空间上接触才能进行运算，否则将提示出错。

图 4.4.2 所示的"合并"对话框中各复选框的功能说明如下。

● ☑保存目标 复选框：为求和操作保存目标体。如果需要在一个未修改的状态下保存所选目标体的副本时，使用此选项。

● ☑ 保存工具 复选框：为求和操作保存工具体。如果需要在一个未修改的状态下保存所选工具体的副本时，使用此选项。在编辑"求和"特征时，"保存工具"选项不可用。

4.4.2　求差操作

布尔求差操作用于将工具体从目标体中移除。下面以图 4.4.3 所示的模型为例来介绍布尔求差操作的一般过程。

Step1. 打开文件 D:\ ugxc12\work\ch04.04.02\subtract.prt。

Step2. 选择命令。选择下拉菜单 插入(S) ➡ 组合(B) ▶ ➡ 🗗 减去(S)... 命令，系统弹出图 4.4.4 所示的"求差"对话框。

Step3. 定义目标体和刀具体。依次选择图 4.4.3a 所示的目标和工具，单击 〈 确定 〉 按钮，完成布尔求差操作。

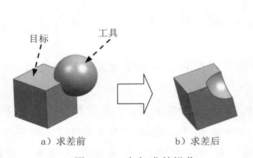

图 4.4.3　布尔求差操作

图 4.4.4　"求差"对话框

4.4.3　求交操作

布尔求交操作用于创建包含两个不同实体的公共部分。进行布尔求交运算时，工具体与目标体必须相交。下面以图 4.4.5 所示的模型为例，介绍布尔求交操作的一般过程。

Step1. 打开文件 D:\ ugxc12\work\ch04.04.03\intersection.prt。

Step2. 选择命令。选择下拉菜单 插入(S) ➡ 组合(B) ▶ ➡ 🗗 相交(I)... 命令，系统弹出图 4.4.6 所示的"相交"对话框。

Step3. 定义目标体和工具体。依次选取图 4.4.5a 所示的实体作为目标和工具，单击 〈 确定 〉 按钮，完成布尔求交操作。

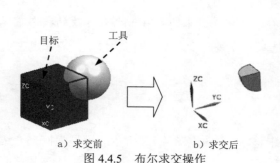
a）求交前　　　　　　b）求交后
图 4.4.5　布尔求交操作

图 4.4.6　"相交"对话框

4.4.4　布尔出错消息

如果布尔运算的使用不正确，则可能出现错误，其出错信息如下。

- 在进行实体的求差和求交运算时，所选工具体必须与目标体相交，否则系统会发布警告信息"工具体完全在目标体外"。
- 在进行操作时，如果使用复制目标，且没有创建一个或多个特征，则系统会发布警告信息"不能创建任何特征"。
- 如果在执行一个片体与另一个片体求差操作时，则系统会发布警告信息"非歧义实体"。
- 如果在执行一个片体与另一个片体求交操作时，则系统会发布警告信息"无法执行布尔运算"。

注意：如果创建的是第一个特征，此时不存在布尔运算，"布尔操作"列表框为灰色。从创建第二个特征开始，以后加入的特征都可以选择"布尔操作"，而且对于一个独立的部件，每一个添加的特征都需要选择"布尔操作"，系统默认选中"创建"类型。

4.5　拉伸特征

4.5.1　概述

拉伸特征是将截面沿着草图平面的垂直方向拉伸而成的特征，它是最常用的零件建模方法。下面以一个简单实体三维模型（图 4.5.1）为例，说明拉伸特征的基本概念及其创建方法，同时介绍用 UG 软件创建零件三维模型的一般过程。

4.5.2　创建基础拉伸特征

下面以图 4.5.2 所示的拉伸特征为例，说明创建拉伸特征的一般步骤。创建前，请先新建一个模型文件，命名为 base_block，进入建模环境。

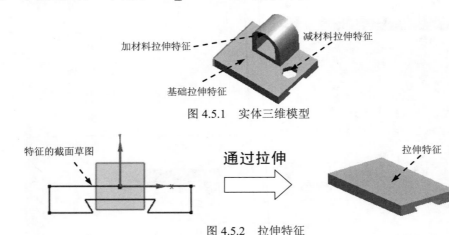

图 4.5.1 实体三维模型

图 4.5.2 拉伸特征

1. 选取拉伸特征命令

选取特征命令一般有如下两种方法。

方法一： 从下拉菜单中获取特征命令。选择下拉菜单 插入(S) ➡ 设计特征(E)▶ ➡ 拉伸(E)... 命令。

方法二： 从功能区中获取特征命令。本例可以直接单击 主页 功能选项卡 特征 区域的 按钮。

2. 定义拉伸特征的截面草图

定义拉伸特征截面草图的方法有两种：选择已有草图作为截面草图；创建新草图作为截面草图，本例中介绍第二种方法，具体定义过程如下。

Step1. 选取"新建草图"命令。选择特征命令后，系统弹出图 4.5.3 所示的"拉伸"对话框，在该对话框中单击 按钮，创建新草图。

图 4.5.3 所示的"拉伸"对话框中相关选项的功能说明如下。

- （选择曲线）：选择已有的草图或几何体边缘作为拉伸特征的截面。
- （绘制截面）：创建一个新草图作为拉伸特征的截面。完成草图并退出草图环境后，系统自动选择该草图作为拉伸特征的截面。
- ：该选项用于指定拉伸的方向。可单击对话框中的 按钮，从系统弹出的下拉列表中选取相应的方式，指定拉伸的矢量方向。单击 按钮，系统就会自动使当前的拉伸方向反向。

● 体类型：用于指定拉伸生成的是片体（即曲面）特征还是实体特征。

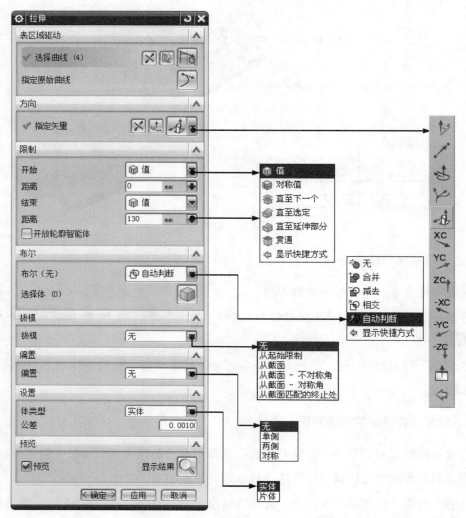

图 4.5.3 "拉伸"对话框

说明：在拉伸操作中，也可以在图形区拖动相应的手柄按钮，设置拔模角度和偏置值等，这样操作更加方便和灵活。另外，UG NX 12.0 支持最新的动态拉伸操作方法——可以用鼠标选中要拉伸的曲线，然后右击，在系统弹出的快捷菜单中选择 拉伸(E)... 命令，同样可以完成相应的拉伸操作。

Step2. 定义草图平面。

对草图平面的概念和有关选项介绍如下。

● 草图平面是特征截面或轨迹的绘制平面。

● 选择的草图平面可以是 XY 平面、YZ 平面和 ZX 平面中的一个，也可以是模型的某个表面。

完成上步操作后，选取 ZX 平面作为草图平面，单击 确定 按钮，进入草图环境。

Step3. 绘制截面草图。

基础拉伸特征的截面草图如图 4.5.4 所示。绘制特征截面草图图形的一般步骤如下。

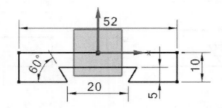

图 4.5.4　基础特征的截面草图

（1）设置草图环境，调整草图区。

① 进入草图环境后，若图形被移动至不方便绘制的方位，应单击"草图生成器"工具栏中的"定向到草图"按钮 ，调整到正视于草图的方位（也就是使草图基准面与屏幕平行）。

② 除可以移动和缩放草图区外，如果用户想在三维空间绘制草图，或希望看到模型截面图在三维空间的方位，可以旋转草图区，方法是按住中键并移动鼠标，此时可看到图形跟着鼠标旋转。

（2）创建截面草图。下面介绍创建截面草图的一般流程，在以后的章节中创建截面草图时，可参照这里的内容。

① 绘制截面几何图形的大体轮廓。

注意：绘制草图时，开始没有必要很精确地绘制截面的几何形状、位置和尺寸，只要大概的形状与图 4.5.5 相似就可以。

② 建立几何约束。建立图 4.5.6 所示的水平、竖直、相等、共线和对称约束。

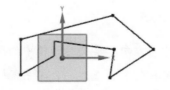

图 4.5.5　截面草图的初步图形

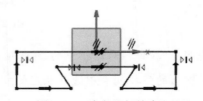

图 4.5.6　建立几何约束

③ 建立尺寸约束。单击 主页 功能选项卡 约束 区域中的"快速尺寸"按钮 ，标注图 4.5.7 所示的五个尺寸，建立尺寸约束。

④ 修改尺寸。将尺寸修改为设计要求的尺寸，如图 4.5.8 所示。其操作提示与注意事项如下。

● 尺寸的修改应安排在建立完约束以后进行。

● 注意修改尺寸的顺序，先修改对截面外观影响不大的尺寸。

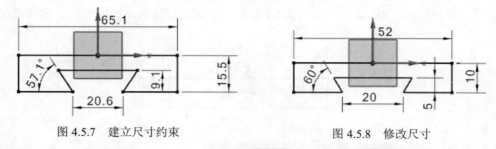

图 4.5.7　建立尺寸约束　　　　　　　图 4.5.8　修改尺寸

Step4. 完成草图绘制后，选择下拉菜单 任务(K) ➡ 完成草图(K) 命令，退出草图环境。

3. 定义拉伸类型

退出草图环境后，图形区出现拉伸的预览，在对话框中不进行选项操作，创建系统默认的实体类型。

4. 定义拉伸深度属性

Step1. 定义拉伸方向。拉伸方向采用系统默认的矢量方向，如图 4.5.9 所示。

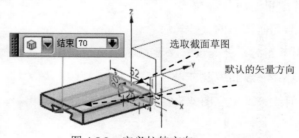

选取截面草图

默认的矢量方向

图 4.5.9　定义拉伸方向

说明："拉伸"对话框中的 选项用于指定拉伸的方向，单击对话框中的 按钮，从系统弹出的下拉列表中选取相应的方式，即可指定拉伸的矢量方向，单击 按钮，系统就会自动使当前的拉伸方向反向。

Step2. 定义拉伸深度。在 开始 下拉列表中选择 对称值 选项，在 距离 文本框中输入值 35.0，此时图形区如图 4.5.9 所示。

说明：

- 限制 区域： 开始 下拉列表包括 6 种拉伸控制方式。

  - ☑ 值：分别在 开始 和 结束 下面的 距离 文本框输入具体的数值（可以为负值）来确定拉伸的深度，起始值与结束值之差的绝对值为拉伸的深度，如图 4.5.10 所示。

  - ☑ 对称值：特征将在截面所在平面的两侧进行拉伸，且两侧的拉伸深度值相等，如图 4.5.10 所示。

  - ☑ 直至下一个：特征拉伸至下一个障碍物的表面处终止，如图 4.5.10 所示。

  - ☑ 直至选定：特征拉伸到选定的实体、平面、辅助面或曲面为止，如图 4.5.10 所示。

  - ☑ 直至延伸部分：把特征拉伸到选定的曲面，但是选定面的大小不能与拉伸体完全相交，系统就会自动按照面的边界延伸面的大小，然后再切除生成拉伸体，圆柱的拉伸被选择的面（框体的内表面）延伸后切除。

  - ☑ 贯通：特征在拉伸方向上延伸，直至与所有曲面相交，如图 4.5.10 所示。

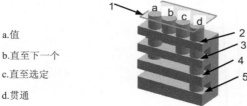

a.值
b.直至下一个
c.直至选定
d.贯通

1.草图基准平面
2.下一个曲面（平面）
3~5.模型的其他曲面（平面）

图 4.5.10　拉伸深度选项示意图

- 布尔 区域：如果图形区在拉伸之前已经创建了其他实体，则可以在进行拉伸的同时与这些实体进行布尔操作，包括创建求和、求差和求交。

- 拔模 区域：对拉伸体沿拉伸方向进行拔模。角度大于 0 时，沿拉伸方向向内拔模；角度小于 0 时，沿拉伸方向向外拔模。

  - ☑ 从起始限制：将直接从设置的起始位置开始拔模。

  - ☑ 从截面：用于设置拉伸特征拔模的起始位置为拉伸截面处。

  - ☑ 从截面 - 不对称角：在拉伸截面两侧进行不对称的拔模。

  - ☑ 从截面 - 对称角：在拉伸截面两侧进行对称的拔模，如图 4.5.11 所示。

  - ☑ 从截面匹配的终止处：在拉伸截面两侧进行拔模，所输入的角度为"结束"侧的拔模角度，且起始面与结束面的大小相同，如图 4.5.12 所示。

- ▢偏置▢区域：通过设置起始值与结束值，可以创建拉伸薄壁类型特征，如图 4.5.13 所示，起始值与结束值之差的绝对值为薄壁的厚度。

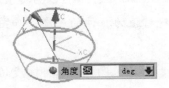
图 4.5.11　"对称角"

图 4.5.12　"从截面匹配的终止处"

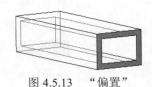
图 4.5.13　"偏置"

5．完成拉伸特征的定义

Step1. 特征的所有要素定义完毕后，预览所创建的特征，检查各要素的定义是否正确。

说明：预览时，可按住鼠标中键进行旋转查看，如果所创建的特征不符合设计意图，可选择对话框中的相关选项重新定义。

Step2. 预览完成后，单击"拉伸"对话框中的< 确定 >按钮，完成特征的创建。

4.5.3　创建其他特征

1．添加"加材料拉伸特征"

在创建零件的基本特征后，可以增加其他特征。现在要添加图 4.5.14 所示的加材料拉伸特征，操作步骤如下。

Step1. 选择下拉菜单 插入(S) ➡ 设计特征(E)▶ ➡ ▢拉伸(E)... 命令（或单击"特征"区域中的▢按钮），系统弹出"拉伸"对话框。

Step2. 创建截面草图。

（1）选取草图基准平面。在"拉伸"对话框中单击▢按钮，然后选取图 4.5.15 所示的模型表面作为草图基准平面，单击 确定 按钮，进入草图环境。

（2）绘制特征的截面草图。绘制图 4.5.16 所示的截面草图的大体轮廓。完成草图绘制后，单击 主页 功能选项卡"草图"区域中的 完成 按钮，退出草图环境。

Step3. 定义拉伸属性。

（1）定义拉伸深度方向。单击对话框中的▢按钮，反转拉伸方向。

（2）定义拉伸深度。在"拉伸"对话框的 开始 下拉列表中选择 ▢值 选项，在其下的

距离 文本框中输入值 0，在 结束 下拉列表中选择 值 选项，在其下的 距离 文本框中输入值 25，在 偏置 区域的下拉列表中选择 两侧 选项，在 开始 文本框中输入值-5，在 结束 文本框中输入值 0，其他采用系统默认设置值。在 布尔 区域中选择 合并 选项，采用系统默认的求和对象。

Step4. 单击"拉伸"对话框中的 ＜ 确定 ＞ 按钮，完成特征的创建。

注意：此处进行布尔操作是将基础拉伸特征与加材料拉伸特征合并为一体，如果不进行此操作，基础拉伸特征与加材料拉伸特征将是两个独立的实体。

图 4.5.14 添加"加材料拉伸特征"

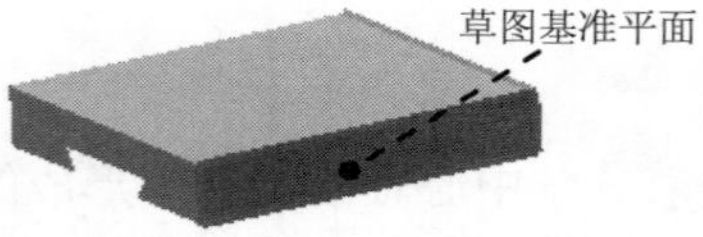

图 4.5.15 选取草图基准平面

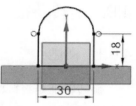
图 4.5.16 截面草图

2. 添加"减材料拉伸特征"

减材料拉伸特征的创建方法与加材料拉伸基本一致，只不过加材料拉伸是增加实体，而减材料拉伸则是减去实体。现在要添加图 4.5.17 所示的减材料拉伸特征，具体操作步骤如下。

Step1. 选择命令。选择下拉菜单 插入(S) ➡ 设计特征(E)▶ ➡ 拉伸(E)... 命令（或单击"特征"区域中的 按钮），系统弹出"拉伸"对话框。

Step2. 创建截面草图。

（1）选取草图基准平面。在"拉伸"对话框中单击 按钮，然后选取图 4.5.18 所示的模型表面作为草图基准平面，单击 确定 按钮，进入草图环境。

（2）绘制特征的截面草图。绘制图 4.5.19 所示的截面草图的大体轮廓。完成草图绘制后，单击 按钮，退出草图环境。

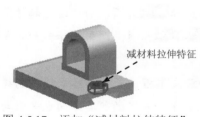
图 4.5.17 添加"减材料拉伸特征"

图 4.5.18 选取草图基准平面

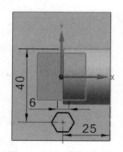
图 4.5.19 截面草图

Step3. 定义拉伸属性。

（1）定义拉伸深度方向。单击对话框中的 ⬚ 按钮，反转拉伸方向。

（2）定义拉伸深度类型和深度值。在"拉伸"对话框的 结束 下拉列表中选择 贯通 选项，在 布尔 区域中选择 ⬚ 减去 选项，采用系统默认的求差对象。

Step4. 单击"拉伸"对话框中的 〈 确定 〉 按钮，完成特征的创建。

Step5. 选择下拉菜单 文件(F) ➡ ⬚ 保存(S) 命令，保存模型文件。

4.6 旋转特征

4.6.1 概述

旋转特征是将截面绕着一条中心轴线旋转而形成的特征，如图 4.6.1b 所示。选择下拉菜单 插入(S) ➡ 设计特征(E)▶ ➡ ⬚ 旋转(R)... 命令（或单击 主页 功能选项卡 特征 区域 ⬚▼ 下拉列表中的 ⬚ 旋转 按钮），系统弹出"旋转"对话框，如图 4.6.2 所示。

a）截面和旋转轴　　　　　　　　　　　　　　　　　b）旋转特征

图 4.6.1　"旋转"示意图

图 4.6.2 所示的"旋转"对话框中各选项的功能说明如下。

● ⬚ （选择截面）：选择已有的草图或几何体边缘作为旋转特征的截面。

● ⬚ （绘制截面）：创建一个新草图作为旋转特征的截面。完成草图并退出草图环境后，系统自动选择该草图作为旋转特征的截面。

● 限制 区域：包含 开始 和 结束 两个下拉列表及两个位于其下的 角度 文本框。

　　☑ 开始 下拉列表：用于设置旋转的类项，角度 文本框用于设置旋转的起始角度，其值的大小是相对于截面所在的平面而言的，其方向以与旋转轴成右手定则的方向为准。在 开始 下拉列表中选择 ⬚ 值 选项，则需设置起始角度和终止角度；在 开始 下拉列表中选择 ⬚ 直至选定 选项，则需选择要开始或停止旋转的面或相对基准平面。

　　☑ 结束 下拉列表：用于设置旋转的类项，角度 文本框设置旋转对象旋转的终止角度，其值的大小也是相对于截面所在的平面而言的，其方向也是以与旋转轴成右手定则为准。

- 偏置 区域：利用该区域可以创建旋转薄壁类型特征。
- ☑预览 复选框：使用预览可确定创建旋转特征之前参数的正确性。系统默认选中该复选框。
- ⚐按钮：可以选取已有的直线或者轴作为旋转轴矢量，也可以使用"矢量构造器"方式构造一个矢量作为旋转轴矢量。
- ⚒按钮：如果用于指定旋转轴的矢量方法，则需要单独再选定一点，例如用于平面法向时，此选项将变为可用。
- 布尔 区域：创建旋转特征时，如果已经存在其他实体，则可以与其进行布尔操作，包括创建求和、求差和求交。

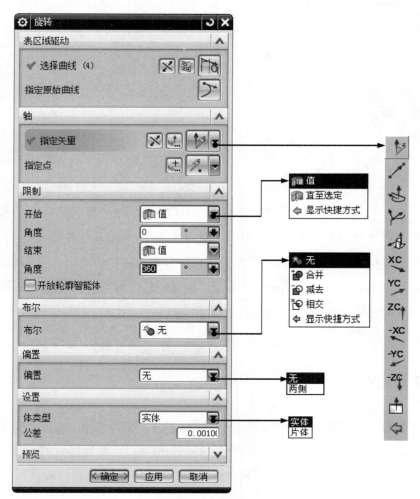

图 4.6.2 "旋转"对话框

4.6.2 创建旋转特征

下面以图 4.6.3 所示的旋转特征为例，说明创建旋转特征的一般操作过程。

Step1. 打开文件 D:\ugxc12\work\ch04.06.02\revolve.prt。

Step2. 选择命令。选择 插入(S) ➡ 设计特征(E)▶ ➡ 旋转(R)... 命令，系统弹出"旋转"对话框。

Step3. 定义旋转截面。单击 按钮，选取图 4.6.4 所示的曲线为旋转截面，单击中键确认。

Step4. 定义旋转轴。单击 按钮，在系统弹出的"矢量"对话框的 类型 下拉列表中选择 曲线/轴矢量 选项，选取图 4.6.4 所示的直线为旋转轴，然后单击"矢量"对话框中的 确定 按钮。

- ⊙ 历史记录模式
- ⊞ ⊕ 模型视图
- ⊞ ✔ ⬤ 摄像机
- ⊟ 📂 模型历史记录
  - ☑ ⬡ 基准坐标系 (0)
  - ☑ ⬡ 草图 (1) "SKETCH_...
  - ☑ ⬡ 草图 (2) "SKETCH_...
  - ☑ ⬤ 回转 (5)

图 4.6.3　模型及模型树

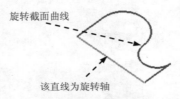

旋转截面曲线

该直线为旋转轴

图 4.6.4　定义旋转截面和旋转轴

注意：

（1）Step3 和 Step4 两步操作可以简化为：先选取图 4.6.4 所示的曲线为旋转截面，再单击中键以结束截面曲线的选取，然后选取图 4.6.4 所示的直线为旋转轴。

（2）如图 4.6.4 所示，作为旋转截面的曲线和作为旋转轴的直线是两个独立的草图。

Step5. 确定旋转角度的起始值和结束值。在"旋转"对话框 开始 区域的 角度 文本框中输入值 0，在 结束 区域的 角度 文本框中输入值 360。

Step6. 单击 < 确定 > 按钮，完成旋转特征的创建。

4.7　边倒圆特征

使用"边倒圆"（倒圆角）命令可以使多个面共享的边缘变光滑，如图 4.7.1b 所示。既可以创建圆角的边倒圆（对凸边缘则去除材料），也可以创建倒圆角的边倒圆（对凹边缘则添加材料）。下面以图 4.7.1 所示的范例说明边倒圆的一般创建过程。

a）边倒圆前　　　　　　　　　　　　　b）边倒圆后

图 4.7.1　"边倒圆"模型

Task1. 打开零件模型

打开文件 D:\ugxc12\work\ch04.07\blend.prt。

Task2. 创建等半径边倒圆

Step1. 选择命令。选择下拉菜单 插入 (S) ➡ 细节特征 (L) ➡ 边倒圆 (E)... 命令，系统弹出图 4.7.2 所示的"边倒圆"对话框。

Step2. 定义圆角形状。在对话框的 形状 下拉列表中选择 圆形 选项。

图 4.7.2　"边倒圆"对话框

图 4.7.2 所示的"边倒圆"对话框中各选项的说明如下。

- ⬡ （选择边）：该按钮用于创建一个恒定半径的圆角，这是最简单、最容易生成的圆角。

- 形状 下拉列表：用于定义倒圆角的形状，包括以下两个形状。

  - ☑ 圆形：选择此选项，倒圆角的截面形状为圆形。

☑   **二次曲线**：选择此选项，倒圆角的截面形状为二次曲线。

● **变半径**：定义边缘上的点，然后输入各点位置的圆角半径值，沿边缘的长度改变倒圆半径。在改变圆角半径时，必须至少已指定了一个半径恒定的边缘，才能使用该选项对它添加可变半径点。

● **拐角倒角**：添加回切点到一倒圆拐角，通过调整每一个回切点到顶点的距离，对拐角应用其他的变形。

● **拐角突然停止**：通过添加突然停止点，可以在非边缘端点处停止倒圆，进行局部边缘段倒圆。

Step3. 选取要倒圆的边。单击 **边** 区域中的 ⬡ 按钮，选取要倒圆的边，如图 4.7.3 所示。

图 4.7.3 创建边倒圆

Step4. 输入倒圆参数。在对话框的 **半径 1** 文本框中输入圆角半径值 5。

Step5. 单击 **< 确定 >** 按钮，完成倒圆特征的创建。

Task3. 创建变半径边倒圆

Step1. 选择命令。选择下拉菜单 **插入(S)** ➡ **细节特征(L)** ➡ **边倒圆(G)...** 命令，系统弹出"边倒圆"对话框。

Step2. 选取要倒圆的边。选取图 4.7.4 所示的倒圆参照边。

Step3. 定义圆角形状。在对话框的 **形状** 下拉列表中选择 **圆形** 选项。

Step4. 定义变半径点。单击 **变半径** 下方的 **指定半径点** 区域，单击参照边上任意一点，系统在参照边上出现"圆弧长锚"，如图 4.7.5 所示。单击"圆弧长锚"并按住左键不放，拖动到弧长百分比值为 91.0%的位置（或输入弧长百分比值 91.0%）。

Step5. 定义圆角参数。在系统弹出的动态输入框中输入半径值 2（也可拖动"可变半径拖动手柄"至需要的半径值）。

Step6. 定义第二个变半径点。其圆角半径值为 5，弧长百分比值为 28.0%，详细步骤同 Step4、Step5。

Step7. 单击 **< 确定 >** 按钮，完成可变半径倒圆特征的创建。

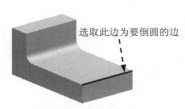

图 4.7.4 选取倒圆参照边

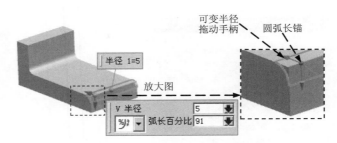

图 4.7.5 创建第一个"圆弧长锚"

4.8 倒斜角特征

构建特征不能单独生成，而只能在其他特征上生成，孔特征、倒斜角特征和倒圆角特征等都是典型的构建特征。使用"倒斜角"命令可以在两个面之间创建用户需要的倒角。下面以图 4.8.1 所示的范例来说明创建倒斜角的一般过程。

a）倒斜角前   b）倒斜角后

图 4.8.1 创建倒斜角

Step1. 打开文件 D:\ugxc12\work\ch04.08\chamber.prt。

Step2. 选择命令。选择下拉菜单 插入(S) ➡ 细节特征(L) ➡ 倒斜角(M)... 命令，系统弹出图 4.8.2 所示的"倒斜角"对话框。

Step3. 选择倒斜角方式。在 横截面 下拉列表中选择 对称 选项，如图 4.8.2 所示。

Step4. 选取图 4.8.3 所示的边线为倒斜角的参照边。

Step5. 定义倒角参数。在系统弹出的动态输入框中输入偏置值 2.0（可拖动屏幕上的拖拽手柄至用户需要的偏置值），如图 4.8.4 所示。

Step6. 单击 < 确定 > 按钮，完成倒斜角的创建。

图 4.8.2 所示的"倒斜角"对话框中有关选项的说明如下。

- 对称：单击该按钮，建立一简单倒斜角，沿两个表面的偏置值是相同的。
- 非对称：单击该按钮，建立一简单倒斜角，沿两个表面有不同的偏置量。对于不对称偏置，可利用 ↗ 按钮反转倒斜角偏置顺序（从边缘一侧到另一侧）。
- 偏置和角度：单击该按钮，建立一简单倒斜角，它的偏置量是由一个偏置值和一个角度决定的。
- 偏置方法：包括以下两种偏置方法。

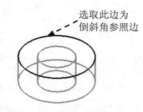

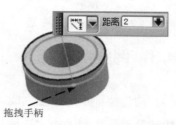

图 4.8.2　"倒斜角"对话框　　图 4.8.3　选择倒斜角参照边　　图 4.8.4　拖动拖拽手柄

☑ 　沿面偏置边 ：仅为简单形状生成精确的倒斜角，从倒斜角的边开始，沿着面测量偏置值，这将定义新倒斜角面的边。

☑ 　偏置面并修剪 ：如果被倒斜角的面很复杂，此选项可延伸用于修剪原始曲面的每个偏置曲面。

4.9　面向对象操作

4.9.1　对象与模型的显示设置

模型的显示控制主要通过图 4.9.1 所示的"视图"功能选项卡来实现，也可通过 视图(V) 下拉菜单中的命令来实现。

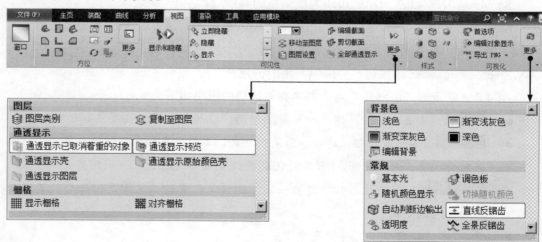

图 4.9.1　"视图"功能选项卡

图 4.9.1 所示的"视图"功能选项卡中部分选项说明如下。

▦（适合窗口）：调整工作视图的中心和比例以显示所有对象。

🖻：正三轴测图。　　　　　　　　　🖻：俯视图。

🖻：正等测图。　　　　　　　　　　🖻：左视图。

🖻：前视图。　　　　　　　　　　　🖻：右视图。

🖻：后视图。　　　　　　　　　　　🖻：仰视图。

🖻：以带线框的着色图显示。　　　　🖻：以纯着色图显示。

🖻：不可见边用虚线表示的线框图。　🖻：隐藏不可见边的线框图。

🖻：可见边和不可见边都用实线表示的线框图。

🖻：艺术外观。在此显示模式下，选择下拉菜单 视图(V) ➡ 可视化(V)▸ ➡ 🖻 材料/纹理(M)... 命令，可以对它们指定的材料和纹理特性进行实际渲染。没有指定材料或纹理特性的对象，看起来与"着色"渲染样式下所进行的着色相同。

🖻：在"面分析"渲染样式下，选定的曲面对象由小平面几何体表示，并渲染小平面以指示曲面分析数据，剩余的曲面对象由边缘几何体表示。

🖻：在"局部着色"渲染样式中，选定曲面对象由小平面几何体表示，这些几何体通过着色和渲染显示，剩余的曲面对象由边缘几何体显示。

🖻 全部通透显示：全部通透显示。

🖻 通透显示壳：使用指定的颜色将已取消着重的着色几何体显示为透明壳。

🖻 通透显示原始颜色壳：将已取消着重的着色几何体显示为透明壳，并保留原始的着色几何体颜色。

🖻 通透显示图层：使用指定的颜色将已取消着重的着色几何体显示为透明图层。

🗆 浅色：浅色背景。　🗆 渐变浅灰色：渐变浅灰色背景。　■ 渐变深灰色：渐变深灰色背景。　■ 深色：深色背景。

🖻 剪切截面：剪切工作截面。　🖻 编辑截面：编辑工作截面。

4.9.2　删除对象

利用 编辑(E) 下拉菜单中的 ✕ 删除(D)... 命令可以删除一个或多个对象。下面以图 4.9.2 所示的模型为例，说明删除对象的一般操作过程。

Step1. 打开文件 D:\ugxc12\work\ch04.09.02\delete.prt。

Step2. 选择命令。选择下拉菜单 编辑(E) ➡ ✕ 删除(D)... 命令，系统弹出图 4.9.3 所示的"类选择"对话框。

选取此实体

a）删除前　　　　　　　　　　　　b）删除后

图 4.9.2　删除对象

Step3. 定义删除对象。选取图 4.9.2a 所示的实体。

Step4. 单击 确定 按钮，完成对象的删除。

图 4.9.3 所示的"类选择"对话框中各选项功能的说明如下。

- ⊕ 按钮：用于选取图形区中可见的所有对象。
- ⊕ 按钮：用于选取图形区中未被选中的全部对象。
- 根据名称选择 文本框：输入预选对象的名称，系统会自动选取对象。
- 过滤器 区域：用于设置选取对象的类型。
  - ☑ ⊕ 按钮：通过指定对象的类型来选取对象。单击该按钮，系统弹出图 4.9.4 所示的"按类型选择"对话框，可以在列表中选择所需的对象类型。
  - ☑ 按钮：通过指定图层来选取对象。
  - ☑ 颜色过滤器：通过指定颜色来选取对象。

图 4.9.3　"类选择"对话框

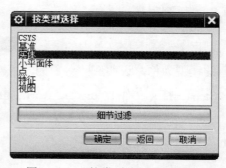

图 4.9.4　"按类型选择"对话框

☑ [按钮]按钮：利用其他形式进行对象选取。单击该按钮，系统弹出"按属性选择"对话框，可以在列表中选择对象所具有的属性，也允许自定义某种对象的属性。

☑ [按钮]按钮：取消之前设置的所有过滤方式，恢复到系统默认的设置。

4.9.3　隐藏与显示

对象的隐藏就是使该对象在零件模型中不显示。下面以图 4.9.5 所示的模型为例，说明隐藏与显示对象的一般操作过程。

a）隐藏前　　　　　　　　　　　　　b）隐藏后

图 4.9.5　隐藏对象

Step1. 打开文件 D:\ugxc12\work\ch04.09.03\hide.prt。

Step2. 选择命令。选择下拉菜单 编辑(E) ➡ 显示和隐藏(H) ▶ ➡ 隐藏(H) 命令，系统弹出"类选择"对话框。

Step3. 定义隐藏对象。选取图 4.9.5a 所示的实体。

Step4. 单击 确定 按钮，完成对象的隐藏。

Step5. 显示被隐藏的对象。选择下拉菜单 编辑(E) ➡ 显示和隐藏(H) ▶ ➡ 显示(S) 命令（或按<Ctrl+Shift+K>组合键），系统弹出"类选择"对话框，选取 Step3 中隐藏的实体，则又恢复到图 4.9.5a 所示的状态。

说明：还可以在模型树中右击对象，在系统弹出的快捷菜单中选择 隐藏(H) 或 显示(S) 命令，快速完成对象的隐藏或显示。

4.9.4　对象的显示

编辑对象的显示就是修改对象的层、颜色、线型和宽度等。下面以图 4.9.6 所示的模型为例，说明编辑对象显示的一般过程。

Step1. 打开文件 D:\ugxc12\work\ch04.09.04\display.prt。

Step2. 选择命令。选择下拉菜单 编辑(E) ➡ 对象显示(T)... 命令，系统弹出"类选择"对话框。

Step3. 定义需编辑的对象。选择图 4.9.6a 所示的圆柱体，单击 确定 按钮，系统弹出图 4.9.7 所示的"编辑对象显示"对话框。

Step4. 修改对象显示属性。在该对话框的 颜色 区域中选择黑色，单击 确定 按钮，

在 线型 下拉列表中选择虚线，在 宽度 下拉列表中选择粗线宽度，如图 4.9.7 所示。

Step5. 单击 确定 按钮，完成对象显示的编辑。

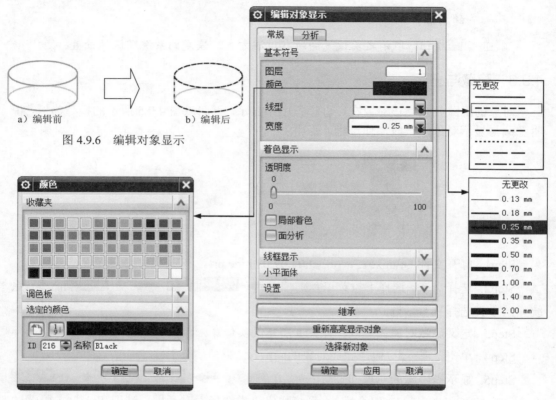

a）编辑前　　　　　　　　　　b）编辑后

图 4.9.6　编辑对象显示

图 4.9.7　"编辑对象显示"对话框

4.9.5　视图布局

视图布局是指在图形区同时显示多个视角的视图，一个视图布局最多允许排列 9 个视图。用户可以创建系统已有的视图布局，也可以自定义视图布局。

选择下拉菜单 视图(V) ━━▶ 布局(L)▶ 命令，系统弹出布局子菜单，可以对布局进行新建、打开、删除、保存和重新生成等操作。

下面通过图 4.9.8 所示的视图布局，说明创建视图布局的一般操作过程。

Step1. 打开文件 D:\ugxc12\work\ch04.09.05\layout.prt。

Step2. 选择命令。选择下拉菜单 视图(V) ━━▶ 布局(L)▶ ━━▶ 新建(N)... 命令，系统弹出图 4.9.9 所示的"新建布局"对话框。

Step3. 设置视图属性。在 名称 文本框中输入新布局的名称 LAY1，在 布置 下拉列表中选择图 4.9.9 所示的布局方式，单击 确定 按钮。

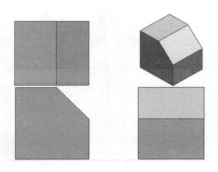

图 4.9.8 创建视图布局

Step4. 保存视图布局。选择下拉菜单 视图(V) ➡ 布局(L)▶ ➡ 保存(S)命令,保存当前视图布局。

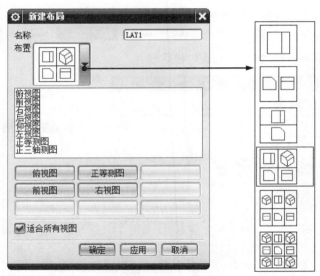

图 4.9.9 "新建布局"对话框

4.10 基准特征

4.10.1 基准平面

基准平面可作为创建其他特征(如圆柱、圆锥、球以及旋转的实体等)的辅助工具。可以创建两种类型的基准平面:相对的和固定的。

(1)相对基准平面:它是根据模型中的其他对象创建的,可使用曲线、面、边缘、点及其他基准作为基准平面的参考对象。

(2)固定基准平面:它既不供参考,也不受其他几何对象的约束,但在用户定义特征中除外。可使用任意相对基准平面方法创建固定基准平面，方法是：取消选择"基准平面"对话框中的 □关联 复选框；还可根据 WCS 和绝对坐标系，并通过使用方程式中的系数，使用一些特殊方法创建固定基准平面。

下面以图 4.10.1 所示的范例来说明创建基准平面的一般过程。

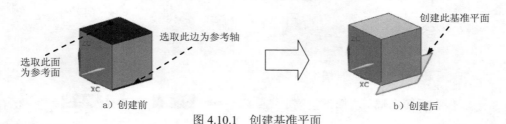

图 4.10.1　创建基准平面

Step1. 打开文件 D:\ ugxc12\work\ch04.10.01\define_plane.prt。

Step2. 选择命令。选择下拉菜单 插入(S) ➡ 基准/点(D)▶ ➡ □ 基准平面(D)... 命令，系统弹出图 4.10.2 所示的"基准平面"对话框。

图 4.10.2　"基准平面"对话框

Step3. 选择创建基准平面的方法。在"基准平面"对话框的 类型 下拉列表中选择 ■成一角度 选项，如图 4.10.2 所示。

Step4. 定义参考对象。选取上平面为参考平面，选取与平面平行的一边为参考轴，如图 4.10.1a 所示。

Step5. 定义参数。在对话框的 角度 文本框中输入角度值 60，单击 <确定> 按钮，完成基准平面的创建。

图 4.10.2 所示的"基准平面"对话框 类型 下拉列表中各选项功能的说明如下。

- 自动判断：通过选择的对象自动判断约束条件。例如，选取一个表面或基准平面时，系统自动生成一个预览基准平面，可以输入偏置值和数量来创建基准平面。

- 按某一距离：通过输入偏置值创建与已知平面（基准平面或零件表面）平行的基准平面。

- 成一角度：通过输入角度值创建与已知平面成一角度的基准平面。先选择一个平的面或基准平面，然后选择一个与所选面平行的线性曲线或基准轴，以定义旋转轴。

- 二等分：创建与两平行平面距离相等的基准平面，或创建与两相交平面所成角度相等的基准平面。

- 曲线和点：先指定一个点，然后指定第二个点或者一条直线、线性边、基准轴、面等。如果选择直线、基准轴、线性曲线或特征的边缘作为第二个对象，则基准平面同时通过这两个对象；如果选择一般平面或基准平面作为第二个对象，则基准平面通过第一个点，但与第二个对象平行；如果选择两个点，则基准平面通过第一个点并垂直于这两个点所定义的方向；如果选择三个点，则基准平面通过这三个点。

- 两直线：通过选择两条现有直线，或直线与线性边、面的法向向量或基准轴的组合，创建的基准平面包含第一条直线且平行于第二条直线。如果两条直线共面，则创建的基准平面将同时包含这两条直线。否则，还会有下面 2 种可能的情况：

  ☑ 这两条直线不垂直。创建的基准平面包含第二条直线且平行于第一条直线。

  ☑ 这两条直线垂直。创建的基准平面包含第一条直线且垂直于第二条直线，或是包含第二条直线且垂直于第一条直线（可以使用循环解实现）。

- 相切：创建一个与任意非平的表面相切的基准平面，还可选择与第二个选定对象相切。选择曲面后，系统显示与其相切的基准平面的预览，可接受预览的基准平面或选择第二个对象。

- 通过对象：根据选定的对象平面创建基准平面，对象包括曲线、边缘、面、基准、平面、圆柱、圆锥或旋转面的轴、基准坐标系、坐标系以及球面和旋转曲面。如果选择圆锥面或圆柱面，则在该面的轴线上创建基准平面。

- 点和方向：通过定义一个点和一个方向来创建基准平面。定义的点可以是使用点构造器创建的点，也可以是曲线或曲面上的点；定义的方向可以通过选取的对象自动判断，也可以使用矢量构造器来构建。

- **曲线上**：创建一个与曲线垂直或相切且通过已知点的基准平面。

- **YC-ZC 平面**：沿工作坐标系（WCS）或绝对坐标系（ACS）的 YC-ZC 轴创建一个固定的基准平面。

- **XC-ZC 平面**：沿工作坐标系（WCS）或绝对坐标系（ACS）的 XC-ZC 轴创建一个固定的基准平面。

- **XC-YC 平面**：沿工作坐标系（WCS）或绝对坐标系（ACS）的 XC-YC 轴创建一个固定的基准平面。

- **视图平面**：创建平行于视图平面并穿过绝对坐标系（ACS）原点的固定基准平面。

- **按系数**：通过使用系数 a、b、c 和 d 指定一个方程的方式，创建固定基准平面，该基准平面由方程 $ax+by+cz=d$ 确定。

4.10.2 基准轴

基准轴既可以是相对的，也可以是固定的。以创建的基准轴为参考对象，可以创建其他对象，比如基准平面、旋转特征和拉伸体等。下面通过图 4.10.3 所示的范例来说明创建基准轴的一般操作步骤。

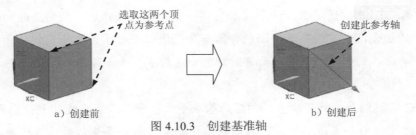

选取这两个顶点为参考点

创建此参考轴

a）创建前　　　　　　　　b）创建后

图 4.10.3　创建基准轴

Step1. 打开文件 D:\ugxc12\work\ch04.10.02\define_axis.prt。

Step2. 选择命令。选择下拉菜单 **插入(S)** ➡ **基准/点(D) ▶** ➡ **基准轴(A)...** 命令，系统弹出图 4.10.4 所示的"基准轴"对话框。

Step3. 选择"两点"方式来创建基准轴。在"基准轴"对话框的 **类型** 下拉列表中选择 **两点** 选项。

Step4. 定义参考点。选取立方体两个顶点为参考点，如图 4.10.3a 所示（创建的基准轴与选择点的先后顺序有关，可以通过单击"基准轴"对话框中的"反向"按钮 调整）。

Step5. 单击 **< 确定 >** 按钮，完成基准轴的创建。

图 4.10.4 所示的"基准轴"对话框 **类型** 下拉列表中各选项功能的说明如下。

- 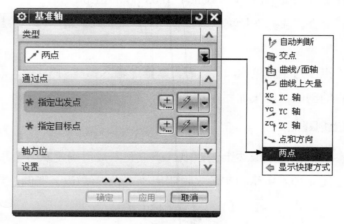**自动判断**：系统根据选择的对象自动判断约束。
- **交点**：通过两个相交平面创建基准轴。
- **曲线/面轴**：创建一个起点在选择曲线上的基准轴。
- **曲线上矢量**：创建与曲线的某点相切、垂直，或者与另一对象垂直或平行的基准轴。

图 4.10.4　"基准轴"对话框

- **XC 轴**：选择该选项，可以沿 XC 方向创建基准轴。
- **YC 轴**：选择该选项，可以沿 YC 方向创建基准轴。
- **ZC 轴**：选择该选项，可以沿 ZC 方向创建基准轴。
- **点和方向**：通过定义一个点和一个矢量方向来创建基准轴。通过曲线、边或曲面上的一点，可以创建一条平行于线性几何体或基准轴、面轴，或垂直于一个曲面的基准轴。
- **两点**：通过定义轴上的两点来创建基准轴。第一点为基点，第二点定义了从第一点到第二点的方向。

4.10.3　基准点

基准点用来为网格生成加载点、在绘图中连接基准目标和注释、创建坐标系及管道特征轨迹，也可以在基准点处放置轴、基准平面、孔和轴肩。

默认情况下，UG NX 12.0 将一个基准点显示为加号"+"，其名称显示为 point（n），其中 n 是基准点的编号。要选取一个基准点，可选择基准点自身或其名称。

1. 使用坐标值创建基准点

无论用哪种方式创建点，得到的点都有其唯一的坐标值与之相对应，只是不同方式的操作步骤和简便程度不同。在可以通过其他方式方便快捷地创建点时就没有必要再通过给定点的坐标值来创建。仅推荐读者在确定点的坐标值时使用此方式。

本节将创建如下几个点：坐标值分别是（20.0，10.0，50.0）、（100.0，30.0，10.0）、（-20.0，10.0，100.0）和（60.0，100.0，50.0），操作步骤如下。

Step1. 打开文件 D:\ugxc12\work\ch04.10.03\point-01.prt。

Step2. 选择命令。选择下拉菜单 插入(S) ➡ 基准/点(D)▶ ➡ ✚ 点(P)... 命令，系统弹出"点"对话框。

Step3. 在"点"对话框的 X 、 Y 、 Z 文本框中输入相应的坐标值，单击 < 确定 > 按钮，完成四个点的创建，结果如图 4.10.5 所示。

2. 在曲线上创建点

用位置的参数值在曲线或边上创建点，该位置参数值确定从一个顶点开始沿曲线的长度。下面通过图 4.10.6 所示的实例来说明用"点在曲线/边上"创建点的一般过程。

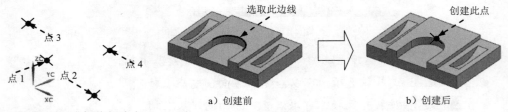

图 4.10.5 利用坐标值创建点   图 4.10.6 创建点

Step1. 打开文件 D:\ugxc12\ch04.10.03\point_02.prt。

Step2. 选择命令。选择下拉菜单 插入(S) ➡ 基准/点(D) ➡ ✚ 点(P)... 命令，系统弹出"点"对话框。

Step3. 定义点的类型。在"基准点"对话框 类型 区域的下拉列表中选择 曲线/边上的点 选项。

Step4. 定义参考曲线。选取图 4.10.6a 所示的边线为参考曲线。

Step5. 定义点的位置。在对话框 曲线上的位置 区域的 位置 中选择 弧长百分比 并在 弧长百分比 中输入数值 50。

Step6. 单击 < 确定 > 按钮，完成点的创建。

说明："点"对话框 设置 区域中的 ☑ 关联 复选框控制所创建的点与所选取的参考曲线是否参数相关联。选中此选项则创建的点与参考直线参数相关联，取消此选项的选取则创建的点与参考曲线不参数相关联。以下如不作具体说明，都为接受系统默认，即选中

☑ 关联 选项。

3. 过中心点创建点

过中心点创建点是指在一条弧、一个圆或一个椭圆图元的中心处可以创建点。下面以一个范例来说明过中心点创建点的一般过程，如图 4.10.7a 所示，现需要在模型表面孔的圆心处创建一个点，操作步骤如下。

Step1. 打开文件 D:\ugxc12\work\ch04.10.03\point_03.prt。

Step2. 选择下拉菜单 插入(S) ➡ 基准/点(D)▶ ➡ ✛ 点(P)... 命令，系统弹出"点"对话框。

Step3. 在对话框 类型 区域的下拉列表中选择 圆弧中心/椭圆中心/球心 选项，选取图 4.10.7a 所示的模型边线，单击 < 确定 > 按钮，完成点的创建，结果如图 4.10.7b 所示。

a）创建前　　　　　　　　　　　　　　　　b）创建后

图 4.10.7　过中心点创建点

4.10.4　曲线上的点

下面以图 4.10.8 所示的范例来说明创建点集的一般过程，操作步骤如下。

a）创建前　　　　　　　　　　　　　　　　b）创建后

图 4.10.8　创建点集

Step1. 打开文件 D:\ugxc12\work\ch04.10.04\point-set-01.prt。

Step2. 选择命令。选择下拉菜单 插入(S) ➡ 基准/点(D)▶ ➡ ⁺⁺⁺点集(S)... 命令，系统弹出"点集"对话框。

Step3. 定义点集的类型。选择"点集"对话框 类型 区域中的 曲线点 选项，在对话框 子类型 下的 曲线点产生方法 下拉列表中选择 等弧长 选项。

Step4. 在图形区中选取图 4.10.8a 所示的曲线。

Step5. 设置参数。在 点数 文本框中输入数值 10，其余选项接受系统默认的设置值，单击 < 确定 > 按钮，完成点的创建。隐藏源曲线后的结果如图 4.10.8b 所示。

4.10.5 面上的点

面上的点是指在现有的面上创建点集。下面以一个范例来说明用"面上的点"创建点集的一般过程，如图 4.10.9 所示，其操作步骤如下。

Step1. 打开文件 D:\ugxc12\ch04.10.05\point_set_02.prt。

Step2. 选择下拉菜单 插入(S) ➡ 基准/点(D)▶ ➡ 点集(S)... 命令，系统弹出"点集"对话框，选择"点集"对话框 类型 区域中的 面的点 选项。

Step3. 选取图 4.10.9a 所示的曲面，在 U 文本框中输入数值 8.0，在 V 文本框中输入数值 8.0，其余选项保持系统默认的设置。

Step4. 单击 < 确定 > 按钮，完成点的创建，如图 4.10.9b 所示。

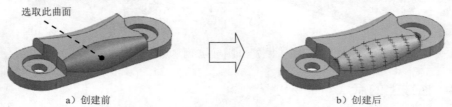

a) 创建前　　　　　　　　　　　　　　　　b) 创建后

图 4.10.9　创建基准点

4.10.6 基准坐标系

基准坐标系由三个基准平面、三个基准轴和原点组成，在基准坐标系中可以选择单个基准平面、基准轴或原点。基准坐标系可用来创建其他特征、约束草图和定位在一个装配中的组件等。下面通过图 4.10.10 所示的范例来说明创建基准坐标系的一般操作过程。

a) 创建前　　　　　　　　　　　　　　　　b) 创建后

图 4.10.10　创建基准坐标系

Step1. 打开文件 D:\ugxc12\work\ch04.10.06\define_csys.prt。

Step2. 选择命令。选择下拉菜单 插入(S) ➡ 基准/点(D) ▶ ➡ 基准坐标系(C)... 命令，系统弹出图 4.10.11 所示的"基准坐标系"对话框。

Step3. 选择创建基准坐标系的方式。在"基准坐标系"对话框的 类型 下拉列表中选择 原点,X 点,Y 点 选项。

图 4.10.11 "基准坐标系"对话框

Step4. 定义参考点。选取立方体的三个顶点作为基准坐标系的参考点，其中原点是第一点，X 轴是从第一点到第二点的矢量，Y 轴是从第一点到第三点的矢量，如图 4.10.10a 所示。

Step5. 单击 < 确定 > 按钮，完成基准坐标系的创建。

图 4.10.11 所示的"基准坐标系"对话框中各选项功能的说明如下。

- 动态 ：选择该选项，读者可以手动将坐标系移到所需的任何位置和方向。

- 自动判断 ：创建一个与所选对象相关的坐标系，或通过 X、Y 和 Z 分量的增量来创建坐标系。实际所使用的方法是基于所选择的对象和选项。要选择当前的坐标系，可选择自动判断的方法。

- 原点,X 点,Y 点 ：根据选择的三个点或创建三个点来创建坐标系。要想指定三个点，可以使用点方法选项或使用相同功能的菜单，打开"点构造器"对话框。X 轴是从第一点到第二点的矢量；Y 轴是从第一点到第三点的矢量；原点是第一点。

- **X 轴,Y 轴,原点**：根据所选择或定义的一点和两个矢量来创建坐标系。选择的两个矢量作为坐标系的 X 轴和 Y 轴；选择的点作为坐标系的原点。

- **Z 轴,X 轴,原点**：根据所选择或定义的一点和两个矢量来创建坐标系。选择的两个矢量作为坐标系的 Z 轴和 X 轴；选择的点作为坐标系的原点。

- **Z 轴,Y 轴,原点**：根据所选择或定义的一点和两个矢量来创建坐标系。选择的两个矢量作为坐标系的 Z 轴和 Y 轴；选择的点作为坐标系的原点。

- **平面,X 轴,点**：根据所选择的一个平面、X 轴和原点来创建坐标系。其中选择的平面为 Z 轴平面，选取的 X 轴方向即为坐标系中 X 轴方向，选取的原点为坐标系的原点。

- **三平面**：根据所选择的三个平面来创建坐标系。X 轴是第一个"基准平面/平的面"的法线；Y 轴是第二个"基准平面/平的面"的法线；原点是这三个基准平面/面的交点。

- **绝对坐标系**：指定模型空间坐标系作为坐标系。X 轴和 Y 轴是"绝对坐标系"的 X 轴和 Y 轴；原点为"绝对坐标系"的原点。

- **当前视图的坐标系**：将当前视图的坐标系设置为坐标系。X 轴平行于视图底部；Y 轴平行于视图的侧面；原点为视图的原点（图形屏幕中间）。如果通过名称来选择，坐标系将不可见或在不可选择的层中。

- **偏置坐标系**：根据所选择的现有基准坐标系的 X、Y 和 Z 的增量来创建坐标系。X 轴和 Y 轴为现有坐标系的 X 轴和 Y 轴；原点为指定的点。

在建模过程中，经常需要对工作坐标系进行操作，以便于建模。选择下拉菜单 **格式(R)**

➡ **WCS ▶** ➡ **定向(N)...** 命令，系统弹出图 4.10.12 所示的"坐标系"对话框，对所建的工作坐标系进行操作。其创建的操作步骤和创建基准坐标系一致。

图 4.10.12 所示的"坐标系"对话框 **类型** 下拉列表中各选项功能的说明如下。

- **自动判断**：通过选择的对象或输入坐标分量值来创建一个坐标系。

- **原点,X 点,Y 点**：通过三个点来创建一个坐标系。这三点依次是原点、X 轴方向上的点和 Y 轴方向上的点。第一点到第二点的矢量方向为 X 轴正向，Z 轴正向由第二点到第三点按右手定则来确定。

- **X 轴,Y 轴**：通过两个矢量来创建一个坐标系。坐标系的原点为第一矢量与第二矢量的交点，XC-YC 平面为第一矢量与第二矢量所确定的平面，X 轴正向为第一矢量方向，从第一矢量至第二矢量按右手定则确定 Z 轴的正向。

图 4.10.12 "坐标系"对话框

- X 轴，Y 轴，原点：创建一点作为坐标系原点，再选取或创建两个矢量来创建坐标系。X 轴正向平行于第一矢量方向，XC-YC 平面平行于第一矢量与第二矢量所在平面，Z 轴正向由从第一矢量在 XC-YC 平面上的投影矢量至第二矢量在 XC-YC 平面上的投影矢量，按右手定则确定。

- Z 轴，X 点：通过选择或创建一个矢量和一个点来创建一个坐标系。Z 轴正向为矢量的方向，X 轴正向为沿点和矢量的垂线指向定义点的方向，Y 轴正向由从 Z 轴至 X 轴按右手定则确定，原点为三个矢量的交点。

- 对象的坐标系：用选择的平面曲线、平面或工程图来创建坐标系，XC-YC 平面为对象所在的平面。

- 点，垂直于曲线：利用所选曲线的切线和一个点的方法来创建一个坐标系。原点为切点，曲线切线的方向即为 Z 轴矢量，X 轴正向为沿点到切线的垂线指向点的方向，Y 轴正向由从 Z 轴至 X 轴矢量按右手定则确定。

- 平面和矢量：通过选择一个平面、选择或创建一个矢量来创建一个坐标系。X 轴正向为面的法线方向，Y 轴为矢量在平面上的投影，原点为矢量与平面的交点。

- 三平面：通过依次选择三个平面来创建一个坐标系。三个平面的交点为坐标系的原点，第一个平面的法向为 X 轴，第一个平面与第二个平面的交线为 Z 轴。

- 绝对坐标系：在绝对坐标原点（0，0，0）处创建一个坐标系，即与绝对坐标系重合的新坐标系。

● <u>当前视图的坐标系</u>：用当前视图来创建一个坐标系。当前视图的平面即为 XC-YC 平面。

说明："坐标系"对话框中的一些选项与"基准坐标系"对话框中的相同，此处不再赘述。

4.11 孔特征

在 UG NX 12.0 中，可以创建以下 3 种类型的孔特征（Hole）。

● 简单孔：具有圆形截面的切口，它始于放置曲面并延伸到指定的终止曲面或用户定义的深度。创建时要指定"直径""深度"和"尖端尖角"。

● 埋头孔：该选项允许用户创建指定"孔直径""孔深度""尖角""埋头直径"和"埋头深度"的埋头孔。

● 沉头孔：该选项允许用户创建指定"孔直径""孔深度""尖角""沉头直径"和"沉头深度"的沉头孔。

下面以图 4.11.1 所示的零件为例，说明在一个模型上添加孔特征（简单孔）的一般操作过程。

a）创建前   b）创建后

图 4.11.1　创建孔特征

Task1. 打开零件模型

打开文件 D:\ugxc12\work\ch04.11\hole.prt。

Task2. 添加孔特征（简单孔）

Step1. 选择命令。选择下拉菜单 插入(S) ➡ 设计特征(E)▶ ➡ 孔(H)... 命令（或在 主页 功能选项卡的 特征 区域中单击 按钮），系统弹出图 4.11.2 所示的"孔"对话框。

Step2. 选取孔的类型。在"孔"对话框的 类型 下拉列表中选择 常规孔 选项。

Step3. 定义孔的放置位置。首先确认"上边框条"工具条中的 ⊙ 按钮被按下，选择图 4.11.3 所示圆的圆心为孔的放置位置。

Step4. 定义孔参数。在 直径 文本框中输入值 8.0，在 深度限制 下拉列表中选择 贯通体 选项。

Step5. 完成孔的创建。对话框中的其余设置保持系统默认，单击 < 确定 > 按钮，完成孔特征的创建。

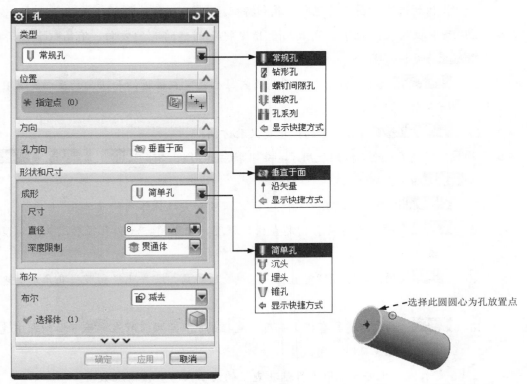

图 4.11.2 "孔"对话框　　　　　图 4.11.3 选取放置点

图 4.11.2 所示的"孔"对话框中部分选项的功能说明如下。

● 类型 下拉列表：

☑ 常规孔：创建指定尺寸的简单孔、沉头孔、埋头孔或锥孔特征等，常规孔可以是不通孔、通孔或指定深度条件的孔。

☑ 钻形孔：根据 ANSI 或 ISO 标准创建简单钻形孔特征。

☑ 螺钉间隙孔：创建简单孔、沉头孔或埋头通孔，它们是为具体应用而设计的，例如螺钉间隙孔。

☑ 螺纹孔：创建螺纹孔，其尺寸标注由标准、螺纹尺寸和径向进给等参数控制。

☑ 孔系列：创建起始、中间和结束孔尺寸一致的多形状、多目标体的对齐孔。

- 位置 下拉列表:
  - ☑ 🖼 按钮: 单击此按钮, 打开"创建草图"对话框, 并通过指定放置面和方位来创建中心点。
  - ☑ ⁺⁺⁺ 按钮: 可使用现有的点来指定孔的中心。可以是"上边框条"工具条中提供的选择意图下的现有点或点特征。
- 孔方向 下拉列表: 此下拉列表用于指定将要创建的孔的方向, 有 ⊙ 垂直于面 和 沿矢量 两个选项。
  - ☑ ⊙ 垂直于面 选项: 沿着与公差范围内每个指定点最近的面法向的反向定义孔的方向。
  - ☑ 沿矢量 选项: 沿指定的矢量定义孔方向。
- 成形 下拉列表: 此下拉列表用于指定孔特征的形状, 有 简单孔 、 沉头 、 埋头 和 锥孔 四个选项。
  - ☑ 简单孔 选项: 创建具有指定直径、深度和尖端顶锥角的简单孔。
  - ☑ 沉头 选项: 创建具有指定直径、深度、顶锥角、沉头孔径和沉头孔深度的沉头孔。
  - ☑ 埋头 选项: 创建有指定直径、深度、顶锥角、埋头孔径和埋头孔角度的埋头孔。
  - ☑ 锥孔 选项: 创建具有指定斜度和直径的孔, 此项只有在 类型 下拉列表中选择 常规孔 选项时可用。
- 直径 文本框: 此文本框用于控制孔直径的大小, 可直接输入数值。
- 深度限制 下拉列表: 此下拉列表用于控制孔深度类型, 包括 值 、 直至选定对象 、 直至下一个 和 贯通体 四个选项。
  - ☑ 值 选项: 给定孔的具体深度值。
  - ☑ 直至选定对象 选项: 创建一个深度为直至选定对象的孔。
  - ☑ 直至下一个 选项: 对孔进行扩展, 直至孔到达下一个面。
  - ☑ 贯通体 选项: 创建一个通孔, 贯通所有特征。
- 布尔 下拉列表: 此下拉列表用于指定创建孔特征的布尔操作, 包括 无 和 减去 两个选项。
  - ☑ 无 选项: 创建孔特征的实体表示, 而不是将其从工作部件中减去。
  - ☑ 减去 选项: 从工作部件或其组件的目标体减去工具体。

4.12 螺纹特征

在 UG NX 12.0 中可以创建两种类型的螺纹。

- 符号螺纹：以虚线圆的形式显示在要攻螺纹的一个或几个面上。符号螺纹可使用外部螺纹表文件（可以根据特殊螺纹要求来定制这些文件），以确定其参数。
- 详细螺纹：比符号螺纹看起来更真实，但由于其几何形状的复杂性，创建和更新都需要较长的时间。详细螺纹是完全关联的，如果特征被修改，则螺纹也相应更新。可以选择生成部分关联的符号螺纹，或指定固定的长度。部分关联是指如果螺纹被修改，则特征也将更新（但反过来则不行）。

在产品设计时，当需要制作产品的工程图时，应选择符号螺纹；如果不需要制作产品的工程图，而是需要反映产品的真实结构（如产品的广告图和效果图），则选择详细螺纹。

说明：详细螺纹每次只能创建一个，而符号螺纹可以创建多组，而且创建时需要的时间较少。

下面以图 4.12.1 所示的零件为例，说明在一个模型上创建螺纹特征（详细螺纹）的一般操作过程。

a）创建螺纹前

b）创建螺纹后

图 4.12.1　创建螺纹特征

1. 打开一个已有的零件模型

打开文件 D:\ugxc12\work\ch04.12\threads.prt。

2. 创建螺纹特征（详细螺纹）

Step1. 选择命令。选择下拉菜单 插入(S) ➡ 设计特征(E)▶ ➡ 螺纹(T)... 命令（或在 主页 功能选项卡 特征 区域的 下拉列表中单击 螺纹 按钮），系统弹出图 4.12.2 所示的"螺纹切削"对话框（一）。

Step2. 选取螺纹的类型。在"螺纹切削"对话框（一）中选中 详细 单选项，系统弹出图 4.12.3 所示的"螺纹切削"对话框（二）。

Step3. 定义螺纹的放置。

（1）定义螺纹的放置面。选取图 4.12.4 所示的柱面为放置面，此时系统自动生成螺纹的方向矢量，并弹出图 4.12.5 所示的"螺纹切削"对话框（三）。

（2）定义螺纹起始面。选取图 4.12.6 所示的平面为螺纹的起始面，系统弹出图 4.12.7 所示的"螺纹切削"对话框（四）。

Step4. 定义螺纹起始条件。在"螺纹切削"对话框（四）的 起始条件 下拉列表中选择 延伸通过起点 选项，单击 螺纹轴反向 按钮，使螺纹轴线方向如图 4.12.6 所示，系统返回"螺纹切削"对话框（二）。

图 4.12.2 "螺纹切削"对话框（一）

图 4.12.3 "螺纹切削"对话框（二）

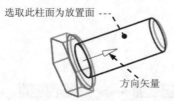

图 4.12.4 选取放置面

图 4.12.5 "螺纹切削"对话框（三）

图 4.12.6 选取起始面

图 4.12.7 "螺纹切削"对话框（四）

Step5. 定义螺纹参数。在"螺纹切削"对话框（二）中输入图 4.12.3 所示的参数，单击 确定 按钮，完成螺纹特征的创建。

说明："螺纹切削"对话框（二）在最初弹出时是没有任何数据的，只有在选择了放置面后才有数据出现，也允许用户修改。

4.13 抽壳特征

使用"抽壳"命令可以利用指定的壁厚值来抽空一个实体，或绕实体建立一个壳体。既可以指定不同表面的厚度，也可以移除单个面。

1. 面抽壳操作

下面以图 4.13.1 所示的模型为例，说明面抽壳的一般操作过程。

a）创建前　　　　　　　　　　　　　b）创建后

图 4.13.1 创建面抽壳

Step1. 打开文件 D:\ugxc12\work\ch04.13\shell_01.prt。

Step2. 选择命令。选择下拉菜单 插入(S) ➡ 偏置/缩放(O)▶ ➡ 抽壳(H)... 命令，系统弹出"抽壳"对话框。

Step3. 定义抽壳类型。在对话框的 类型 下拉列表中选择 移除面，然后抽壳 选项。

Step4. 定义移除面。选取图 4.13.2 所示的表面为要移除的面。

选取此面为移除面

图 4.13.2 定义移除面

Step5. 定义抽壳厚度。在"抽壳"对话框的 厚度 文本框内输入值 10，也可以拖动抽壳手柄至需要的数值。

Step6. 单击 < 确定 > 按钮，完成抽壳操作。

2. 体抽壳操作

下面以图 4.13.3 所示的模型为例，说明体抽壳的一般操作过程。

a）创建前   b）创建后

图 4.13.3　体抽壳

Step1. 打开文件 D:\ugxc12\work\ch04.13\shell_02.prt。

Step2. 选择命令。选择下拉菜单 插入(S) ➡ 偏置/缩放(O)▶ ➡ 抽壳(H)... 命令，系统弹出"抽壳"对话框。

Step3. 定义抽壳类型。在对话框的 类型 下拉列表中选择 对所有面抽壳 选项。

Step4. 定义抽壳对象。选取长方体为要抽壳的体。

Step5. 定义抽壳厚度。在 厚度 文本框中输入厚度值 6。

Step6. 创建变厚度抽壳。在"抽壳"对话框的 备选厚度 区域单击 按钮，选取图 4.13.4 所示的抽壳备选厚度面，在 厚度 文本框中输入厚度值 45，或者拖动抽壳手柄至需要的数值。

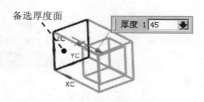

图 4.13.4　创建变厚度抽壳

说明：用户还可以更换其他面的厚度值，单击 按钮，操作同 Step6。

Step7. 单击 < 确定 > 按钮，完成抽壳操作。

4.14　拔模特征

使用"拔模"命令可以使面相对于指定的拔模方向成一定的角度。拔模通常用于对模型、部件、模具或冲模的竖直面添加斜度，以便借助拔模面将部件或模型与其模具或冲模分开。用户可以为拔模操作选择一个或多个面，但它们必须都是同一实体的一部分。下面分别以面拔模和边拔模为例介绍拔模过程。

1. 面拔模

下面以图 4.14.1 所示的模型为例，说明面拔模的一般操作过程。

Step1. 打开文件 D:\ugxc12\work\ch04\ch04.14\traft_1.prt。

Step2. 选择命令。选择下拉菜单 插入(S) ➡ 细节特征(L) ➡ 拔模(T)... 命令，系统弹出图 4.14.2 所示的"拔模"对话框。

Step3. 选择拔模方式。在"拔模"对话框的 类型 下拉列表中选择 面 选项。

Step4. 指定拔模方向。单击 按钮，选取 作为拔模的方向。

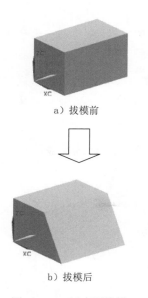

a）拔模前

b）拔模后

图 4.14.1 创建面拔模

图 4.14.2 "拔模"对话框

Step5. 定义拔模固定平面。选取图 4.14.3 所示的表面为拔模固定平面。

Step6. 选取要拔模的面。选取图 4.14.4 所示的表面为要拔模的面。

选取此面为拔模固定平面

图 4.14.3 定义拔模固定平面

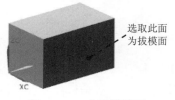

选取此面为拔模面

图 4.14.4 定义拔模面

Step7. 定义拔模角。系统将弹出设置拔模角的动态文本框，输入拔模角度值 30（也可拖动拔模手柄至需要的拔模角度）。

Step8. 单击 < 确定 > 按钮，完成拔模操作。

图 4.14.2 所示的"拔模"对话框中部分按钮的说明如下。

● 类型 下拉列表：

☑ ■ 面：选择该选项，在静止平面上，实体的横截面通过拔模操作维持不变。

☑ ■ 边：选择该选项，使整个面在旋转过程中保持通过部件的横截面是平的。

☑ ■ 与面相切：在拔模操作之后，拔模的面仍与相邻的面相切。此时，固定边未被固定，是可移动的，以保持与选定面之间的相切约束。

☑ ■ 分型边：在整个面旋转过程中，保留通过该部件中平的横截面，并且根据需要在分型边缘创建突出部分。

- ■ （自动判断的矢量）：单击该按钮，可以从所有的 NX 矢量创建选项中进行选择，如图 4.14.2 所示。

- ■ （固定面）：单击该按钮，允许通过选择的平面、基准平面或与拔模方向垂直的平面所通过的一点来选择该面。此选择步骤仅可用于从固定平面拔模和拔模到分型边缘这两种拔模类型。

- ■ （要拔模的面）：单击该按钮，允许选择要拔模的面。此选择步骤仅在创建从固定平面拔模类型时可用。

- ■ （反向）：单击该按钮将显示方向的矢量反向。

2. 边拔模

下面以图 4.14.5 所示的模型为例，说明边拔模的一般操作过程。

Step1. 打开文件 D:\ugxc12\work\ch04.14\traft_2.prt。

a）拔模前　　　　　　　　　　　　　　　　b）拔模后

图 4.14.5　创建边拔模

Step2. 选择命令。选择下拉菜单 插入(S) ➡ 细节特征(L) ➡ ■ 拔模(T)... 命令，系统弹出"拔模"对话框。

Step3. 选择拔模类型。在"拔模"对话框的 类型 下拉列表中选择 ■ 边 选项。

Step4. 指定拔模方向。单击 ■ 按钮，选取 ZC 作为拔模的方向。

Step5. 定义拔模边缘。选取图 4.14.6 所示长方体的一条边线为要拔模的边缘线。

Step6. 定义拔模角。系统弹出设置拔模角的动态文本框，在动态文本框内输入拔模角度值 30（也可拖动拔模手柄至需要的拔模角度），如图 4.14.7 所示。

Step7. 单击 < 确定 > 按钮，完成拔模操作。

图 4.14.6　选择拔模边缘线

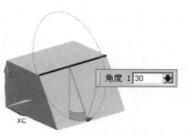

图 4.14.7　输入拔模角

4.15　扫掠特征

扫掠特征是用规定的方法沿一条空间的路径移动一条曲线而产生的体。移动曲线称为截面线串，其路径称为引导线串。下面以图 4.15.1 所示的模型为例，说明创建扫掠特征的一般操作过程。

Task1．打开一个已有的零件模型

打开文件 D:\ugxc12\work\ch04.15\sweep.prt。

Task2．添加扫掠特征

Step1．选择命令。选择下拉菜单 插入(S) ➡ 扫掠(W) ➡ 扫掠(S)… 命令，系统弹出图 4.15.2 所示的"扫掠"对话框。

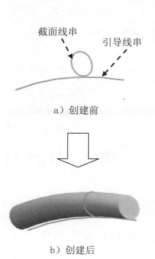

a）创建前

b）创建后

图 4.15.1　创建扫掠特征

图 4.15.2　"扫掠"对话框

Step2. 定义截面线串。选取图 4.15.1a 所示的截面线串。

Step3. 定义引导线串。在 引导线（最多 3 根）区域中单击 ＊选择曲线 (0) 按钮，选取图 4.15.1a 所示的引导线串。

Step4. 在"扫掠"对话框中单击 ＜ 确定 ＞ 按钮，完成扫掠特征的创建。

4.16 关联复制

4.16.1 镜像特征

镜像特征功能可以将所选的特征相对于一个部件平面或基准平面（称为镜像中心平面）进行对称的复制，从而得到所选特征的一个副本。下面以一个范例来说明创建镜像特征的一般过程，如图 4.16.1 所示。

Step1. 打开文件 D:\ugxc12\work\ch04.16.01\mirror.prt。

Step2. 选择下拉菜单 插入(S) ➡ 关联复制(A) ▶ ➡ 镜像特征(R)... 命令，系统弹出图 4.16.2 所示的"镜像特征"对话框。

a）镜像特征前   b）镜像特征后

图 4.16.1　创建镜像特征   图 4.16.2　"镜像特征"对话框

Step3. 定义镜像对象。单击"镜像特征"对话框中的 按钮，选取图 4.16.1a 所示的镜像特征。

Step4. 定义镜像平面。在 平面 下拉列表中选择 现有平面 选项，单击"平面"按钮，选取图 4.16.3 所示的镜像平面，单击 确定 按钮，完成镜像特征的操作。

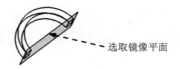

图 4.16.3　选取镜像平面

4.16.2　镜像体

镜像体特征命令可以以基准平面为对称面镜像部件中的整个体，其镜像基准面只能是基准平面。下面以一个范例来说明创建镜像体特征的一般过程，如图 4.16.4 所示。

Step1. 打开文件 D:\ugxc12\ch04.16.02\mirror_body.prt。

Step2. 选择命令。选择下拉菜单 插入(S) ➡ 关联复制(A)▶ ➡ 🦴 抽取几何特征(E)... 命令，系统弹出"抽取几何特征"对话框。

　　a）镜像体前　　　　　　　　　　　　　　　　　　b）镜像体后

图 4.16.4　镜像体

Step3. 定义镜像对象。在 类型 下拉列表中选择 🦴 镜像体 选项。选取图 4.16.4a 所示的实体为要镜像的体对象。

Step4. 定义镜像基准面。选取图 4.16.4a 所示的 XY 基准平面为镜像平面。

Step5. 单击 确定 按钮，完成镜像体的创建。

4.16.3　抽取几何特征

抽取几何特征可用来创建所选取特征的关联副本。抽取几何特征操作的对象包括面、面区域和体。如果抽取一条曲线，则创建的是曲线特征；如果抽取一个面或一个面区域，则创建一个片体；如果抽取一个体，则新体的类型将与原先的体相同（实体或片体）。当更改原来的特征时，可以决定抽取后得到的特征是否需要更新。在零件设计中，常会用到抽取模型特征的功能，它可以充分地利用已有的模型，大大地提高工作效率。下面以几个范例来说明如何使用抽取几何特征命令。

1. 抽取面特征

图 4.16.5 所示的抽取单个曲面的操作过程如下。

Step1. 打开文件 D:\ugxc12\work\ch04.16.03\extracted01.prt。

Step2. 选择下拉菜单 插入(S) ➡ 关联复制(A)▶ ➡ ⬚ 抽取几何特征(E)... 命令，系统弹出图 4.16.6 所示的"抽取几何特征"对话框。

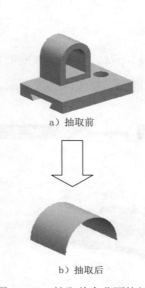

a）抽取前

b）抽取后

图 4.16.5　抽取单个曲面特征

图 4.16.6　"抽取几何特征"对话框

图 4.16.6 所示的"抽取几何特征"对话框中部分选项功能的说明如下。

● 面：用于从实体或片体模型中抽取曲面特征，能生成三种类型的曲面。

● 面区域：抽取区域曲面时，是通过定义种子曲面和边界曲面来创建片体，创建的片体是从种子曲面开始向四周延伸到边界面的所有曲面构成的片体（其中包括种子曲面，但不包括边界曲面）。

● 体：用于生成与整个所选特征相关联的实体。

● 与原先相同：从模型中抽取的曲面特征保留原来的曲面类型。

● 三次多项式：用于将模型的选中面抽取为三次多项式 B 曲面类型。

● 一般 B 曲面：用于将模型的选中面抽取为一般的 B 曲面类型。

Step3. 定义抽取类型。在"抽取几何特征"对话框的 类型 下拉列表中选择 面 选项。

Step4. 选取抽取对象。在图形区选取图 4.16.7 所示的曲面。

Step5. 隐藏源特征。在 设置 区域选中 ☑ 隐藏原先的 复选框。单击 < 确定 > 按钮，完成对曲面特征的抽取。

图 4.16.7 选取曲面

2. 抽取区域特征

抽取区域特征用于创建一个片体，该片体是一组和"种子面"相关，且被边界面限制的面。

用户根据系统提示选取种子面和边界面后，系统会自动选取从种子面开始向四周延伸直到边界面的所有曲面（包括种子面，但不包括边界面）。

3. 抽取几何体特征

抽取几何体特征可以创建整个体的关联副本，并将各种特征添加到抽取几何体特征上，而不在原先的体上出现。当更改原先的体时，还可以决定"抽取几何体"特征是否更新。

Step1. 打开文件 D:\ugxc12\work\ch04.16.03\extracted 02.prt。

Step2. 选择下拉菜单 插入(S) ➡ 关联复制(A)▶ ➡ 抽取几何特征(E)... 命令，系统弹出"抽取几何特征"对话框。

Step3. 定义抽取类型。在"抽取几何特征"对话框的 类型 下拉列表中选择 体 选项。

Step4. 选取抽取对象。在图形区选取图 4.16.8 所示的体特征。

图 4.16.8 选取体特征

Step5. 隐藏源特征。在 设置 区域选中 ☑ 隐藏原先的 复选框。单击 <确定> 按钮，完成对体特征的抽取（建模窗口中所显示的特征是原来特征的关联副本）。

注意：所抽取的体特征与原特征相互关联，类似于复制功能。

4.16.4　复合曲线

复合曲线用来复制实体上的边线和要抽取的曲线。下面以图 4.16.9 所示的模型说明使用复合曲线的一般操作过程。

Step1. 打开文件 D:\ugxc12\work\ch04.16.04 \rectangular.prt。

Step2. 选取命令。选择下拉菜单 插入(S) ➡ 关联复制(A)▶ ➡ 抽取几何特征(E)... 命令，系统弹出"抽取几何特征"对话框。

Step3. 定义复合曲线对象。在 类型 下拉列表中选择 复合曲线 选项，选取图 4.16.10a 所示的模型边线为复合曲线对象。

Step4. 单击 < 确定 > 按钮，完成复合曲线特征的创建。

Step5. 查看复合曲线。隐藏其他特征，只显示所复合的曲线。

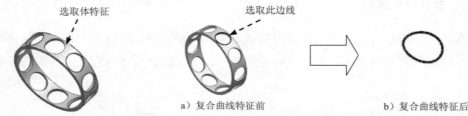

图 4.16.9　选取体特征　　　　图 4.16.10　复合曲线特征

a）复合曲线特征前　　　　b）复合曲线特征后

4.16.5　阵列特征

"阵列特征"操作就是对特征进行阵列，也就是对特征进行一个或者多个的关联复制，并按照一定的规律排列复制的特征，而且特征阵列的所有实例都是相互关联的，可以通过编辑原特征的参数来改变其所有的实例。常用的阵列方式有线性阵列、圆形阵列、多边形阵列、螺旋式阵列、沿曲线阵列、常规阵列和参考阵列等。

1. 线性阵列

线性阵列功能可以将所有阵列实例成直线或矩形排列。下面以一个范例来说明创建线性阵列的过程，如图 4.16.11 所示。

Step1. 打开文件 D:\ugxc12\work\ch04.16.05\Rectangular Array.prt。

Step2. 选择下拉菜单 插入(S) ➡ 关联复制(A)▶ ➡ 阵列特征(A)... 命令，系统弹出图 4.16.12 所示的"阵列特征"对话框。

Step3. 选取阵列的对象。在模型树中选取简单孔特征为要阵列的特征。

Step4. 定义阵列方法。在对话框的 布局 下拉列表中选择 线性 选项。

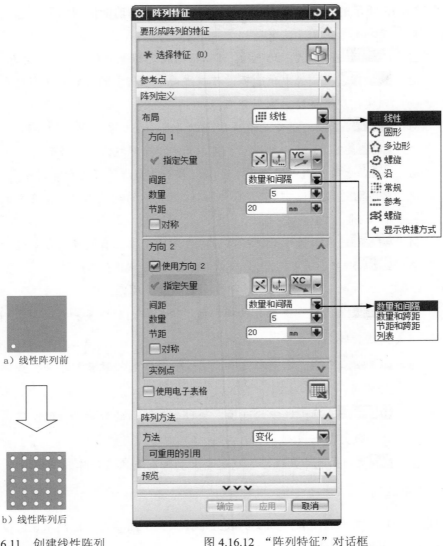

图 4.16.11　创建线性阵列　　　　　图 4.16.12　"阵列特征"对话框

Step5. 定义方向 1 阵列参数。在对话框的 方向1 区域中单击 ↗ 按钮，选择 YC 轴为第一阵列方向；在 间距 下拉列表中选择 数量和间隔 选项，然后在 数量 文本框中输入阵列数量为 5，在 节距 文本框中输入阵列节距值为 20。

Step6. 定义方向 2 阵列参数。在对话框的 方向2 区域中选中 ☑ 使用方向2 复选框，然后单击 ↗ 按钮，选择 XC 轴为第二阵列方向；在 间距 下拉列表中选择 数量和间隔 选项，然后在 数量 文本框中输入阵列数量为 5，在 节距 文本框中输入阵列节距值为 20。

Step7. 单击 确定 按钮，完成矩形阵列的创建。

图 4.16.12 所示的"阵列特征"对话框中部分选项的功能说明如下。

- **布局** 下拉列表：用于定义阵列方式。
    - ☑ **线性** 选项：选中此选项，可以根据指定的一个或两个线性方向进行阵列。
    - ☑ **圆形** 选项：选中此选项，可以绕着一根指定的旋转轴进行环形阵列，阵列实例绕着旋转轴圆周分布。
    - ☑ **多边形** 选项：选中此选项，可以沿着一个正多边形进行阵列。
    - ☑ **螺旋** 选项：选中此选项，可以沿着平面螺旋线进行阵列。
    - ☑ **沿** 选项：选中此选项，可以沿着一条曲线路径进行阵列。
    - ☑ **常规** 选项：选中此选项，可以根据空间的点或由坐标系定义的位置点进行阵列。
    - ☑ **参考** 选项：选中此选项，可以参考模型中已有的阵列方式进行阵列。
    - ☑ **螺旋** 选项：选中此选项，可以沿着空间螺旋线进行阵列。
- **间距** 下拉列表：用于定义各阵列方向的数量和间距。
    - ☑ **数量和间隔** 选项：选中此选项，通过输入阵列的数量和每两个实例的中心距离进行阵列。
    - ☑ **数量和跨距** 选项：选中此选项，通过输入阵列的数量和每两个实例的间距进行阵列。
    - ☑ **节距和跨距** 选项：选中此选项，通过输入阵列的数量和每两个实例的中心距离及间距进行阵列。
    - ☑ **列表** 选项：选中此选项，通过定义的阵列表格进行阵列。

2. 圆形阵列

圆形阵列功能可以将所有阵列实例成圆形排列。下面以一个范例来说明创建圆形阵列的过程，如图 4.16.13 所示。

a）圆形阵列前　　　　　　　　　　　　b）圆形阵列后

图 4.16.13　创建圆形阵列

Step1. 打开文件 D:\ugxc12\work\ch04.16.05\Circular Array.prt。

Step2. 选择下拉菜单 **插入 (S)** ➡ **关联复制 (A) ▶** ➡ **阵列特征 (A)...** 命令，系统弹出"阵列特征"对话框。

Step3. 选取阵列的对象。在模型树中选取简单孔特征为要阵列的特征。

Step4. 定义阵列方法。在对话框的 布局 下拉列表中选择 ⊙ 圆形 选项。

Step5. 定义旋转轴和中心点。在对话框的 旋转轴 区域中单击 ✳ 指定矢量 后面的 按钮，选择 ZC 轴为旋转轴；单击 ✳ 指定点 后面的 按钮，选取图 4.16.14 所示的圆心点为中心点。

Step6. 定义阵列参数。在对话框 角度方向 区域的 间距 下拉列表中选择 数量和间隔 选项，然后在 数量 文本框中输入阵列数量值为 6，在 节距角 文本框中输入阵列角度值为 60，如图 4.16.15 所示。

Step7. 单击 确定 按钮，完成圆形阵列的创建。

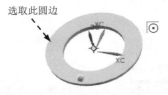

图 4.16.14　选取中心点　　　　　图 4.16.15　定义阵列参数

4.16.6　阵列几何特征

用户可以通过使用"阵列几何特征"命令创建对象的副本，即可以轻松地复制几何体、面、边、曲线、点、基准平面和基准轴，并保持引用与其原始体之间的关联性。下面以一个范例来说明阵列几何特征的一般操作过程，如图 4.16.16 所示。

a)"阵列几何特征"前　　　　　　　b)"阵列几何特征"后

图 4.16.16　阵列几何特征

Step1. 打开文件 D:\ugxc12\work\ch04.16.06\excerpt.prt。

Step2. 选择下拉菜单 插入(S) ➡ 关联复制(A)▶ ➡ 阵列几何特征(T)... 命令，系统弹出"阵列几何特征"对话框。

Step3. 选取几何体对象。选取图 4.16.16a 所示的实体为要生成实例的几何特征。

Step4. 定义参考点。选取图 4.16.16a 所示实体的圆心为指定点。

Step5. 定义类型。在"阵列几何特征"对话框 阵列定义 区域的 布局 下拉列表中选择

[螺旋]选项。

Step6. 定义平面的法向矢量。在对话框中选择[↗·]下拉列表中的[ZC↑]选项。

Step7. 定义参考矢量。在对话框中选择[↗·]下拉列表中的[YC]选项。

Step8. 定义阵列几何特征参数。在[螺旋]区域的[径向节距]文本框中输入角度值 120，在[螺旋向节距]文本框中输入偏移距离值 50，其余采用默认设置。

Step9. 单击[< 确定 >]按钮，完成阵列几何特征的操作。

4.16.7　图层的应用

下面以图 4.16.17 为例，介绍使用图层工具对模型中的各种特征（草图、基准、曲线）进行隐藏操作。

1. 创建图层组

Step1. 打开文件 D:\ugxc12\work\ch04.16.07\layer.prt。

Step2. 选择下拉菜单[格式(R)] ➡ [图层类别(C)...]命令，系统弹出"图层类别"对话框。

Step3. 定义图层组名。在对话框的[类别]文本框中输入 sketches。

Step4. 添加图层。单击[创建/编辑]按钮，选取图层 1~10，单击[添加]按钮，单击对话框中的[确定]按钮。

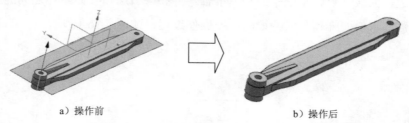

a）操作前　　　　　　　　　　　　　　b）操作后

图 4.16.17　　图层操作

Step5. 定义其他图层组。参照 Step3、Step4 添加图层组 datum 和图层组 curves。图层组 datum 包括图层 11~20；图层组 curves 包括图层 21~30，然后单击[确定]按钮。

2. 将各对象移至图层组

Step1. 选择下拉菜单[格式(R)] ➡ [移动至图层(M)...]命令，系统弹出"类选择"对话框。

Step2. 选择对象类型。在"类选择"对话框中单击"类型过滤器"按钮[+↗]，系统弹出"根据类型选择"对话框；选择[草图]选项，单击[确定]按钮，系统重新弹出"类选择"

对话框；单击对话框中的"全选"按钮 ⊕ ；单击 确定 按钮，系统弹出"图层移动"
对话框。

Step3. 选择图层组。在"图层移动"对话框的列表框中选择 SKETCHES ，然后单击 确定
按钮。

Step4. 参照 Step1～Step3 将图形区中的基准平面和基准轴添加到图层组 datum。

Step5. 参照 Step1～Step3 将图形区中的曲线添加到图层组 curves。

3. 设置图层组

Step1. 选择下拉菜单 格式(R) ➡ 📄 图层设置(S) 命令，系统弹出"图层设置"对
话框。

Step2. 设置图层组状态。选中所有新建的图层对象，单击 ⬛ 按钮，将图层组设置为
不可见，然后单击 关闭 按钮，完成图层的设置。

注意：如果前面的所选对象已不可见，则此步就不需要进行操作。

4.17　缩放体

使用"缩放"命令可以在"工作坐标系"（WCS）中按比例缩放实体和片体。可以
使用均匀比例，也可以在 XC、YC 和 ZC 方向上独立地调整比例。比例类型有均匀比列、
轴对称比例和通用比例。下面以图 4.17.1 所示的模型说明使用"缩放"命令的一般操作
过程。

a）"比例"操作前　　　　b）"均匀比例"操作后　　　　c）"轴对称比例"操作后

图 4.17.1　缩放

Task1. 在长方体上执行均匀比例类型操作

打开文件 D:\ugxc12\work\ch04.17\scale.prt。

Step1. 选择命令。选择下拉菜单 插入(S) ➡ 偏置/缩放(O)▶ ➡ 📷 缩放体(S) 命令，
系统弹出图 4.17.2 所示的"缩放体"对话框。

Step2. 选择类型。在"缩放体"对话框的 类型 下拉列表中选择 📷 均匀 选项。

Step3. 定义"缩放体"对象。选取图 4.17.3 所示的立方体。

图 4.17.2　"缩放体"对话框

Step4. 定义缩放点。单击 缩放点 区域中的 ✓指定点 (1) 按钮，然后选择图 4.17.4 所示的立方体顶点。

Step5. 输入参数。在 均匀 文本框中输入比例因子值 1.5，单击 应用 按钮，完成均匀比例操作。均匀比例模型如图 4.17.5 所示。

图 4.17.3　选择立方体

图 4.17.4　选择缩放点

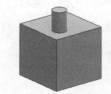

图 4.17.5　均匀比例模型

图 4.17.2 所示的"缩放体"对话框中有关选项的说明如下。

● 类型 下拉列表：比例类型有四个基本选择步骤，但对每一种比例"类型"方法而言，不是所有的步骤都可用。

　☑ 均匀：在所有方向上均匀地按比例缩放。

　☑ 轴对称：以指定的比例因子（或乘数）沿指定的轴对称缩放。

　☑ 常规：在 X、Y 和 Z 轴三个方向上以不同的比例因子缩放。

● ▦（选择体）：允许用户为比例操作选择一个或多个实体或片体。三个"类型"方法都要求此步骤。

Task2. 在圆柱体上执行轴对称比例类型操作

Step1. 选择类型。在"缩放体"对话框的 类型 下拉列表中选择 🔘 轴对称 选项。

Step2. 定义"缩放体"对象。选取要执行缩放体操作的圆柱体，如图 4.17.6 所示。

Step3. 定义矢量方向，单击 ✓ 指定矢量 (1) 下拉列表中的"两点"按钮 ↗ ，选取"两点"为矢量方向；如图 4.17.7 所示，然后选取圆柱底面圆心和顶面圆心。

Step4. 定义参考点。单击 ✓ 指定轴通过点 (1) 按钮，然后选取圆柱体底面圆心为参考点，如图 4.17.8 所示。

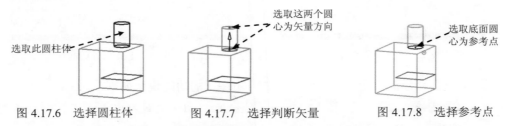

图 4.17.6　选择圆柱体　　　图 4.17.7　选择判断矢量　　　图 4.17.8　选择参考点

Step5. 输入参数。在对话框的 沿轴向 文本框中输入比例因子值 1.5，其余参数采用系统默认设置，单击 确定 按钮，完成轴对称比例操作。

4.18　变换操作

"变换"命令允许用户进行平移、旋转、比例或复制等操作，但是不能用于变换视图、布局、图样或当前的工作坐标系。通过变换生成的特征与原特征不相关联。

4.18.1　比例变换

比例变换用于对所选对象进行成比例的放大或缩小。下面以一个范例来说明比例变换的操作步骤，如图 4.18.1 所示。

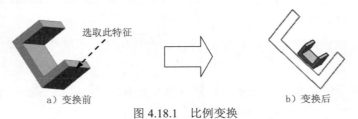

a）变换前　　　　　　　　　　　　　　b）变换后

图 4.18.1　比例变换

Step1. 打开文件 D:\ugxc12\work\ch04.18.01\body01.prt。

Step2. 选择下拉菜单 编辑(E) ➡ ◇ 变换(M)... 命令，系统弹出图 4.18.2 所示的"变换"对话框（一），在图形区选取图 4.18.1a 所示的特征后，单击 确定 按钮，系统弹出图 4.18.3 所示的"变换"对话框（二）。

图 4.18.2　"变换"对话框（一）

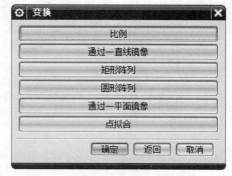
图 4.18.3　"变换"对话框（二）

图 4.18.3 所示的"变换"对话框（二）中按钮的功能说明如下。

● 比例 按钮：通过指定参考点、缩放类型及缩放比例值来缩放对象。

● 通过一直线镜像 按钮：通过指定一直线为镜像中心线来复制选择的特征。

● 矩形阵列 按钮：对选定的对象进行矩形阵列操作。

● 圆形阵列 按钮：对选定的对象进行圆形阵列操作。

● 通过一平面镜像 按钮：通过指定一平面为镜像中心线来复制选择的特征。

● 点拟合 按钮：将对象从引用集变换到目标点集。

Step3. 根据系统 选择选项 的提示，单击 比例 按钮，系统弹出"点"对话框。

Step4. 以系统默认的点作为参考点，单击 确定 按钮，系统弹出图 4.18.4 所示的"变换"对话框（三）。

Step5. 定义比例参数。在 比例 文本框中输入值 0.3，单击 确定 按钮，系统弹出图 4.18.5 所示的"变换"对话框（四）。

图 4.18.4 所示的"变换"对话框（三）中按钮的功能说明如下。

● 比例 文本框：在此文本框中输入要缩放的比例值。

● 非均匀比例 按钮：此按钮用于对模型的非均匀比例缩放设

置。单击此按钮，系统弹出图 4.18.6 所示的"变换"对话框（五），对话框中的 `XC-比例` 、`YC-比例` 和 `ZC-比例` 文本框中分别输入各自方向上要缩放的比例值。

图 4.18.4　"变换"对话框（三）　　　　图 4.18.5　"变换"对话框（四）

图 4.18.5 所示的"变换"对话框（四）中按钮的功能说明如下。

- `重新选择对象` 按钮：用于通过"类选择"工具条来重新选择对象。

- `变换类型 -比例` 按钮：用于修改变换的方法。

- `目标图层 -原始的` 按钮：用于在完成变换以后，选择生成的对象所在的图层。

- `追踪状态 -关` 按钮：用于设置跟踪变换的过程，但是当原对象是实体、片体或边界时不可用。

- `细分 -1` 按钮：用于把变换的距离、角度分割成相等的等份。

- `移动` 按钮：用于移动对象的位置。

- `复制` 按钮：用于复制对象。

- `多个副本 -可用` 按钮：用于复制多个对象。

- `撤消上一个 -不可用` 按钮：用于取消刚建立的变换。

Step6. 根据系统 `选择操作` 的提示，单击 `移动` 按钮，系统弹出图 4.18.7 所示的"变换"对话框（六）。

Step7. 单击 `移除参数` 按钮，系统返回到"变换"对话框（四）。单击 `取消` 按钮，关闭"变换"对话框（四），完成比例变换的操作。

图 4.18.6 "变换"对话框（五）

图 4.18.7 "变换"对话框（六）

4.18.2 通过一直线镜像

通过一直线进行镜像是将所选特征相对于选定的一条直线（镜像中心线）进行镜像。下面以一个范例来说明通过一直线进行镜像的操作步骤，如图 4.18.8 所示。

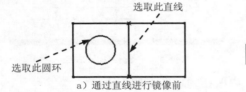

a）通过直线进行镜像前

b）通过直线进行镜像后

图 4.18.8 通过直线进行镜像

Step1. 打开文件 D:\ugxc12\work\ch04.18.02\mirror.prt。

Step2. 选择下拉菜单 编辑(E) ➞ 变换(M)... 命令，选取图 4.18.8a 所示的圆环，单击 确定 按钮，系统弹出"变换"对话框（二）。

Step3. 定义镜像中心线。在"变换"对话框（二）中单击 通过一直线镜像 按钮，系统弹出图 4.18.9 所示的"变换"对话框（七）。单击 现有的直线 按钮，选取图 4.18.8a 所示的直线，系统弹出图 4.18.10 所示的"变换"对话框（八）。

图 4.18.9 "变换"对话框（七）

图 4.18.10 "变换"对话框（八）

图 4.18.9 所示的 "变换" 对话框（七）中各按钮的功能说明如下。

- <u>两点</u> 按钮：选中两个点，该两点之间的连线即为参考线。

- <u>现有的直线</u> 按钮：选取已有的一条直线作为参考线。

- <u>点和矢量</u> 按钮：选取一点，再指定一个矢量，将通过给定的点的矢量作为参考线。

Step4. 根据系统 <u>选择操作</u> 的提示，单击 <u>复制</u> 按钮，完成通过一直线镜像的操作。

Step5. 单击 <u>取消</u> 按钮，关闭 "变换" 对话框（八）。

4.18.3 矩形阵列

矩形阵列主要用于将选中的对象从指定的原点开始，沿所给方向生成一个等间距的矩形阵列。下面以一个范例来说明使用 "变换" 命令中的矩形阵列的操作步骤，如图 4.18.11 所示。

a）矩形阵列前   b）矩形阵列后

图 4.18.11　矩形阵列

Step1. 打开文件 D:\ugxc12\ch04.18.03\rectange_array.prt。

Step2. 选择下拉菜单 编辑(E) ➡ ◇ 变换(M)... 命令，选取图 4.18.11a 所示的圆环，在 "变换" 对话框（二）中单击 <u>矩形阵列</u> 按钮，系统弹出 "点" 对话框。

Step3. 根据系统 <u>选择矩形阵列参考点 -</u> 的提示，在图形区选取坐标原点为矩形阵列参考点，根据系统 <u>选择阵列原点 -</u> 的提示，再次选取坐标原点为阵列原点，系统弹出图 4.18.12 所示的 "变换" 对话框（九）。

Step4. 定义阵列参数。在 "变换" 对话框（九）中输入图 4.18.12 所示的变换参数，单击 <u>确定</u> 按钮，系统弹出图 4.18.13 所示的 "变换" 对话框（十）。

Step5. 根据系统 <u>选择操作</u> 的提示，单击 <u>复制</u> 按钮，完成矩形阵列的操作。

Step6. 单击 <u>取消</u> 按钮，关闭 "变换" 对话框（十）。

图 4.18.12 所示的 "变换" 对话框（九）中各文本框的功能说明如下。

- DXC 文本框：表示沿 XC 方向上的间距。

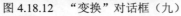

图 4.18.12 "变换"对话框（九）　　　　图 4.18.13 "变换"对话框（十）

- DYC 文本框：表示沿 YC 方向上的间距。
- 阵列角度 文本框：表示生成矩形阵列所指定的角度。
- 列(X) 文本框：表示在 XC 方向上特征的个数。
- 行(Y) 文本框：表示在 YC 方向上特征的个数。

4.18.4　环形阵列

环形阵列用于将选中的对象从指定的原点开始，绕阵列的中心生成一个等角度间距的环形阵列。下面以一个范例来说明使用"变换"命令中的环形阵列的操作步骤，如图4.18.14 所示。

图 4.18.14　环形阵列

Step1. 打开文件 D:\ugxc12\work\ch04.18.04\round_array.prt。

Step2. 选择下拉菜单 编辑(E) ➡ 变换(M)... 命令，选取图 4.18.14a 所示的圆，在"变换"对话框（二）中单击 圆形阵列 按钮，系统弹出"点"对话框。

Step3. 在"点"对话框中设置环形阵列参考点的坐标值为（0，-30，0），阵列原点的坐标值为（0，0，0），单击 确定 按钮，系统弹出图 4.18.15 所示的"变换"对话框（十一）。

图 4.18.15 "变换"对话框（十一）

Step4. 定义阵列参数。在"变换"对话框（十一）中输入图 4.18.15 所示的参数，单击 确定 按钮，系统弹出"变换"对话框（十）。

Step5. 根据系统 选择操作 的提示，单击 复制 按钮，完成环形阵列的操作。

Step6. 单击 取消 按钮，关闭"变换"对话框。

图 4.18.15 所示的"变换"对话框（十一）中各文本框的功能说明如下。

● 半径 文本框：用于设置环行阵列的半径。

● 起始角 文本框：用于设置环行阵列的起始角度。

● 角度增量 文本框：用于设置环行阵列中角度的增量。

● 数量 文本框：用于设置环行阵列中特征的个数。

4.19 特征的编辑与操作

4.19.1 编辑参数

编辑参数用于在创建特征时使用的方式和参数值的基础上编辑特征。选择下拉菜单 编辑(E) ➡ 特征(F)▶ ➡ 编辑参数(P)... 命令，在系统弹出的"编辑参数"对话框中选取需要编辑的特征或在已绘图形中选择需要编辑的特征，系统会由用户所选择的特征弹出不同的对话框来完成对该特征的编辑。下面以一个范例来说明编辑参数的操作过程，如图 4.19.1 所示。

a）编辑参数前

b）编辑参数后

图 4.19.1 编辑参数

Step1. 打开文件 D:\ugxc12\work\ch04.19.01\Simple Hole.prt。

Step2. 选择下拉菜单 编辑(E) ➡️ 特征(F) ▶ ➡️ 编辑参数(P)... 命令，系统弹出图 4.19.2 所示的"编辑参数"对话框（一）。

Step3. 定义编辑对象。从图形区或"编辑参数"对话框（一）中选择要编辑的简单孔特征；单击 确定 按钮，特征参数值显示在图形区域（图 4.19.3），系统弹出"编辑参数"对话框（二），如图 4.19.4 所示。

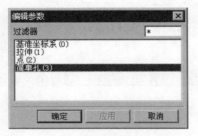

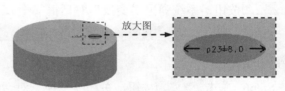

图 4.19.2　"编辑参数"对话框（一）　　　　图 4.19.3　特征参数值

Step4. 编辑特征参数。在"编辑参数"对话框（二）中单击 特征对话框 按钮，系统弹出图 4.19.5 所示的"编辑参数"对话框（三）；在对话框的 直径 文本框中输入新的数值 20.0；单击 确定 按钮，系统弹出"编辑参数"对话框（二）。

Step5. 在"编辑参数"对话框（二）中单击 确定 按钮，完成编辑参数的操作。

图 4.19.4　"编辑参数"对话框（二）　　　　图 4.19.5　"编辑参数"对话框（三）

4.19.2　编辑位置

"编辑位置"命令用于对目标特征重新定义位置，包括修改、添加和删除定位尺寸。下面以一个范例来说明特征编辑定位的过程，如图 4.19.6 所示。

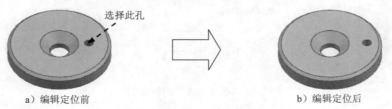

a）编辑定位前　　　　　　　　　　　　b）编辑定位后

图 4.19.6　编辑位置

Step1. 打开文件 D:\ugxc12\ch04.19.02\edit_position.prt。

Step2. 选择命令。选择下拉菜单 编辑(E) ➡ 特征(F) ▶ ➡ 编辑位置(D)... 命令，系统弹出"编辑位置"对话框。

Step3. 定义编辑对象。在模型上选取图 4.19.6a 所示的孔特征，单击 确定 按钮。

Step4. 编辑特征参数。单击 编辑尺寸值 按钮，系统弹出"编辑表达式"对话框，将文本框中的数值"10"改为数值"12.5"，单击三次 确定 按钮，完成编辑特征的定位。

4.19.3 特征移动

特征移动用于把无关联的特征移到需要的位置。下面以一个范例来说明特征移动的操作步骤，如图 4.19.7 所示。

Step1. 打开文件 D:\ugxc12\work\ch04.19.03\move.prt。

Step2. 选择命令。选择下拉菜单 编辑(E) ➡ 特征(F) ▶ ➡ 移动(M)... 命令，系统弹出"移动特征"对话框。

Step3. 定义移动对象。在"移动特征"对话框中选取基准坐标系为移动对象，单击 确定 按钮。

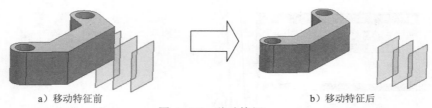

a）移动特征前　　　　　　　　　　　　　b）移动特征后

图 4.19.7　移动特征

Step4. 编辑移动参数。在"移动特征"对话框的 DXC 文本框中输入数值 0，在 DYC 文本框中输入数值 0，在 DZC 文本框中输入数值 30，单击 确定 按钮，完成特征的移动操作。

4.19.4 特征重排序

特征重排序可以改变特征应用于模型的次序，即将重定位特征移至选定的参考特征之前或之后。对具有关联性的特征重排序以后，与其关联特征也被重排序。下面以一个范例来说明特征重排序的操作步骤，如图 4.19.8 所示。

Step1. 打开文件 D:\ugxc12\work\ch04.19.04\ranking.prt。

a) 特征重排序前　　　　　　　　　　　　　　b) 特征重排序后

图 4.19.8　模型树

Step2. 选择下拉菜单 编辑(E) ➡ 特征(F)▶ ➡ ↓重排序(R)... 命令，系统弹出"特征重排序"对话框，如图 4.19.9 所示。

Step3. 根据系统 选择参考特征 的提示，在该对话框的 过滤器 列表框中选取 倒斜角(4) 选项为参考特征（图 4.19.9），或在图形区选取需要的特征（图 4.19.10），在 选择方法 选项组中选取 ⊙ 之后 选项。

Step4. 在 重定位特征 列表框中将会出现位于该特征前面的所有特征，根据系统 选择重定位特征 的提示，在该列表框中选取 边倒圆(3) 选项为需要重排序的特征（图 4.19.9），在 选择方法 选项组中选择 ⊙ 之后 单选项，将其移至前面所选取的特征之后。

Step5. 单击 确定 按钮，完成特征的重排序。

图 4.19.9　"特征重排序"对话框

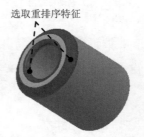

图 4.19.10　选取要重排序的特征

图 4.19.9 所示的"特征重排序"对话框中 选择方法 选项组的说明如下。

◆ ⊙ 之前 单选项：选中的重定位特征被移动到参考特征之前。

◆ ⊙ 之后 单选项：选中的重定位特征被移动到参考特征之后。

4.19.5 特征的抑制与取消抑制

特征的抑制操作可以从目标特征中移除一个或多个特征，当抑制相互关联的特征时，关联的特征也将被抑制。当取消抑制后，特征及与之关联的特征将显示在图形区。下面以一个范例来说明应用抑制特征和取消抑制特征的操作过程，如图 4.19.11 所示。

1. 抑制特征

Step1. 打开文件 D:\ugxc12\work\ch04.19.05\Simple Hole03.prt。

Step2. 选择下拉菜单 编辑(E) ➡ 特征(E) ▶ ➡ 抑制(S)... 命令，系统弹出图 4.19.12 所示的"抑制特征"对话框。

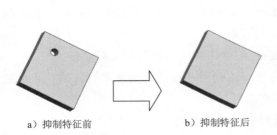

a）抑制特征前　　　b）抑制特征后

图 4.19.11　抑制特征

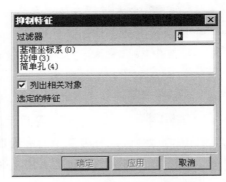

图 4.19.12　"抑制特征"对话框

Step3. 定义抑制对象。选取图 4.19.13 所示的特征。

Step4. 单击 确定 按钮，完成抑制特征的操作，如图 4.19.11b 所示。

2. 取消抑制特征

Step1. 选择下拉菜单 编辑(E) ➡ 特征(E) ▶ ➡ 取消抑制(U)... 命令，系统弹出图 4.19.14 所示的"取消抑制特征"对话框。

Step2. 在该对话框中选取需要取消抑制的特征，单击 确定 按钮，完成取消抑制特征的操作（图 4.19.11a），模型恢复到初始状态。

选取抑制特征

图 4.19.13　选取抑制特征

图 4.19.14　"取消抑制特征"对话框

4.20 UG NX 中的图层操作

4.20.1 设置图层

　　UG NX 12.0 提供了 256 个图层，这些图层都必须通过选择 格式(R) 下拉菜单中的 图层设置(S)... 命令来完成所有的设置。图层的应用对于建模工作有很大的帮助。选择 图层设置(S)... 命令后，系统弹出图 4.20.1 所示的"图层设置"对话框（一），利用该对话框，用户可以根据需要设置图层的名称、分类、属性和状态等，也可以查询图层的信息，还可以进行有关图层的一些编辑操作。

　　图 4.20.1 所示的"图层设置"对话框（一）中主要选项的功能说明如下。

* 工作图层 文本框：在该文本框中输入某图层号并按 Enter 键后，则系统自动将该图层设置为当前的工作图层。
* 按范围/类别选择图层 文本框：在该文本框中输入层的种类名称后，系统会自动选取所有属于该种类的图层。
* ☑ 类别显示 选项：选中此选项，图层列表中将按对象的类别进行显示。
* 类别过滤器 下拉列表：主要用于选择已存在的图层种类名称来进行筛选，系统默认为"*"，此符号表示所有的图层种类。
* 显示 下拉列表：用于控制图层列表框中图层显示的情况。

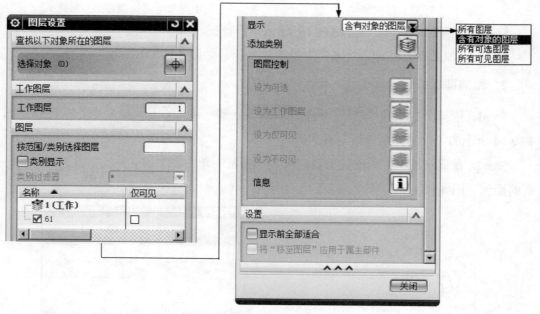

图 4.20.1　"图层设置"对话框（一）

　　☑ 所有图层 选项：图层状态列表框中显示所有的图层（1～256 层）。

☑ 含有对象的图层 选项：图层状态列表框中仅显示含有对象的图层。

☑ 所有可选图层 选项：图层状态列表框中仅显示可选择的图层。

☑ 所有可见图层 选项：图层状态列表框中仅显示可见的图层。

注意：当前的工作图层在以上情况下，都会在图层列表框中显示。

- 按钮：单击此按钮可以添加新的类别层。
- 按钮：单击此按钮可将被隐藏的图层设置为可选。
- 按钮：单击此按钮可将选中的图层作为工作层。
- 按钮：单击此按钮可以将选中的图层设为可见。
- 按钮：单击此按钮可以将选中的图层设为不可见。
- 按钮：单击此按钮，系统弹出"信息"窗口，该窗口能够显示此零件模型中所有图层的相关信息，如图层编号、状态和图层种类等。
- ☑ 显示前全部适合 选项：选中此选项，模型将充满整个图形区。

在 UG NX 12.0 软件中，可对相关的图层分类进行管理，以提高操作的效率。例如，可设置"MODELING""DRAFTING"和"ASSEMBLY"等图层组种类，图层组"MODELING"包括 1～20 层，图层组"DRAFTING"包括 21～40 层，图层组"ASSEMBLY"包括 41～60 层。当然可以根据自己的习惯来进行图层组种类的设置。当需要对某一层组中的对象进行操作时，可以很方便地通过层组来实现对其中各图层对象的选择。

图层组的种类设置可以通过选择下拉菜单 格式(R) ➡ 图层类别(C)... 命令来实现。选择该命令后，系统弹出图 4.20.2 所示的"图层类别"对话框（一），在该对话框的 类别 文本框中输入新种类的名称，单击 创建/编辑 按钮，系统弹出"图层类别"对话框（二）。

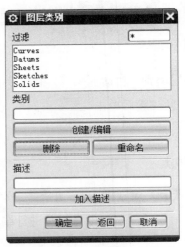

图 4.20.2 "图层类别"对话框（一）

图 4.20.2 所示的"图层类别"对话框（一）中主要选项的功能说明如下。

● 过滤 文本框：用于输入已存在的图层种类名称来进行筛选，该文本框下方的列表框用于显示已存在的图层组种类或筛选后的图层组种类，可在该列表框中直接选取需要进行编辑的图层组种类。

● 类别 文本框：用于输入图层组种类的名称，可输入新的种类名称来建立新的图层组种类，或是输入已存在的名称进行该图层组的编辑操作。

● 创建/编辑 按钮：用于创建新的图层组或编辑现有的图层组。单击该按钮前，必须要在 类别 文本框中输入名称。如果输入的名称已经存在，则可对该图层组进行编辑操作；如果所输入的名称不存在，则创建新的图层组。

● 删除 按钮和 重命名 按钮：主要用于图层组种类的编辑操作。删除 按钮用于删除所选取的图层组种类；重命名 按钮用于对已存在的图层组种类重新命名。

● 描述 文本框：用于输入某图层相应的描述文字，解释该图层的含义。当输入的文字长度超出文本框的规定长度时，系统则会自动进行延长匹配，所以在使用中也可以输入比较长的描述语句。

在进行图层组种类的建立、编辑和更名的操作时，可以按照以下方式进行。

1．建立一个新的图层

在图 4.20.2 所示的"图层类别"对话框（一）的 类别 文本框中输入新图层的名称，还可在 描述 文本框中输入相应的描述信息。单击 创建/编辑 按钮，在系统弹出的"图层类别"对话框（二）中，从"图层"列表框中选取该种类需要包括的层，先单击 添加 按钮，然后单击 确定 按钮完成操作，即可创建一个新的图层组。

2．修改所选图层的描述信息

在图 4.20.2 所示的"图层类别"对话框（一）中选择需修改描述信息的图层，在 描述 文本框中输入相应的描述信息，然后单击 确定 按钮，系统便可修改所选图层的描述信息。

3．编辑一个存在图层种类

在图 4.20.2 所示"图层类别"对话框（一）的 类别 文本框中输入图层名称，或直接在图层组种类列表框中选择欲编辑的图层，便可对其进行编辑操作。

4.20.2　可见图层设置

使用 格式® 下拉菜单中的 视图中可见图层(V)... 命令，可以设置图层的可见或不可见。选择 视图中可见图层(V)... 命令后，系统弹出图 4.20.3 所示的"视图中可见图层"对话框（一），在该对话框中选取某个视图，单击 确定 按钮，系统弹出"视图中可见图层"对话框（二），该对话框用于控制所选视图所在层的显示状态。在"视图中可见图层"对话框（二）的列表框中选择某个图层，然后单击 可见 按钮或 不可见 按钮，可以设置该图层的可见性。

4.20.3　移动和复制对象至图层

1. 移动对象至图层

"移动至图层"功能用于把对象从一个图层移出并放置到另一个图层，操作步骤如下。

Step1. 选择命令。选择下拉菜单 格式® ➡ 移动至图层(M)... 命令，系统弹出"类选择"对话框。

Step2. 选取目标特征。先选取目标特征，然后单击"类选择"对话框中的 确定 按钮，系统弹出图 4.20.4 所示的"图层移动"对话框。

Step3. 选择目标图层或输入目标图层的编号，单击 确定 按钮，完成该操作。

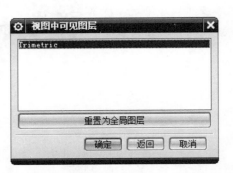

图 4.20.3　"视图中可见图层"对话框（一）

图 4.20.4　"图层移动"对话框

2. 复制对象至图层

"复制至图层"功能用于把对象从一个图层复制到另一个图层，且源对象依然保留在原来的图层上，其一般操作步骤如下。

Step1. 选择命令。选择下拉菜单 格式(R) ➡ 复制至图层(O)... 命令，系统弹出"类选择"对话框。

Step2. 选取目标特征。先选取目标特征，然后单击 确定 按钮，系统弹出"图层复制"对话框。

Step3. 定义目标图层。从图层列表框中选择一个目标图层，或在数据输入字段中输入一个图层编号。单击 确定 按钮，完成该操作。

注意： 组件、基准轴和基准平面类型不能在图层之间复制，只能移动。

说明：

为了回馈广大读者对本书的支持，除随书光盘中的视频讲解之外，我们将免费为您提供更多的 UG 学习视频，读者可以扫描二维码直达视频讲解页面，登录兆迪科技网站免费学习。

学习拓展： 可以免费学习更多视频讲解。

讲解内容： 主要包含软件安装，基本操作，二维草图，常用建模命令，零件设计案例等基础内容的讲解。内容安排循序渐进，清晰易懂，讲解非常详细，对每一个操作都做了深入的介绍和清楚的演示，十分适合没有软件基础的读者。

注意：

为了获得更好的学习效果，建议读者采用以下方法进行学习。

方法一： 使用台式机或者笔记本电脑登录兆迪科技网校，开启高清视频模式学习。

方法二： 下载兆迪网校 APP 并缓存课程视频至手机，可以免流量观看。

具体操作请打开兆迪网校帮助页面 http://www.zalldy.com/page/bangzhu 查看（手机可以扫描右侧二维码打开），或者在兆迪网校咨询窗口联系在线老师，也可以直接拨打技术支持电话 010-82176248，010-82176249。

第 **5** 章　零件设计综合实例

5.1　零件设计综合实例一

实例概述：

　　本实例介绍了连轴零件的设计过程。通过练习本例，读者可以掌握旋转、孔和倒斜角等特征的应用。在创建特征时，需要注意在特征定位过程中运用到的技巧和注意事项。连轴零件模型如图 5.1.1 所示。

　　说明：本实例的详细操作过程请参见随书光盘中 video\ch05.01\文件夹下的语音视频讲解文件。模型文件为 D:\ugxc12\work\ch05.01\connecting_shaft.prt。

图 5.1.1　连轴零件模型

5.2　零件设计综合实例二

实例概述：

　　本实例是一个标准件——蝶形螺母，在创建过程中运用了旋转、拉伸、倒圆角及螺纹等命令。其中要重点掌握圆角（圆角顺序）、螺纹命令的使用。零件模型如图 5.2.1 所示。

　　说明：本实例的详细操作过程请参见随书光盘中 video\ch05.02\文件夹下的语音视频讲解文件。模型文件为 D:\ugxc12\work\ch05.02\butterfly_nut.prt。

图 5.2.1　蝶形螺母零件模型

5.3　零件设计综合实例三

实例概述：

　　本实例介绍了滑动轴承座的设计过程。通过学习本实例，读者可以掌握实体拉伸、镜像、孔、倒圆角等特征的应用。在创建特征的过程中，需要注意的是各特征的创建顺序及整个零件的设计思路。零件模型如图 5.3.1 所示。

说明：本实例的详细操作过程请参见随书光盘中 video\ch05.03\文件夹下的语音视频讲解文件。模型文件为 D:\ugxc12\work\ch05.03\down_base.prt。

图 5.3.1　滑动轴承座零件模型

5.4　零件设计综合实例四

实例概述：

本实例介绍了机械零件——摇臂的创建过程。在创建过程中主要运用了拉伸、倒圆角和镜像等命令，其中镜像命令的使用是要重点掌握的。摇臂模型如图 5.4.1 所示。

说明：本实例的详细操作过程请参见随书光盘中 video\ch05.04\文件夹下的语音视频讲解文件。模型文件为 D:\ugxc12\work\ch05.04\finger.prt。

图 5.4.1　摇臂零件模型

5.5　零件设计综合实例五

实例概述：

本实例介绍了箱壳的设计过程。此例是对前面几个实例以及相关命令的总结性练习，模型本身虽然是一个很单纯的机械零件，但是通过练习本例，读者可以熟练掌握拉伸特征、孔特征、边倒圆特征及扫掠特征的应用。零件模型如图 5.5.1 所示。

说明：本实例的详细操作过程请参见随书光盘中 video\ch05.05\文件夹下的语音视频讲解文件。模型文件为 D:\ugxc12\work\ch05.05\tank-shell.prt。

图 5.5.1　箱壳零件模型

5.6 零件设计综合实例六

实例概述:

本实例是弯管接头零件的设计,主要运用了实体拉伸、扫掠、孔、阵列和倒圆角等命令。零件实体模型如图 5.6.1 所示。

说明:本实例的详细操作过程请参见随书光盘中 video\ch05.06\文件夹下的语音视频讲解文件。模型文件为 D:\ugxc12\work\ch05.06\elbow_joint.prt。

5.7 零件设计综合实例七

实例概述:

本实例介绍了泵体的设计过程。通过对本例的学习,读者可以对拉伸、孔、螺纹和阵列等特征的应用有更为深入的理解。在创建特征的过程中,需要注意在特征定位过程中用到的技巧和某些注意事项。零件模型如图 5.7.1 所示。

说明:本实例的详细操作过程请参见随书光盘中 video\ch05.07\文件夹下的语音视频讲解文件。模型文件为 D:\ugxc12\work\ch05.07\pump.prt。

图 5.6.1 弯管接头零件模型　　　　图 5.7.1 泵体零件模型

5.8 零件设计综合实例八

实例概述:

本实例介绍了手柄的设计过程。读者在学习本例后,可以熟练掌握拉伸特征、旋转特征、倒圆角特征、倒斜角特征和镜像特征的创建。零件模型如图 5.8.1 所示。

说明:本实例的详细操作过程请参见随书光盘中 video\ch05.08\文件夹下的语音视频讲解文件。模型文件为 D:\ugxc12\work\ch05.08\handle-body.prt。

5.9　零件设计综合实例九

实例概述：

本实例介绍了支架的设计过程。通过练习本例，读者可以掌握实体的拉伸、抽壳、旋转、镜像和倒圆角等特征的应用。零件模型如图 5.9.1 所示。

说明：本实例的详细操作过程请参见随书光盘中 video\ch05.09\文件夹下的语音视频讲解文件。模型文件为 D:\ugxc12\work\ch05.09\toy_cover.prt。

图 5.8.1　手柄零件模型

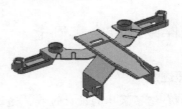
图 5.9.1　支架零件模型

学习拓展：扫码学习更多视频讲解。

讲解内容：零件设计实例精选，包含六十多个各行各业零件设计的全过程讲解。讲解中，首先分析了设计的思路以及建模要点，然后对设计操作步骤做了详细的演示，最后对设计方法和技巧做了总结。

第 6 章 曲 面 设 计

6.1 曲线线框设计

　　曲线是曲面的基础，是曲面造型设计中必须用到的基础元素，并且曲线质量的好坏直接影响到曲面质量的高低。因此，了解和掌握曲线的创建方法，是学习曲面设计的基本要求。利用 UG 的曲线功能可以建立多种曲线，其中基本曲线包括点及点集、直线、圆及圆弧、倒圆角、倒斜角等，特殊曲线包括样条、二次曲线、螺旋线和规律曲线等。

6.1.1 基本空间曲线

　　UG 基本曲线的创建包括直线、圆弧、圆等规则曲线的创建，以及曲线的倒圆角等操作。下面一一对其进行介绍。

1．直线

　　选择下拉菜单 插入(S) ➡ 曲线(C) ➡ ／ 直线(L)... 命令，系统弹出图 6.1.1 所示的"直线"对话框。通过该对话框可以创建多种类型的直线，创建的直线类型取决于在该对话框的 起点选项 下拉列表中和 终点选项 下拉列表中选择不同选项的组合类型。

方法一：点-相切

　　直线的创建只要确定两个端点的约束，就可以快速完成。下面通过图 6.1.2 所示的例子来说明创建"点-相切"直线的一般过程。

图 6.1.1 "直线"对话框

图 6.1.2 创建的直线

Step1. 打开文件 D:\ugxc12\work\ch06.01.01\line01.prt。

Step2. 选择下拉菜单 插入(S) ➡ 曲线(C) ▸ ➡ ⟋ 直线(L)... 命令，系统弹出"直线"对话框。

说明：在不打开"直线"对话框的情况下，要迅速创建简单的关联或非关联的直线，可以选择下拉菜单 插入(S) ➡ 曲线(C) ▸ ➡ 直线和圆弧(A)▸ 下面相关的子命令。

Step3. 定义起点。在 起点 区域 起点选项 的下拉列表中选择 ┼ 点 选项（或者在图形区的空白处右击，在系统弹出的快捷菜单中选择 点 命令），此时系统弹出动态文本输入框，在 XC 、 YC 、 ZC 文本框中分别输入值 10、30、0，按 Enter 键确认。

说明：

● 第一次按键盘上的 F3 键，可以将动态文本输入框隐藏；第二次按，可将"直线"对话框隐藏；第三次按，则显示"直线"对话框和动态文本输入框。

● 在动态文本框中输入点坐标时需要按键盘上的 Tab 键切换，将坐标输入后按 Tab 键或 Enter 键确认。这里也可以通过"点"对话框输入点。

Step4. 定义终点。在"直线"对话框 终点或方向 区域的 终点选项 下拉列表中选择 ⎜ 相切 选项（或者在图形区的空白处右击，在系统弹出的快捷菜单中选择 ♂ 相切 命令）；选取图 6.1.2 所示的圆，单击对话框中的 ＜ 确定 ＞ 按钮（或者单击鼠标中键），完成直线的创建。

方法二：点-点

使用 ⟋ 直线(点-点)(P)... 命令绘制直线时，用户可以在系统弹出的动态输入框中输入起始点和终点相对于原点的坐标值来完成直线的创建。

下面以图 6.1.3 所示的例子来说明使用"直线（点-点）"命令创建直线的一般操作过程。

a）创建前　　　　　　　　　　　　　　　　b）创建后

图 6.1.3　直线的创建

Step1. 打开文件 D:\ugxc12\work\ch06.01.01\line02.prt。

Step2. 选择下拉菜单 插入(S) ➡ 曲线(C) ▸ ➡ 直线和圆弧(A)▸ ➡ ⟋ 直线(点-点)(P)... 命令，系统弹出图 6.1.4 所示的"直线（点-点）"对话框。

Step3. 在图形区选取图 6.1.5 所示的坐标原点为直线起点，选取与坐标原点相对应的矩形对角点为直线终点。

Step4. 单击鼠标中键，完成直线的创建。

图 6.1.4 "直线（点-点）"对话框

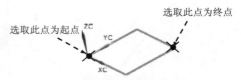

图 6.1.5 选取直线起点和终点

2. 圆弧/圆

选择下拉菜单 插入(S) ➡ 曲线(C) ➡ ⌒ 圆弧/圆(C)... 命令，系统弹出"圆弧/圆"对话框。通过该对话框可以创建多种类型的圆弧或圆，创建的圆弧或圆的类型取决于对与圆弧或圆相关的点的不同约束。

方法一：三点画圆弧

下面通过图 6.1.6 所示的例子来介绍使用"相切-相切-相切"方式创建圆的一般操作过程。

a）创建前

图 6.1.6 圆弧/圆的创建

b）创建的切线圆

Step1. 打开文件 D:\ugxc12\work\ch06.01.01\circul01.prt。

Step2. 选择下拉菜单 插入(S) ➡ 曲线(C)▶ ➡ ⌒ 圆弧/圆(C)... 命令，系统弹出"圆弧/圆"对话框。

Step3. 定义圆弧类型。在 类型 区域的下拉列表中选择 三点画圆弧 选项。

Step4. 定义圆弧起点选项。在 起点 区域的 起点选项 下拉列表中选择 相切 选项（或者在图形区右击，在系统弹出的快捷菜单中选择 相切 命令），然后选取图 6.1.7 所示的曲线 1。

Step5. 定义端点选项。在 端点 区域的 终点选项 下拉列表中选择 相切 选项（或者在图形区右击，在系统弹出的快捷菜单中选择 相切 命令），然后选取图 6.1.8 所示的曲线 2。

Step6. 定义中点选项。在 中点 区域的 中点选项 下拉列表中选择 相切 选项（或者在图形区右击，在系统弹出的快捷菜单中选择 相切 命令），然后选取图 6.1.9 所示的曲线 3。

Step7. 定义限制属性。在 限制 区域选中 ☑ 整圆 复选框，然后在 设置 区域单击"备选解"按钮 🔄，切换至所需要的圆。

Step8. 单击对话框中的 〈 确定 〉 按钮，完成圆的创建。

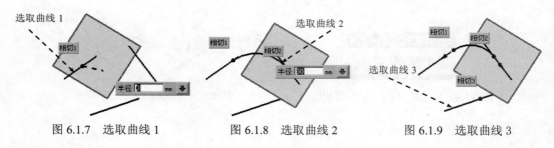

图 6.1.7 选取曲线 1　　　图 6.1.8 选取曲线 2　　　图 6.1.9 选取曲线 3

方法二：点-点-点

　　使用"圆弧（点-点-点）"命令绘制圆弧时，用户可以分别在系统弹出的动态输入框中输入三个点的坐标来完成圆弧的创建。下面通过创建图 6.1.10b 所示的圆弧来说明使用"圆弧（点-点-点）"命令创建圆弧的一般操作过程。

a）创建前　　　　　　　　　　　　b）创建的圆弧

图 6.1.10　圆弧的创建

Step1. 打开文件 D:\ugxc12\work\ch06.01.01\circul02.prt。

Step2. 选择下拉菜单 插入(S) ➡ 曲线(C) ➡ 直线和圆弧(A) ➡ ⌒ 圆弧(点-点-点)(O) 命令，系统弹出图 6.1.11 所示的动态输入框（一）。

Step3. 在动态输入框（一）中输入直线起始点的坐标值（0，0，0），按 Enter 键确定，系统弹出图 6.1.12 所示的动态输入框（二）。

Step4. 在动态输入框（二）中输入直线终点的坐标值（0，0，20），按 Enter 键确定，系统弹出图 6.1.13 所示的动态输入框（三）。

Step5. 在动态输入框（三）中输入直线中间点的坐标值（10，0，10），按 Enter 键确定。

Step6. 单击鼠标中键，完成圆弧的创建。

图 6.1.11　动态输入框（一）　　　图 6.1.12　动态输入框（二）　　　图 6.1.13　动态输入框（三）

6.1.2　高级空间曲线

　　高级空间曲线在曲面建模中的使用非常频繁，主要包括螺旋线、样条曲线、二次曲线、规律曲线和文本曲线等。

1. 样条曲线

样条曲线的创建方法有四种：根据极点、通过点、拟合和垂直于平面。下面将对"根据极点"和"通过点"两种方法进行说明，通过下面的两个例子可以观察出两种方法创建的样条曲线—"根据极点"和"通过点"两个命令对曲线形状的控制不同。

方法一：根据极点

根据极点是指样条曲线不通过极点，其形状由极点形成的多边形控制。下面通过创建图 6.1.14 所示的样条曲线来说明通过"根据极点"方式创建样条曲线的一般操作过程。

Step1. 新建一个模型文件，文件名为 spline.prt。

Step2. 选择命令。选择下拉菜单插入⑤ ➡ 曲线⑥ ➡ 艺术样条⑴...命令，系统弹出图 6.1.15 所示的"艺术样条"对话框。

图 6.1.14 "根据极点"方式创建样条曲线 　　图 6.1.15 "艺术样条"对话框

Step3. 定义曲线类型。在 **类型** 区域的下拉列表中选择 **根据极点** 选项。

Step4. 定义极点。单击 极点位置 区域的"点构造器"按钮 ⊞，系统弹出"点"对话框；在"点"对话框 输出坐标 区域的 X 、 Y 、 Z 文本框中分别输入值 0、0、0，单击 确定 按钮，完成第一极点坐标的指定。

Step5. 参照 Step4 创建其余极点。依次输入值 10、−20、0；30、20、0；40、0、0，单击 确定 按钮。

Step6. 定义曲线次数。在"艺术样条"对话框 参数化 区域的 次数 文本框中输入值 3。

Step7. 单击 < 确定 > 按钮，完成样条曲线的创建。

方法二：通过点

样条曲线还可以通过使用文档中点的坐标数据来创建。下面通过创建图 6.1.16 所示的样条曲线来说明利用"通过点"方式创建样条曲线的一般操作过程。

Step1. 新建一个模型文件，文件名为 spline1.prt。

图 6.1.16 "通过点"方式创建样条

Step2. 选择命令。选择下拉菜单 插入(S) ➡ 曲线(C) ➡ 艺术样条(D)... 命令，系统弹出图 6.1.15 所示的"艺术样条"对话框。

Step3. 定义曲线类型。在对话框的 类型 下拉列表中选择 通过点 选项。

Step4. 定义极点。单击 点位置 区域的"点构造器"按钮 ⊞，系统弹出"点"对话框；在"点"对话框 输出坐标 区域的 X 、 Y 、 Z 文本框中分别输入值 0、0、0，单击 确定 按钮，完成第一极点坐标的指定。

Step5. 参照 Step4 创建其余极点。依次输入值 10、10、0；20、0、0；40、0、0，单击 确定 按钮。

Step6. 单击 < 确定 > 按钮，完成样条曲线的创建。

2. 螺旋线

在建模或者造型过程中，螺旋线也经常被用到。UG NX 12.0 通过定义螺旋线方位、起始角度、直径或半径、螺距、长度、旋转方向等参数来生成螺旋线。生成螺旋线的方式有两种：一种是沿矢量方式；另外一种是沿脊线方式。下面具体介绍这两种螺旋线的创建方法。

方法一：沿矢量-恒定

下面以图 6.1.17 所示的螺旋线为例来介绍沿矢量螺旋线的创建方法。

图 6.1.17 螺旋线

Step1. 新建一个模型文件，文件名为 helix.prt。

Step2. 选择命令。选择下拉菜单 插入(S) ➡ 曲线(C)▶ ➡ ◎ 螺旋线(X).. 命令，系统弹出"螺旋线"对话框。

Step3. 定义类型和方位。在"螺旋线"对话框 类型 区域的下拉列表中选择 ✕ 沿矢量 选项，单击 方位 区域的"CSYS 对话框"按钮 ⊾，系统弹出"CSYS"对话框；在对话框的 类型 下拉列表中选择 ✕ 绝对 CSYS 选项，单击对话框中的 确定 按钮，系统返回到"螺旋线"对话框。

Step4. 定义螺旋线参数。

（1）定义大小。在图 6.1.18 所示"螺旋线"对话框的 大小 区域中选中 ⊙ 直径 单选项，在 规律类型 下拉列表中选择 ✕ 恒定 选项，然后输入直径值为 20。

（2）定义螺距。在"螺旋线"对话框 螺距 区域的 规律类型 下拉列表中选择 ✕ 恒定 选项，然后输入螺距值 5。

（3）定义长度。在"螺旋线"对话框 长度 区域的 方法 下拉列表中选择 限制 选项，在 起始限制 文本框中输入值 0，在 终止限制 文本框中输入值 30。

（4）定义旋转方向。在"螺旋线"对话框 设置 区域的 旋转方向 下拉列表中选择 右手 选项。

Step5. 单击对话框中的 ＜ 确定 ＞ 按钮，完成螺旋线的创建。

图 6.1.18 所示的"螺旋线"对话框中的部分选项说明如下。

● 类型 下拉列表：用于定义生成螺旋线的类型。

    ☑ ✕ 沿矢量 ：选中该选项，根据选择的矢量方向来创建螺旋线。

    ☑ ✕ 沿脊线 ：选中该选项，根据选择的脊线来创建螺旋线。

● 大小 区域：用于定义螺旋线的截面大小，有 ⊙ 直径 和 ⊙ 半径 两种定义方式。

- 螺距 区域: 用于定义螺旋线的螺距值。

- 长度 区域: 用于定义螺旋线的长度参数。

  ☑ 限制: 选中该选项, 使用起始值来限定螺旋线的长度。

  ☑ 圈数: 选中该选项, 使用圈数来定义螺旋线的长度。

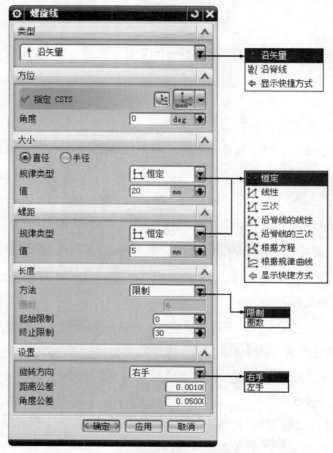

图 6.1.18 "螺旋线"对话框

方法二: 沿脊线螺旋线

下面以图 6.1.19 所示的螺旋线为例来介绍沿脊线螺旋线的创建方法。

Step1. 打开文件 D:\ugxc12\work\ch06.01.02\helix_02.prt。

Step2. 选择命令。选择下拉菜单 插入(S) ➞ 曲线(C)▶ ➞ 螺旋线(X)... 命令, 系统弹出"螺旋线"对话框。

Step3. 定义类型。在"螺旋线"对话框 类型 区域的下拉列表中选择 沿脊线 选项, 选取图 6.1.19a 所示的曲线为脊线。

Step4. 定义螺旋线参数。

（1）定义大小。在图 6.1.18 所示的"螺旋线"对话框的 大小 区域中选中 ● 直径 单选项，在 规律类型 下拉列表中选择 恒定 选项，然后输入直径值 10。

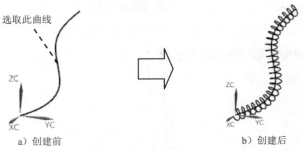

选取此曲线

a）创建前   b）创建后

图 6.1.19 沿脊线螺旋线

（2）定义螺距。在"螺旋线"对话框 螺距 区域的 规律类型 下拉列表中选择 恒定 选项，然后输入螺距值 5。

（3）定义长度。在"螺旋线"对话框 长度 区域的 方法 下拉列表中选择 圈数 选项，输入圈数值 25。

（4）定义旋转方向。在"螺旋线"对话框 设置 区域的 旋转方向 下拉列表中选择 右手 选项。

Step5. 单击对话框中的 ＜ 确定 ＞ 按钮，完成螺旋线的创建。

3. 文本曲线

使用 **A** 文本(T)... 命令可将本地 Windows 字体库中 True Type 字体中的"文本"生成 NX 曲线。无论何时需要文本，都可以将此功能作为部件模型中的一个设计元素使用。在"文本"对话框中，允许用户选择 Windows 字体库中的任何字体，指定字符属性（粗体、斜体、类型、字母）；在"文本"对话框中输入文本字符串，并立即在 NX 部件模型内将字符串转换为几何体。文本将跟踪所选 True Type 字体的形状，并使用线条和样条生成文本字符串的字符外形，在平面、曲线或曲面上放置生成的几何体。

下面通过创建图 6.1.20 所示的文本曲线来说明创建文本曲线的一般操作过程。

图 6.1.20 文本曲线

Step1. 打开文件 D：\ugxc12\work\ch06.01.02\ text_line.prt。

Step2. 选择下拉菜单插入(S) ➡ 曲线(C)▶ ➡ **A** 文本(T)...命令，系统弹出图 6.1.21 所示的"文本"对话框。在文本属性文本框中输入"HELLO"并设置其属性。

Step3. 在类型区域的下拉列表中选择 曲线上选项。

Step4. 选择图 6.1.22 所示的样条曲线作为引导线。

图 6.1.21 "文本"对话框

图 6.1.22 文本曲线放置路径

Step5. 在"文本"对话框竖直方向区域的定向方法下拉列表中选择自然选项。

Step6. 在"文本"对话框文本框区域的锚点位置下拉列表中选择左选项，并在其下的参数百分比文本框中输入值 3。

Step7. 在"文本"对话框中单击  按钮，完成文本曲线的创建。

说明：如果曲线长度不够放置文本，可对文本的尺寸进行相应的调整。

6.1.3 派生曲线

派生曲线是指利用现有的曲线，通过不同的方式而创建的新曲线。在 UG NX 12.0 中，主要是通过插入(S)下拉菜单的派生曲线(U)子菜单中选择相应的命令来进行操作。下面将分别对镜像、偏置、在面上偏置、投影和桥接等方法进行介绍。

1. 镜像

曲线的镜像复制是将源曲线相对于一个平面或基准平面（称为镜像中心平面）进行镜像，从而得到源曲线的一个副本。下面介绍创建图 6.1.23b 所示的镜像曲线的一般操作过程。

Step1. 打开文件 D:\ugxc12\ch06.01.03\mirror_curves.prt。

Step2. 选择下拉菜单 插入(S) ➡ 派生曲线(U) ➡ 镜像(M)...命令（或在 曲线 功能选项卡的 派生曲线 区域中单击 镜像曲线 按钮），此时系统弹出"镜像曲线"对话框，如图 6.1.24 所示。

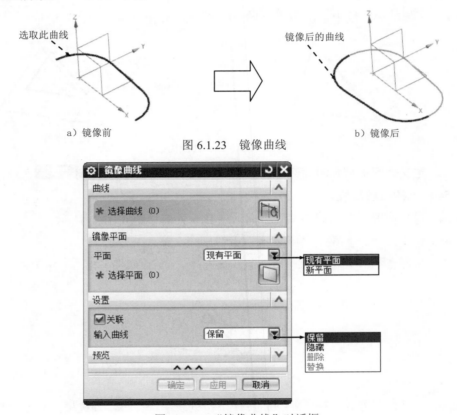

a）镜像前　　选取此曲线　　镜像后的曲线　　b）镜像后

图 6.1.23　镜像曲线

图 6.1.24　"镜像曲线"对话框

Step3. 定义镜像曲线。在图形区选取图 6.1.23a 所示的曲线，然后单击中键确认。

Step4. 选取镜像平面。在"镜像曲线"对话框的 平面 下拉列表中选择 现有平面 选项，然后在图形区中选取 ZX 平面为镜像平面。

Step5. 单击 确定 按钮（或单击中键），完成镜像曲线的创建。

2. 偏置

偏置曲线是通过移动选中的曲线对象来创建新的曲线。使用下拉菜单 插入(S) ➡ 派生曲线(U) ➡ 偏置(O)...命令可以偏置由直线、圆弧、二次曲线、样条及边缘组成的线串。曲线可以在选中曲线所定义的平面内偏置，也可以使用 拔模 方法偏置到一个平行平面上，或者沿着使用 `3D 轴向` 方法时指定的矢量进行偏置。下面将对"拔模"偏置方法进行介绍。

创建图 6.1.25b 所示的通过"拔模"方式偏置曲线的一般操作过程如下。

Step1. 打开文件 D：\ugxc12\work\ch06.01.03\ offset_curve.prt。

Step2. 选择下拉菜单 `插入(S)` ➡ `派生曲线(U)` ➡ `偏置(O)...` 命令，或在 `曲线` 功能选项卡的 `派生曲线` 区域中单击 `偏置曲线` 按钮，系统弹出"偏置曲线"对话框。

a）特征曲线   b）偏置曲线

图 6.1.25　偏置曲线的创建

Step3. 定义偏置类型和源曲线。在 `偏置类型` 区域的下拉列表中选择 `拔模` 选项，选取图 6.1.25a 所示的三条线段。

Step4. 定义偏置方向。调整偏置方向，使其偏置后如图 6.1.25b 所示。

Step5. 定义参数。在 `高度` 和 `角度` 文本框中分别输入值-20、30。

说明：如果在 `高度` 和 `角度` 文本框中分别输入值 20、30，结果如图 6.1.26 所示。

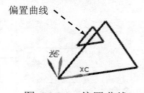

图 6.1.26　偏置曲线

Step6. 定义修剪方式。在 `设置` 区域的 `修剪` 下拉列表中选择 `相切延伸` 选项，其他参数采用系统默认设置。

Step7. 在"偏置曲线"对话框中单击 `确定` 按钮，完成偏置曲线的创建。

3. 在面上偏置

`在面上偏置...` 命令可以在一个或多个面上根据相连的边或曲面上的曲线创建偏置曲线，偏置曲线距源曲线或曲面边缘有一定的距离。下面介绍创建图 6.1.27b 所示的在面上偏置曲线的一般操作过程。

Step1. 打开文件 D:\ugxc12\work\ch06.01.03\offset_in_face.prt。

Step2. 选择下拉菜单 `插入(S)` ➡ `派生曲线(U)` ➡ `在面上偏置(F)...` 命令（或在

曲线 功能选项卡 派生曲线 区域中单击 在面上偏置曲线 按钮），此时系统弹出"在面上偏置曲线"对话框，如图 6.1.28 所示。

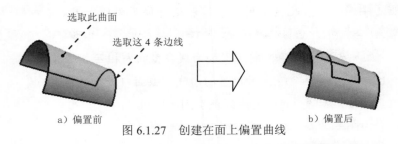

选取此曲面

选取这 4 条边线

a) 偏置前   b) 偏置后

图 6.1.27　创建在面上偏置曲线

Step3. 定义偏置类型。在对话框的 类型 下拉列表中选择 恒定 选项。

Step4. 选取偏置曲线。在图形区的模型上依次选取图 6.1.27a 所示的 4 条边线为要偏置的曲线。

Step5. 定义偏置距离。在对话框的 截面线1:偏置1 文本框中输入偏置距离值为 15。

Step6. 定义偏置面。单击对话框 面或平面 区域中的"面或平面"按钮 ，然后选取图 6.1.27a 所示的曲面为偏置面。

Step7. 单击"在面上偏置曲线"对话框中的 < 确定 > 按钮，完成在面上偏置曲线的创建。

图 6.1.28　"在面上偏置曲线"对话框

说明：按 F3 键可以显示系统弹出的 截面线1:偏置1 动态输入文本框，再按一次则隐藏，再次按则显示。

图 6.1.28 所示的"在面上偏置曲线"对话框中部分选项的功能说明如下。

修剪和延伸偏置曲线 区域：此区域用于修剪和延伸偏置曲线，包括☑ 在截面内修剪至彼此 、
☑ 在截面内延伸至彼此 、 ☑ 修剪至面的边 、 ☑ 延伸至面的边 和 ☑ 移除偏置曲线内的自相交 五个复选框。

- ☑ ☑ 在截面内修剪至彼此：将偏置的曲线在截面内相互之间进行修剪。
- ☑ ☑ 在截面内延伸至彼此：对偏置的曲线在截面内进行延伸。
- ☑ ☑ 修剪至面的边：将偏置曲线裁剪到面的边。
- ☑ ☑ 延伸至面的边：将偏置曲线延伸到曲面边。
- ☑ ☑ 移除偏置曲线内的自相交：将偏置曲线中出现自相交的部分移除。

4．投影

投影用于将曲线、边缘和点映射到曲面、平面和基准平面等上。投影曲线在孔或面
边缘处都要进行修剪，投影之后可以自动合并输出的曲线。下面介绍创建图 6.1.29b 所示
的投影曲线的一般操作过程。

Step1．打开文件 D:\ugxc12\work\ch06.01.03\project.prt。

Step2．选择下拉菜单 插入(S) ➡ 派生曲线(U) ➡ ⊗ 投影(P)... 命令（或在 曲线 功能
选项卡的 派生曲线 区域中单击 ⊗ 投影曲线 按钮），此时系统弹出图 6.1.30 所示的"投影曲
线"对话框。

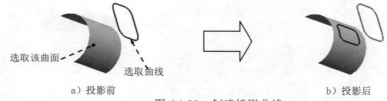

选取该曲面 · · ·
选取曲线

a）投影前   b）投影后

图 6.1.29　创建投影曲线

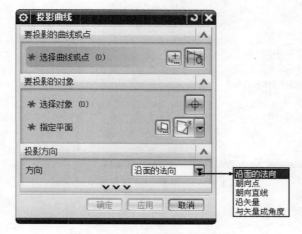

图 6.1.30　"投影曲线"对话框

Step3. 在图形区选取图 6.1.29a 所示的曲线，单击中键确认。

Step4. 定义投影面。在对话框 投影方向 区域的 方向 下拉列表中选择 沿面的法向 选项，然后选取图 6.1.29a 所示的曲面作为投影曲面。

Step5. 在对话框中单击 < 确定 > 按钮（或者单击中键），完成投影曲线的创建。

图 6.1.30 所示的"投影曲线"对话框 投影方向 区域的 方向 下拉列表中各选项的说明如下。

● 沿面的法向：此方式是沿所选投影面的法向投影面投射曲线。

● 朝向点：此方式用于从原定义曲线朝着一个点向选取的投影面投射曲线。

● 朝向直线：此方式用于从原定义曲线朝着一条直线向选取的投影面投射曲线。

● 沿矢量：此方式用于沿设定的矢量方向选取的投影面投射曲线。

● 与矢量成角度：此方式用于沿与设定矢量方向成一角度的方向，向选取的投影面投射曲线。

5. 桥接

使用 桥接(B)... 命令可以创建位于两曲线上用户定义点之间的连接曲线。输入曲线可以是片体或实体的边缘。生成的桥接曲线既可以在两曲线确定的面上，也可以在自行选择的约束曲面上。

下面通过创建图 6.1.31b 所示的桥接曲线来说明创建桥接曲线的一般过程。

Step1. 打开文件 D:\ugxc12work\ch06.01.03\bridge_curve.prt。

a）桥接前   b）桥接后

图 6.1.31 创建桥接曲线

Step2. 选择下拉菜单 插入(S) ➡ 派生曲线(U) ➡ 桥接(B)... 命令，系统弹出"桥接曲线"对话框。

Step3. 定义桥接曲线。在图形区依次选取图 6.1.31a 所示的曲线 1 为起始对象、曲线 2 为终止对象。

说明：通过在 形状控制 区域的 起点、终点 文本框中输入数值或拖动下方的滑块可以调整桥接曲线端点的位置，图形区中显示的桥接曲线也会随之改变。

Step4. 设置参数。在"桥接曲线"对话框 形状控制 区域的 方法 下拉列表中选择 相切幅值 选项，在 开始 文本框中输入值 1.5，在 结束 文本框中输入值 1，其他参数采用系统默认设置值。

Step5. 单击 < 确定 > 按钮，完成桥接曲线的创建。

"桥接曲线"对话框中"形状控制"区域部分选项的功能说明如下。

◆ 相切幅值：用户通过使用滑块拖拉第一条曲线及第二条曲线的一个或两个端点，或在文本框中键入数值来调整桥接曲线。滑块范围表示相切的百分比。初始值在 0.0 和 3.0 之间变化。如果在一个文本框中输入大于 3.0 的数值，则几何体将进行相应的调整，并且相应的滑块将增大范围以包含这个较大的数值。

◆ 深度和歪斜度：该滑块用于控制曲线曲率影响桥接的程度。选中两条曲线后，可以通过移动滑块来更新深度和歪斜度。歪斜滑块的值为曲率影响程度的百分比；深度滑块控制最大曲率的位置。滑块的值是沿着桥接从曲线 1 到曲线 2 之间的距离值。

◆ 模板曲线：所创建的桥接曲线部分将继承参考曲线的特性（如斜率、形状等）。

说明：此例中创建的桥接曲线可以约束在选定的曲面上。其操作步骤要增加的操作是：在"桥接曲线"对话框约束面区域中单击 按钮，选取图 6.1.32a 所示的曲面作为约束面。结果如图 6.1.32b 所示。

a）桥接前   b）桥接后

图 6.1.32   添加约束面的桥接曲线

6.1.4   来自体的曲线

来自体的曲线主要是从已有模型的边、相交线等提取出来的曲线，主要类型包括相交曲线、截面曲线和抽取曲线等。

1. 相交曲线

利用 相交 (I)... 命令可以创建两组对象之间的相交曲线。相交曲线可以是关联的或不关联的，关联的相交曲线会根据其定义对象的更改而更新。用户可以选择多个对象来创建相交曲线。下面以图 6.1.33 所示的范例来介绍创建相交曲线的一般操作过程。

Step1. 打开文件 D:\ugxc12\work\ch06.01.04\inter_curve.prt。

Step2. 选择下拉菜单 插入 (S) ➡ 派生曲线 (U) ➡ 相交 (I)... 命令，系统弹出图

6.1.34 所示的"相交曲线"对话框。

a）两组对象

b）创建的相交曲线

图 6.1.33 相交曲线的创建

Step3. 定义相交曲面。在图形区选取图 6.1.33a 所示的曲面 1，单击鼠标中键确认，然后选取曲面 2，其他参数均采用系统默认设置。

Step4. 单击"相交曲线"对话框中的 $\boxed{< 确定 >}$ 按钮，完成相交曲线的创建。

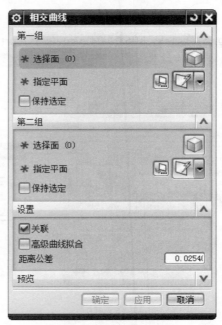

图 6.1.34 "相交曲线"对话框

图 6.1.34 所示的"相交曲线"对话框中各选项的说明如下。

● $\boxed{第一组}$：用于选取要求相交的第一组对象，所选的对象可以是曲面也可以是平面。

☑ $\boxed{* 选择面\ (0)}$：在 $\boxed{\square}$ 按钮激活的状态下，选取一曲面作为相交曲线的第一组对象。

☑ $\boxed{* 指定平面}$：选取一平面作为相交曲线的第一组对象。

☑ $\boxed{☑ 保持选定}$：保持选定的对象在相交完成之后继续使用。

● 第二组: 用于选取要求相交的第二组对象，所选的对象可以是曲面也可以是平面。

2. 截面曲线

使用 ⊡ 截面(N)... 命令可以在指定平面与体、面、平面和（或）曲线之间创建相关联或非关联的相交曲线。平面与曲线相交可以创建一个或多个点。下面以图 6.1.35 所示的例子来介绍创建截面曲线的一般操作过程。

a）圆锥和剖切平面   b）截面曲线

图 6.1.35　创建截面曲线

Step1. 打开文件 D:\ugxc12\work\ch06.01.04\plane-curve.prt。

Step2. 选择下拉菜单 插入(S) ➡ 派生曲线(U) ➡ ⊡ 截面(N)... 命令，系统弹出图 6.1.36 所示的"截面曲线"对话框。

图 6.1.36　"截面曲线"对话框

Step3. 在"选择条"工具条的"类型过滤器"下拉列表中选择 实体 选项，在图形区选取图 6.1.35a 所示的圆锥体，单击鼠标中键确认。

Step4. 选取图 6.1.35a 所示的剖切平面，其他参数均采用系统默认设置。

Step5. 单击"截面曲线"对话框中的 确定 按钮，完成截面曲线的创建。

图 6.1.36 所示的"截面曲线"对话框中的部分选项的说明如下。

◆ 类型 区域：该区域的下拉列表中包括 选定的平面 选项、 平行平面 选项、 径向平面 选项和 垂直于曲线的平面 选项，用于设置创建截面曲线的类型。

● 选定的平面 选项：该方法可以通过选定的单个平面或基准平面来创建截面曲线。

● 平行平面 选项：使用该方法可以通过指定平行平面集的基本平面、步长值和起始及终止距离来创建截面曲线。

● 径向平面 选项：使用该方法可以指定定义基本平面所需的矢量和点、步长值以及径向平面集的起始角和终止角。

● 垂直于曲线的平面 选项：该方法允许用户通过指定多个垂直于曲线或边缘的剖截平面来创建截面曲线。

◆ 设置 区域的 ☑ 关联 复选框：如果选中该选项，则创建的截面曲线与其定义对象和平面相关联。

3. 抽取曲线

使用 抽取(E)... 命令可以通过一个或多个现有体的边或面创建直线、圆弧、二次曲线和样条曲线，而体不发生变化。大多数抽取曲线是非关联的，但也可以选择创建相关的等斜度曲线或阴影外形曲线。

下面以图 6.1.37 所示的例子来介绍利用"边缘曲线"创建抽取曲线的一般操作过程。

a）拉伸特征体　　　　　　　　　　b）创建的抽取曲线

图 6.1.37　抽取曲线的创建

Step1. 打开文件 D:\ugxc12\work\ch06.01.04\solid_curve.prt。

Step2. 选择下拉菜单 插入(S) ➡ 派生曲线(U) ➡ 抽取(E)... 命令，系统弹出"抽取曲线"对话框。

Step3. 单击 边曲线 按钮，系统弹出图 6.1.38 所示的"单边曲线"对话框。

Step4. 在"单边曲线"对话框中单击 实体上所有的 按钮，系统
弹出图 6.1.39 所示的"实体中的所有边"对话框，选取图 6.1.37a 所示的拉伸特征。

Step5. 单击 确定 按钮，系统返回"单边曲线"对话框。

Step6. 单击"单边曲线"对话框中的 确定 按钮，完成抽取曲线的创建。系统重新
弹出"抽取曲线"对话框，单击 取消 按钮。

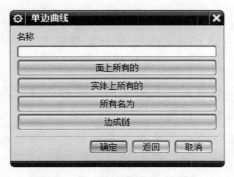

图 6.1.38　"单边曲线"对话框　　　图 6.1.39　"实体中的所有边"对话框

图 6.1.38 所示的"单边曲线"对话框中各按钮的说明如下。

- 面上所有的 ：所选表面的所有边。
- 实体上所有的 ：所选实体的所有边。
- 所有名为 ：所有命名相似的曲线。
- 边成链 ：所选链的起始边与结束边按某一方向连接
而成的曲线。

6.1.5　曲线曲率分析

曲线是曲面、产品的根基，曲线质量的高低直接影响到曲面质量的好坏，进而影响
整个产品的质量。因此在曲线设计完成后，对曲线的分析就显得非常重要，即工程设计
中常用到的曲线特性分析。本节将简单介绍曲线特性分析的一般方法及操作过程。

下面通过简单的范例来说明曲线特性的分析。

Step1. 打开文件 D:\ugxc12\work\ch06.01.05\curve.prt。

Step2. 曲率分析。

（1）选取图 6.1.40a 所示的曲线。

（2）选择下拉菜单  命令，此时系统显示
曲率梳图，如图 6.1.40b 所示。

说明：除非特意关闭，否则曲线的分析结果会一直显示在图形上。关闭时需要选中该曲线，再次选择下拉菜单 分析(L) ➡️ 曲线(C)▶ ➡️ 显示曲率梳(C) 命令即可。

a）分析前　　　　　　　　　　　　　　　　b）分析后

图 6.1.40　显示曲率梳图

Step3. 峰值分析。

（1）选取图 6.1.41a 所示的曲线。

（2）选择下拉菜单 分析(L) ➡️ 曲线(C)▶ ➡️ 显示峰值点(P) 命令，此时系统显示曲线的峰值点，如图 6.1.41b 所示。

a）分析前　　　　　　　　　　　　　　　　b）分析后

图 6.1.41　峰值分析

Step4. 拐点分析结果如图 6.1.42 所示。操作方法参见 Step3。

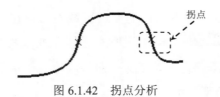

图 6.1.42　拐点分析

Step5. 图表显示结果。

（1）选取分析完成的曲线，如图 6.1.41a 所示。

（2）选择下拉菜单 分析(L) ➡️ 曲线(C)▶ ➡️ 图(G) 命令，系统打开一个"图表"电子表格显示分析结果。图 6.1.43 所示为图表分析结果。

Step6. 输出列表显示结果。

（1）选取分析完成的曲线。

（2）选择下拉菜单 分析(L) ➡️ 曲线(C)▶ ➡️ 分析信息(I) 命令，系统弹出"信息"窗口，其中列出了拐点分析的结果。

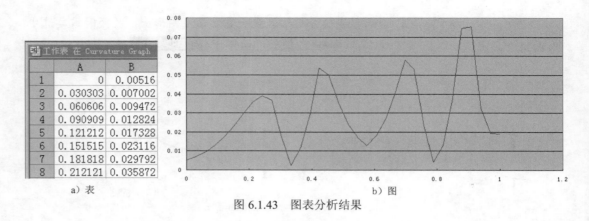

a) 表　　　　　　　　　　　　b) 图

图 6.1.43　图表分析结果

6.2　显示曲面网格

　　网格线主要用于自由形状特征的显示。网格线仅仅是显示特征，对特征没有影响。下面以图 6.2.1 所示的模型为例来说明曲面网格显示的一般操作过程。

a) 选取曲面　　　　　　　　　　　　　　b) 网格显示

图 6.2.1　曲面网格显示

Step1. 打开文件 D:\ugxc12\work\ch06.02\static_wireframe.prt。

Step2. 调整视图显示。在图形区的空白区域右击，在系统弹出的快捷菜单中选择 渲染样式(D)▶ ━━▶ 静态线框(W) 命令，图形区中的模型变成线框状态。

　　说明：模型在"着色"状态下是不显示网格线的，网格线只在"静态线框""面分析"和"局部着色"三种状态下显示。

Step3. 选择命令。选择下拉菜单 编辑(E) ━━▶ 对象显示(T)... 命令，系统弹出"类选择"对话框。

Step4. 选取网格显示的对象。在"上边框条"工具条的"类型过滤器"下拉列表中选择 面 选项，然后选取图 6.2.1a 所示的面，单击"类选择"对话框中的 确定 按钮，系统弹出"编辑对象显示"对话框。

Step5. 定义参数。在"编辑对象显示"对话框中设置图 6.2.2 所示的参数，其他参数采用系统默认设置。

Step6. 单击"编辑对象显示"对话框中的 确定 按钮，完成曲面网格显示的设置。

图 6.2.2 "编辑对象显示"对话框

6.3 简单曲面

UG NX 12.0 具有强大的曲面功能,能够方便地对曲面进行修改、编辑。本节主要介绍一些简单曲面的创建,主要包括拉伸曲面、旋转曲面、有界平面及抽取曲面等内容。

6.3.1 拉伸曲面

拉伸曲面是将截面草图沿着草图平面的垂直方向拉伸而成的曲面。下面介绍创建图 6.3.1b 所示的拉伸曲面特征的过程。

a)特征截面   b)拉伸曲面

图 6.3.1 拉伸曲面

Step1. 打开文件 D:\ugxc12\work\ch06.03.01\extrude_surf.prt。

Step2. 选择下拉菜单 插入(S) ➡ 设计特征(E)▶ ➡ 拉伸(E)... 命令,此时系统弹出图 6.3.2 所示的"拉伸"对话框。

Step3. 定义拉伸截面。在图形区选取图 6.3.1a 所示的曲线串为特征截面。

Step4. 确定拉伸起始值和结束值。在 限制 区域的 开始 下拉列表中选择 值 选项,在 距离 文本框中输入值 0,在 结束 下拉列表中选择 值 选项,在 距离 文本框中输入值 5 并按 Enter 键。

Step5. 定义拉伸特征的体类型。在 设置 区域的 体类型 下拉列表中选择 片体 选项，其他采用默认设置。

Step6. 单击"拉伸"对话框中的 < 确定 > 按钮（或者单击中键），完成拉伸曲面的创建。

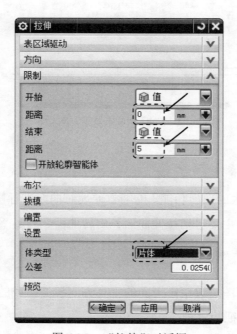

图 6.3.2 "拉伸"对话框

6.3.2 旋转曲面

创建图 6.3.3b 所示的旋转曲面特征的一般操作过程如下。

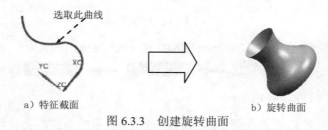

a）特征截面　　　　　　　　　b）旋转曲面

图 6.3.3 创建旋转曲面

Step1. 打开文件 D:\ugxc12\work\ch06.03.02\rotate_surf.prt。

Step2. 选择下拉菜单 插入(S) ➡ 设计特征(E) ➡ 旋转(R)... 命令，系统弹出"旋转"对话框。

Step3. 定义旋转截面。选取图 6.3.3a 所示的曲线为旋转截面。

Step4. 定义旋转轴。选择 YC 轴作为旋转轴，定义坐标原点为旋转点。

Step5. 定义旋转特征的体类型。在"旋转"对话框 设置 区域的 体类型 下拉列表中选择 片体 选项。

Step6. 单击"旋转"对话框中的 〈 确定 〉 按钮，完成旋转曲面的创建。

6.3.3 有界平面

使用 有界平面(P)... 命令可以创建平整曲面，利用拉伸也可以创建曲面，但拉伸创建的是有深度参数的二维或三维曲面，而有界平面创建的是没有深度参数的二维曲面。下面以图 6.3.4 所示的模型为例来说明创建有界平面的一般操作过程。

a）有界平面   b）相同的特征截面   c）拉伸曲面

图 6.3.4　有界平面与拉伸曲面的比较

Step1. 打开文件 D:\ugxc12\work\ch06.03.03\ambit-surf.prt。

Step2. 选择命令。选择下拉菜单 插入(S) ➡ 曲面(R)▶ ➡ 有界平面(B)... 命令，系统弹出"有界平面"对话框。

Step3. 选取图 6.3.4b 所示的曲线串。

Step4. 单击 〈 确定 〉 按钮，完成有界平面的创建。

6.3.4 抽取曲面

曲面的抽取即从一个实体或片体抽取曲面来创建片体。曲面的抽取就是复制曲面的过程。抽取独立曲面时，只需单击此面即可；抽取区域曲面时，是通过定义种子曲面和边界曲面来创建片体，创建的片体是从种子曲面开始向四周延伸到边界曲面的所有曲面构成的片体（其中包括种子曲面，但不包括边界曲面），这种方法在加工中定义切削区域时特别重要。下面分别介绍抽取独立曲面和抽取区域曲面。

1. 抽取独立曲面

下面以图 6.3.5 所示的模型为例来说明创建抽取曲面的一般操作过程（图 6.3.5b 中实体模型已隐藏）。

a) 抽取前　　　　　　　　　　　　　　　b) 抽取后

图 6.3.5　抽取选中曲面

Step1. 打开文件 D:\ugxc12\work\ch06.03.04\extracted_region_01.prt。

Step2. 选择下拉菜单 插入(S) ➡ 关联复制(A)▶ ➡ 抽取几何特征(E)... 命令，系统弹出"抽取几何特征"对话框。

Step3. 定义抽取类型。在 类型 区域的下拉列表中选择 面 选项，在 面 区域的 面选项 下拉列表中选择 单个面 选项。

Step4. 选取图 6.3.6 所示的面为抽取参照面，在 设置 区域中选中 ☑ 隐藏原先的 复选框，其他参数采用系统默认设置，如图 6.3.7 所示。

Step5. 单击 < 确定 > 按钮，完成曲面的抽取。

选取此面

图 6.3.6　选取曲面　　　　　　图 6.3.7　"抽取几何特征"对话框

图 6.3.7 所示的"抽取几何特征"对话框中部分选项的说明如下。

☑ 面：用于从实体模型中抽取曲面特征。

☑ 面区域：用于从实体模型中抽取一组曲面，这组曲面和种子面相关联，且被边界面所制约。

☑ 体：用于生成与整个所选特征相关联的实体。

☑ 单个面：用于从模型中选取单个曲面。

☑ 面与相邻面：用于从模型中选取与选中曲面相邻的多个曲面。

☑ 体的面：用于从模型中选取实体的整个曲面。

☑ 面链：用于按指定的链规则从模型中选取曲面。

☑ ☑固定于当前时间戳记：用于改变特征编辑过程中是否影响在此之前发生的特征抽取。

☑ ☑隐藏原先的：用于在生成抽取特征的时候是否隐藏原来的实体。

☑ ☑不带孔抽取：用于表示是否删除选择曲面中的孔特征。

☑ □使用父部件的显示属性：用于控制抽取特征的显示属性。

☑ 与原先相同：用于对从模型中抽取的曲面特征保留原来的曲面类型。

☑ 三次多项式：用于将模型的选中面抽取为三次多项式自由曲面类型。

☑ 一般 B 曲面：用于将模型的选中面抽取为一般的自由曲面类型。

2．抽取区域曲面

下面以图 6.3.8 所示的模型为例来说明创建抽取区域曲面的一般操作过程（图 6.3.8b中的实体模型已隐藏）。

a）抽取前　　　　　　　图 6.3.8　抽取区域曲面　　　　　b）抽取后

Step1. 打开文件 D:\ugxc12\work\ch06.03.04\ extracted_region.prt。

Step2. 选择下拉菜单 插入(S) ➡ 关联复制(A) ➡ 抽取几何特征(E)...命令，此时系统弹出"抽取几何特征"对话框，如图 6.3.9 所示。

Step3. 设置选取面的方式。在"抽取几何特征"对话框 类型 区域的下拉列表中选择 面区域 选项，如图 6.3.9 所示。

Step4. 选取需要抽取的面。在图形区选取图 6.3.10 所示的种子曲面和图 6.3.11 所示的边界曲面。

Step5. 隐藏源曲面或实体。在"抽取几何特征"对话框的 设置 区域中选中 ☑隐藏原先的 复选框，如图 6.3.9 所示，其他采用系统默认的设置。

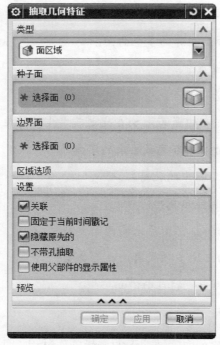

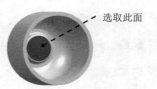

图 6.3.10 选取种子曲面

图 6.3.9 "抽取几何特征"对话框

图 6.3.11 选取边界曲面

Step6. 单击 < 确定 > 按钮，完成对区域特征的抽取。

6.4 高级曲面

6.4.1 直纹面

直纹面可以理解为通过一系列直线连接两组线串而形成的一张曲面。在创建直纹面时只能使用两组线串，这两组线串可以封闭，也可以不封闭。下面介绍创建图 6.4.1b 所示的直纹面的过程。

说明：若下拉菜单中没有此命令，可通过工具定制方式进行设置。

Step1. 打开文件 D:\ugxc12\work\ch06.04.01\ruled.prt。

Step2. 选择下拉菜单 插入(S) ➡ 网格曲面(M)▶ ➡ 直纹(R)... 命令（或在 主页 功能选项卡 曲面 ▼ 区域的 更多 ▼ 下拉选项中单击 直纹 按钮），此时系统弹出图 6.4.2 所示的"直纹"对话框。

Step3. 定义截面线串 1。在图形区中选择图 6.4.1a 所示的截面线串 1，然后单击中键确认。

Step4. 定义截面线串 2。在图形区中选择图 6.4.1a 所示的截面线串 2，然后单击中键确认。

注意：在选取截面线串时，要在线串的同一侧选取，否则就不能达到所需要的结果。

Step5. 设置对话框的选项。在"直纹"对话框的 对齐 区域中取消选中 □ 保留形状 复选框。

Step6. 在"直纹"对话框中单击 < 确定 > 按钮（或单击中键），完成直纹面的创建。

说明：若选中 对齐 区域中的 ☑ 保留形状 复选框，则 对齐 下拉列表中的部分选项将不可用。

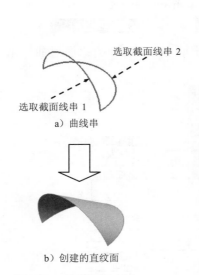

a）曲线串

b）创建的直纹面

图 6.4.1　直纹面的创建

图 6.4.2　"直纹"对话框

图 6.4.2 所示的"直纹"对话框 对齐 下拉列表中各选项的说明如下。

- 参数 ：沿定义曲线将等参数曲线要通过的点以相等的参数间隔隔开。

- 弧长 ：两组截面线串和等参数曲线根据等弧长方式建立连接点。

- 根据点 ：将不同形状截面线串间的点对齐。

- 距离 ：在指定矢量上将点沿每条曲线以等距离隔开。

- 角度 ：在每个截面线上，绕着一个规定的轴等角度间隔生成。这样，所有等参数曲线都位于含有该轴线的平面中。

- 脊线 ：把点放在选择的曲线和正交于输入曲线的平面的交点上。

- 可扩展 ：可定义起始与终止填料曲面类型。

6.4.2 通过曲线组曲面

通过曲线组选项，用同一方向上的一组曲线轮廓线也可以创建曲面。曲线轮廓线称为截面线串，截面线串可由单个对象或多个对象组成，每个对象都可以是曲线、实体边等。下面介绍创建图 6.4.3b 所示的"通过曲线组"曲面的过程。

a）截面特征　　　　　　　　　　　　　　b）创建的曲面

图 6.4.3　创建"通过曲线组"曲面

Step1. 打开文件 D:\ugxc12\work\ch06.04.02\through_curves.prt。

Step2. 选择下拉菜单 插入(S) ➡ 网格曲面(M)▶ ➡ 🔲 通过曲线组(T)... 命令（或在 曲面▾ 下拉选项中单击 🔲 通过曲线组 按钮），系统弹出图 6.4.4 所示的"通过曲线组"对话框。

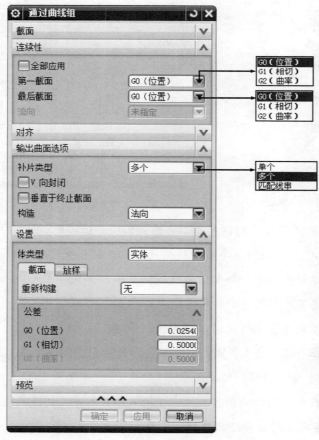

图 6.4.4　"通过曲线组"对话框

Step3. 在"上边框条"工具条的"曲线规则"下拉列表中选择<u>相连曲线</u>选项。

Step4. 定义截面线串。在工作区中依次选择图 6.4.5 所示的曲线串 1、曲线串 2 和曲线串 3，并分别单击中键确认。

注意: 选取截面线串后，图形区显示的箭头矢量应该处于截面线串的同侧（图 6.4.5 所示），否则生成的片体将被扭曲。后面介绍的通过曲线网格创建曲面也有类似的问题。

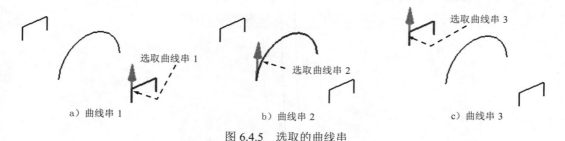

a) 曲线串 1　　　　　　　b) 曲线串 2　　　　　　　c) 曲线串 3

图 6.4.5　选取的曲线串

Step5. 设置对话框的选项。在"通过曲线组"对话框中<u>设置</u>区域<u>放样</u>选项卡的<u>次数</u>文本框中将阶次值调整到 2，其他均采用默认设置。

Step6. 单击<u>〈 确定 〉</u>按钮，完成"通过曲线组"曲面的创建。

图 6.4.4 所示的"通过曲线组"对话框中的部分选项说明如下。

- <u>连续性</u>区域: 该区域的下拉列表用于对通过曲线生成的曲面的起始端和终止端定义约束条件。
  - ☑ <u>G0（位置）</u>: 生成的曲面与指定面点连续，无约束。
  - ☑ <u>G1（相切）</u>: 生成的曲面与指定面相切连续。
  - ☑ <u>G2（曲率）</u>: 生成的曲面与指定面曲率连续。
- <u>次数</u>文本框: 当激活<u>设置</u>区域<u>放样</u>显示卡时会显示，用于设置生成曲面的 V 向阶次。
- 当选取了截面线串后，在<u>列表</u>区域中选择一组截面线串，则"通过曲线组"对话框中的一些按钮被激活，如图 6.4.6 所示。
- <u>对齐</u>下拉列表: 该下拉列表中的选项与"直纹面"命令中的相似，除了包括参数、圆弧长、根据点、距离、角度和脊线六种对齐方法外，还有一个"根据段"选项，其具体使用方法介绍如下。
  - ☑ <u>根据段</u>: 根据包含段数最多的截面曲线，按照每一段曲面的长度比例划分其余的截面曲线，并建立连接对应点。
- <u>补片类型</u>下拉列表: 包括<u>单个</u>、<u>多个</u>和<u>匹配线串</u>三个选项。
- <u>构造</u>下拉列表: 包括<u>法向</u>、<u>样条点</u>和<u>简单</u>三个选项。

☑ **法向**: 使用标准方法构造曲面, 该方法比其他方法建立的曲面有更多的补片数。

☑ **样条点**: 利用输入曲线的定义点和该点的斜率值来构造曲面。要求每条线串都要使用单根 B 样条曲线, 并且有相同的定义点, 该方法可以减少补片数, 简化曲面。

☑ **简单**: 用最少的补片数构造尽可能简单的曲面。

图 6.4.6   "通过曲线组"对话框的激活按钮

图 6.4.6 所示的"通过曲线组"对话框中的部分按钮说明如下。

● ✖ (移除): 单击该按钮, 选中的截面线串被删除。

● ⬆ (向上移动): 单击该按钮, 选中的截面线串移至上一个截面线串的上级。

● ⬇ (向下移动): 单击该按钮, 选中的截面线串移至下一个截面线串的下级。

6.4.3　通过曲线网格曲面

使用"通过曲线网格"命令可以沿着不同方向的两组线串创建曲面: 一组同方向的线串定义为主线串; 另外一组和主线串不在同一平面的线串定义为交叉线串, 定义的主线串与交叉线串必须在设定的公差范围内相交。这种创建曲面的方法定义了两个方向的控制曲线, 可以很好地控制曲面的形状, 因此它也是最常用的创建曲面的方法之一。

下面将以图 6.4.7 为例, 说明利用"通过曲线网格"功能创建曲面的一般过程。

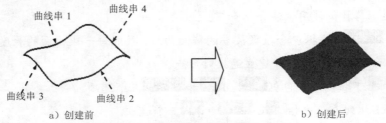

a) 创建前　　　　　　　　　　　　　　　　　　b) 创建后

图 6.4.7　创建"通过曲线网格"曲面

Step1. 打开文件 D:\ugxc12\ch06.04.03\through_curves_mesh.prt。

Step2. 选择下拉菜单 插入(S) ➡ 网格曲面(M)▶ ➡ 通过曲线网格(M)... 命令（或在 曲面 下拉选项中单击 按钮），此时系统弹出图 6.4.8 所示的"通过曲线网格"对话框。

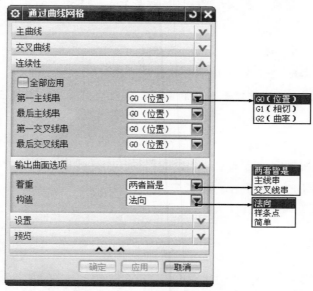

图 6.4.8　"通过曲线网格"对话框

Step3. 定义主线串。在工作区中依次选择图 6.4.7a 所示的曲线串 1 和曲线串 2 为主线串，并分别单击中键确认。

Step4. 定义交叉线串。单击中键完成主线串的选取，在图形区选取图 6.4.7a 所示的曲线串 3 和曲线串 4 为交叉线串，分别单击中键确认。

Step5. 单击 < 确定 > 按钮，完成"通过曲线网格"曲面的创建。

图 6.4.8 所示的"通过曲线网格"对话框部分选项的说明如下。

● 着重 下拉列表：用于控制系统在生成曲面的时候更强调主线串还是交叉线串，或者两者有同样效果。

　　☑ 两者皆是：系统在生成曲面的时候主线串和交叉线串有同样效果。

　　☑ 主线串：系统在生成曲面的时候更强调主线串。

　　☑ 交叉线串：系统在生成曲面的时候交叉线串更有影响。

● 构造 下拉列表：该下拉列表与"通过曲线组"对话框中的相似，也分为 法向、样条点 和 简单 三个选项。

　　☑ （主模板线串）：当在 构造 下拉列表中选择 简单 选项时，该按钮被激活，用于选择主模板线串。

☑ ⬚ (交叉模板线串)：当在 构造 下拉列表中选择 简单 选项时，该按钮被激活，用于选择交叉模板线串。

● 重新构建 下拉列表：当展开 设置 区域时会显示，用于重新定义主线串或交叉线串的阶次。

☑ 无 ：关闭重建。

☑ 阶次和公差 ：手动输入值调整截面的阶次。

☑ 自动拟合 ：尝试重建无分段的曲面，直至达到最高次数为止。

6.4.4 扫掠曲面

扫掠曲面就是用规定的方式沿一条空间路径（引导线串）移动一条曲线轮廓线（截面线串）而生成的轨迹，如图 6.4.9b 所示。

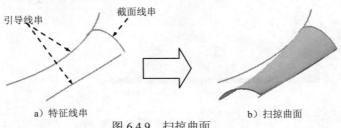

a）特征线串　　　　　　　　　　　　b）扫掠曲面

图 6.4.9　扫掠曲面

截面线串可以由单个或多个对象组成，每个对象可以是曲线、边缘或实体面，每组截面线串内的对象的数量可以不同。截面线串的数量可以是 1～150 的任意数值。

引导线串在扫掠过程中控制着扫掠体的方向和比例。在创建扫掠体时，必须提供一条、两条或三条引导线串。提供一条引导线串不能完全控制截面大小和方向变化的趋势，需要进一步指定截面变化的方法；提供两条引导线串时，可以确定截面线沿引导线串扫掠的方向趋势，但是尺寸可以改变，还需要设置截面比例变化；提供三条引导线串时，完全确定了截面线被扫掠时的方位和尺寸变化，无须另外指定方向和比例就可以直接生成曲面。

下面介绍创建图 6.4.10 所示的扫掠曲面特征的过程。

Step1. 打开文件 D:\ugxc12\work\ch06.04.04\swept.prt。

Step2. 选择下拉菜单 插入(S) ➡ 扫掠(W) ➡ ⬚ 扫掠(S)… 命令（或在"曲面"工具条中单击"扫掠"按钮 ⬚ ），系统会弹出"扫掠"对话框。

Step3. 定义截面线串。在图形区选取图 6.4.10a 所示的截面线串 1，单击中键确认；因为本例中只有一条截面线串，所以再次单击中键选取引导线串。

Step4. 定义引导线串。在图形区选取图 6.4.10b 所示的引导线串 1，单击中键确认；选取图 6.4.10c 所示的引导线串 2，单击中键确认；对话框中的其他设置保持系统默认。

Step5. 单击"扫掠"对话框中的 < 确定 > 按钮，完成扫掠曲面的创建。

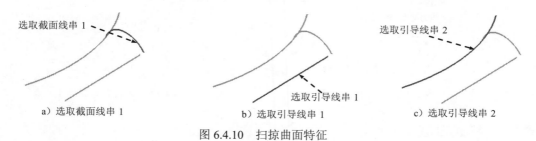

a）选取截面线串 1   b）选取引导线串 1   c）选取引导线串 2

图 6.4.10 扫掠曲面特征

6.4.5 沿引导线扫掠

"沿引导线扫掠"命令是通过沿着引导线串移动截面线串来创建曲面（当截面线串封闭时，生成的则为实体）。其中引导线串可以由一个或一系列曲线、边或面的边缘线构成；截面线串可以由开放的或封闭的边界草图、曲线、边缘或面构成。下面通过创建图 6.4.11b 所示的曲面来说明沿引导线扫掠的一般操作过程。

Step1. 打开文件 D:\ugxc12work\ch006.04.05\sweep.prt。

Step2. 选择下拉菜单 插入(S) ➡ 扫掠(W)▶ ➡ 沿引导线扫掠(G)... 命令，系统弹出图 6.4.12 所示的"沿引导线扫掠"对话框。

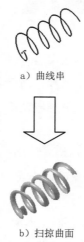

a）曲线串

b）扫掠曲面

图 6.4.11 沿引导线扫掠

图 6.4.12 "沿引导线扫掠"对话框

Step3. 选取图 6.4.13 所示的曲线为截面线串 1，单击中键确认。

Step4. 选取图 6.4.14 所示的螺旋线为引导线串 1。

Step5. 在"沿引导线扫掠"对话框中单击 < 确定 > 按钮，完成扫掠曲面的创建。

选取该曲线为截面线串 1

放大图

图 6.4.13　选取截面线串 1

选取该曲线为引导线串 1

图 6.4.14　选取引导线串 1

6.4.6　样式扫掠

使用"样式扫掠"命令可以根据一组曲线快速制定精确、光顺的自由曲面，最多可以选取两组引导线串和两组截面线串。定义样式扫掠的方式是一个或两个截面沿指定的引导线串移动，也可以使用接触曲线或脊曲线来定义曲面的方位。动态编辑工具可以帮助用户浏览，实时更改设计，这样用户就可以体会所生成曲面的美学或实践意义。下面通过创建图 6.4.15b 所示的曲面来说明创建样式扫掠的一般操作过程。

a) 曲线串

b) 扫描的曲面

图 6.4.15　样式扫掠创建曲面

Step1. 打开文件 D:\ugxc12\ch06.04.06\ styled_swept.prt。

Step2. 选择下拉菜单 插入(S) ➡ 扫掠(W)▶ ➡ 样式扫掠(Y)... 命令，系统弹出图 6.4.16 所示的"样式扫掠"对话框。

图 6.4.16 所示的"样式扫掠"对话框中部分选项的说明如下。

- 固定线串 下拉列表: 包含 引导 、截面 和 引导线和截面 三个选项，用于指定扫掠与引导线串、截面线串或两者保持接触。如果用户选择引导线与截面，则中心点定位和旋转形状控制将不可用。

- 截面方向 下拉列表: 包含 平移 、保持角度 、设为垂直 和 用户定义 四个选项。

  ☑ 平移: 通过在沿引导线串平移截面的同时保持截面的全局方向来创建扫掠。注意，当用户选择此方向时将没有参考选项。

  ☑ 保持角度: 当沿引导线串扫掠截面时使截面保持它们与参考之间的初始角度。

  ☑ 设为垂直: 将截面置于在沿引导曲线的每个点上都垂直于参考的平面中。

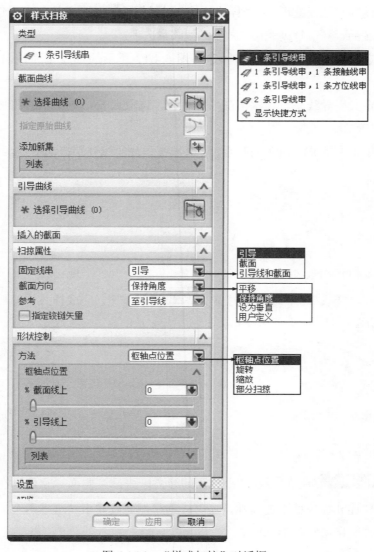

图 6.4.16 "样式扫掠"对话框

☑ **用户定义**：使用定位算法自动定位扫掠，其中截面垂直于引导线串。方位是通过引导线串的起点和终点连线的本地相切法向来定义的。

● **形状控制**区域：包含**枢轴点位置**、**旋转**、**缩放**和**部分扫掠**四个选项。

☑ **枢轴点位置**（枢轴点位置）：手柄允许用户沿着 X、Y、Z 轴移动样式扫掠。

☑ **旋转**（旋转）：从指定的点开始将曲面旋转指定的角度。

☑ **缩放**（缩放）：手柄允许用户调整样式扫掠的大小。

☑ **部分扫掠**（部分扫掠）：手柄允许用户调整扫掠样式边的外部限制。

Step3. 设置对话框选项。在"样式扫掠"对话框的 固定线串 下拉列表中选择 引导 选项，在 形状控制 区域的 方法 下拉列表中选择 枢轴点位置 选项。

Step4. 定义截面线串。在图形区选择图 6.4.17 所示的曲线 1 为截面线串，单击中键确认。

Step5. 定义引导线串。再次单击中键之后，选取图 6.4.17 所示的曲线 2 为引导线串 1，单击中键确认。

Step6. 单击图 6.4.18 所示的基点，沿引导线和截面线分别拖动基点，结果如图 6.4.19 所示。

图 6.4.17　选取参照曲线　　　　　　　　　　　图 6.4.18　显示基点

Step7. 在"样式扫掠"对话框中单击 < 确定 > 按钮，完成样式扫掠曲面的创建，如图 6.4.20 所示。

图 6.4.19　拖动基点　　　　　　　　　　　图 6.4.20　样式扫掠

6.4.7　桥接曲面

使用 桥接(B)... 命令可以在两个曲面间建立一张过渡曲面，且可以在桥接和定义面之间指定相切连续性或曲率连续性，还可以选择侧面或线串（至多两个，任意组合）或拖动选项来控制桥接片体的形状。

下面通过创建图 6.4.21b 所示的桥接曲面来说明拖动控制桥接操作的一般过程。

a）曲面组　　　　　　　　　　　　　　　b）桥接的曲面

图 6.4.21　拖动控制方式创建桥接曲面

Step1. 打开文件 D:\ugxc12\work\ch06.04.07\bridge_surface01.prt。

Step2. 选择下拉菜单 插入(S) ➡ 细节特征(L)▶ ➡ 桥接(B)... 命令，系统弹出图

6.4.22 所示的"桥接曲面"对话框。

Step3. 定义桥接边。选取图 6.4.23 所示的两条曲面边线为桥接边，结果如图 6.4.24 所示。

图 6.4.22 "桥接曲面"对话框

图 6.4.23 选取主面 图 6.4.24 定义桥接边

Step4. 单击 < 确定 > 按钮，完成桥接曲面的创建。

6.5 曲面的编辑

要想真正得到高质量、符合要求的曲面，就要在进行完分析后对面进行修整，这就涉及曲面的编辑。本节我们将学习 UG NX 12.0 中曲面编辑的几种工具。

6.5.1 偏置曲面

曲面的偏置用于创建一个或多个现有面的偏置曲面，从而得到新的曲面。下面分别对创建偏置曲面和偏置面进行介绍。

1. 创建偏置曲面

下面介绍创建图 6.5.1b 所示的偏置曲面的一般过程。

Step1. 打开文件 D:\ugxc12\work\ch06.05.01\offset_surface.prt。

Step2. 选择下拉菜单 插入(S) ➡ 偏置/缩放(O) ➡ 偏置曲面(O)... 命令（或在 主页

功能选项卡  区域的 下拉选项中单击  按钮），此时系统弹出图 6.5.2 所示的"偏置曲面"对话框。

图 6.5.1　偏置曲面的创建

Step3. 在图形区选取图 6.5.3 所示的 5 个面，同时图形区中出现曲面的偏置方向，如图 6.5.3 所示。此时"偏置曲面"对话框中的"反向"按钮 ✕ 被激活。

Step4. 定义偏置方向。接受系统默认的方向。

Step5. 定义偏置的距离。在系统弹出的 偏置 1 文本框中输入偏置距离值 2 并按 Enter 键，然后在"偏置曲面"对话框中单击 ＜ 确定 ＞ 按钮，完成偏置曲面的创建。

图 6.5.2　"偏置曲面"对话框

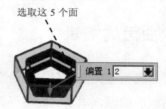

图 6.5.3　选取 5 个面

2. 偏置面

偏置面是将用户选定的面沿着其法向方向偏置一段距离，这一过程不会产生新的曲面。

下面介绍图 6.5.4b 所示的偏置面的一般操作过程。

Step1. 打开文件 D:\ugxc12\work\ch06.05.01\offset_surf.prt。

Step2. 选择下拉菜单 插入(S) ➡ 偏置/缩放(O) ➡ 偏置面(F)... 命令，系统弹出图 6.5.5 所示的"偏置面"对话框。

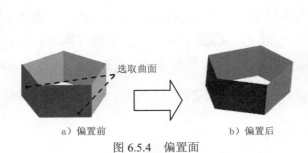

a）偏置前　　　　　　　　　b）偏置后

图 6.5.4　偏置面

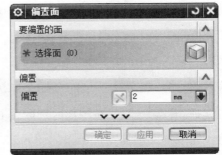

图 6.5.5　"偏置面"对话框

Step3. 在图形区选择图 6.5.4a 所示的曲面，然后在"偏置面"对话框的 偏置 文本框中输入值 2 并按 Enter 键，单击 < 确定 > 按钮或者单击中键，完成曲面的偏置操作。

注意：单击对话框中的"反向"按钮 ，改变偏置的方向。

6.5.2　修剪曲面

1．一般的曲面修剪

一般的曲面修剪就是在使用拉伸、旋转等操作，通过布尔求差运算将选定曲面上的某部分去除。下面以图 6.5.6 所示的手机盖曲面的修剪为例来说明曲面修剪的一般操作过程。

a）修剪前　　　　　　　　　　　　　　　　　　　b）修剪后

图 6.5.6　一般的曲面修剪

说明：本例中的曲面存在收敛点，无法直接加厚，所以在加厚之前必须通过修剪、补片和缝合等操作去除收敛点。

Step1. 打开文件 D:\ugxc12\work\ch06.05.02\trim.prt。

Step2. 选择下拉菜单 插入(S) ➡ 设计特征(E)▶ ➡ 拉伸(E)... 命令，系统弹出"拉伸"对话框。

Step3. 单击"拉伸"对话框 截面线 区域中的"绘制截面"按钮 ，选取 XY 基准平面为草图平面，接受系统默认的方向。单击"创建草图"对话框中的 确定 按钮，进入草图环境。

Step4. 绘制图 6.5.7 所示的截面草图。

Step5. 单击 [完成] 按钮，退出草图环境。

Step6. 在"拉伸"对话框 [限制] 区域的 [开始] 下拉列表中选择 [值] 选项，并在其下的 [距离] 文本框中输入值 0；在 [限制] 区域的 [结束] 下拉列表中选择 [值] 选项，并在其下的 [距离] 文本框中输入值 15；在 [方向] 区域的 [* 指定矢量 (0)] 下拉列表中选择 [ZC↑] 选项；在布尔区域的下拉列表中选择 [减去] 选项，在图形区选取图 6.5.6a 所示的曲面 2 为求差对象，单击 [< 确定 >] 按钮，完成曲面的修剪，结果如图 6.5.8 所示。

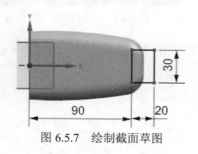

图 6.5.7　绘制截面草图

图 6.5.8　修剪后的曲面

2. 修剪片体

修剪片体就是通过一些曲线和曲面作为边界，对指定的曲面进行修剪，形成新的曲面边界。所选的边界可以在将要修剪的曲面上，也可以在曲面之外通过投影方向来确定修剪的边界。图 6.5.9b 所示的修剪片体的一般过程如下。

a）修剪前　　　　　　图 6.5.9　修剪片体　　　　　b）修剪后

Step1. 打开文件 D:\ugxc12\work\ch06.05.02\trim_surface.prt。

Step2. 选择下拉菜单 [插入(S)] ➡ [修剪(T)▶] ➡ [修剪片体(R)...] 命令（或在 [主页] 功能选项卡 [曲面▼] 区域的 [更多▼] 下拉选项中单击 [修剪片体] 按钮），此时系统弹出图 6.5.10 所示的"修剪片体"对话框。

Step3. 设置对话框选项。在"修剪片体"对话框的 [投影方向] 下拉列表中选择 [垂直于面] 选项，然后选择 [区域] 选项组中的 [保留] 单选项，如图 6.5.10 所示。

Step4. 在图形区选取需要修剪的曲面和修剪边界，如图 6.5.11 所示。

Step5. 在"修剪片体"对话框中单击 [确定] 按钮（或者单击中键），完成曲面的修剪。

注意：在选取需要修剪的曲面时，如果选取曲面的位置不同，则修剪的结果也将截然不同，如图 6.5.12 所示。

图 6.5.10 "修剪片体"对话框

图 6.5.11 选取修剪曲面和修剪边界

a) 选取下部曲面　　　　b) 原始曲面和修剪曲线　　　　c) 选取上部曲面

图 6.5.12 修剪曲面的不同效果

图 6.5.10 所示的"修剪片体"对话框中部分选项的说明如下。

- **目标** 区域：用来定义"修剪片体"命令所需要的目标片体面。
  - ☑ ⬛：定义需要进行修剪的目标片体。
- **边界** 区域：用来定义"修剪片体"命令所需要的修剪边界。
  - ☑ ⬛：定义需要进行修剪的修剪边界。
- **投影方向** 下拉列表：定义要做标记的曲面的投影方向。该下拉列表包含 **垂直于面**、**垂直于曲线平面** 和 **沿矢量** 选项。
  - ☑ **垂直于面**：定义修剪边界投影方向是选定边界面的垂直投影。
  - ☑ **垂直于曲线平面**：定义修剪边界投影方向是选定边界曲面的垂直投影。
  - ☑ **沿矢量**：定义修剪边界投影方向是用户指定方向投影。
- **区域** 区域：定义所选的区域是被保留还是被舍弃。

☑ ⦿保留：定义修剪曲面是选定的区域保留。

☑ ⦿放弃：定义修剪曲面是选定的区域舍弃。

3. 分割表面

分割面就是用多个分割对象，如曲线、边缘、面、基准平面或实体，把现有体的一个面或多个面进行分割。在这个操作中，要分割的面和分割对象是关联的，即如果任一对象被更改，那么结果也会随之更新。图 6.5.13b 所示的分割面的一般步骤如下。

Step1. 打开文件 D:\ugxc12\work\ch06.05.02\divide-face.prt。

a）分割前   b）分割后

图 6.5.13　分割面

Step2. 选择下拉菜单 插入(S) ➡ 修剪(T)▶ ➡ ◈分割面(D)...命令，此时系统弹出图 6.5.14 所示的"分割面"对话框。

Step3. 定义分割曲面。选取图 6.5.15 所示的曲面为需要分割的曲面，单击中键确认。

Step4. 定义分割对象。在图形区选取图 6.5.16 所示的曲线串为分割对象。曲面分割预览如图 6.5.17 所示。

图 6.5.14　"分割面"对话框

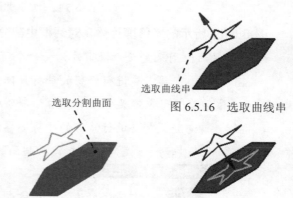

选取曲线串

图 6.5.16　选取曲线串

选取分割曲面

图 6.5.15　选取要分割的曲面   图 6.5.17　曲面分割预览

Step5. 在"分割面"对话框中单击 ＜确定＞ 按钮，完成分割面的操作。

4. 修剪与延伸

使用 修剪与延伸 (N)... 命令可以创建修剪曲面，也可以通过延伸所选定的曲面创建拐角，以达到修剪或延伸的效果。选择下拉菜单 插入 (S) ➡ 修剪 (T)▶ ➡ 修剪与延伸 (N)... 命令，系统弹出"修剪与延伸"对话框。该对话框提供了"直至选定"和"制作拐角"两种修剪与延伸方式。下面以图 6.5.18 所示的修剪与延伸曲面为例来说明"直至选定"修剪与延伸方式的一般操作过程。

Step1. 打开文件 D:\ugxc12\ch06.05.02\trim_and_extend.prt。

a）修剪与延伸前　　　　　　　　　　　b）修剪与延伸后

图 6.5.18　修剪与延伸曲面

Step2. 选择下拉菜单 插入 (S) ➡ 修剪 (T)▶ ➡ 修剪与延伸 (N)... 命令，系统弹出"修剪和延伸"对话框。

Step3. 在 类型 区域的下拉列表中选择 直至选定 选项，在 设置 区域的 曲面延伸形状 下拉列表中选择 自然曲率 选项。

Step4. 定义目标边。在"上边框条"工具条的下拉列表中选择 相连曲线 选项，如图 6.5.19 所示，然后在图形区选取图 6.5.20 所示的片体边，单击鼠标中键确认。

Step5. 定义刀具面。在图形区选取图 6.5.20 所示的曲面。

图 6.5.19　"上边框条"工具条　　　　图 6.5.20　目标边缘和刀具面

Step6. 在"修剪和延伸"对话框中单击 < 确定 > 按钮，完成曲面的修剪与延伸操作，结果如图 6.5.18b 所示。

6.5.3　延伸曲面

曲面的延伸就是在现有曲面的基础上，通过曲面的边界或曲面上的曲线进行延伸，扩大曲面。曲面的一般延伸有"边"和"拐角"两种方式，下面分别介绍这两种延伸方式的一般用法。

1. "边"延伸

"边"延伸是以参考曲面（被延伸的曲面）的边缘拉伸一个曲面，拉伸方向与曲面的切线方向相同，因而所生成的曲面与参考曲面相切。图 6.5.21b 所示的延伸曲面的一般操作过程如下。

Step1. 打开文件 D:\ugxc12\work\ch06\.05.03\extension_1.prt。

Step2. 选择下拉菜单 插入(S) ➡ 弯边曲面(G)▶ ➡ 延伸(E)... 命令，系统弹出图 6.5.22 所示的"延伸曲面"对话框。

Step3. 定义延伸类型。在"延伸曲面"对话框的 类型 下拉列表中选择 边 选项。

Step4. 选取要延伸的边。在图形区选取图 6.5.23 所示的曲面边线作为延伸边线。

a）延伸前   b）延伸后

图 6.5.21 曲面延伸的创建

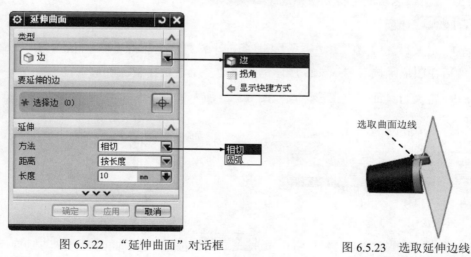

图 6.5.22 "延伸曲面"对话框   图 6.5.23 选取延伸边线

Step5. 定义延伸方式。在"延伸曲面"对话框的 方法 下拉列表中选择 相切 选项，在 距离 下拉列表中选择 按长度 选项，如图 6.5.22 所示。

Step6. 定义延伸长度。在"延伸曲面"对话框中单击 长度 文本框后的 按钮，系统弹出图 6.5.24 所示的快捷菜单，在其中选择 测量(M)... 命令，系统弹出图 6.5.25 所示的"测量距离"对话框。在图形区选取图 6.5.26 所示的曲面边线和基准平面 1 作为测量对象，单击"测量距离"对话框中的 **< 确定 >** 按钮，系统返回到"延伸曲面"对话框。

Step7. 单击 **< 确定 >** 按钮，完成延伸曲面的创建。

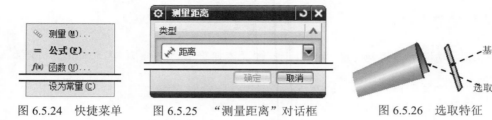

图 6.5.24 快捷菜单   图 6.5.25 "测量距离"对话框   图 6.5.26 选取特征

2. "拐角"延伸

"拐角"延伸可以在曲面拐角处创建延伸曲面。下面以图 6.5.27 所示的延伸曲面为例来介绍"拐角"延伸的一般操作过程。

a）创建前   b）创建后

图 6.5.27 创建延伸曲面

Step1. 打开文件 D:\ugxc12\work\ch06.05.03\extension_2.prt。

Step2. 选择下拉菜单 插入(S) ➡ 弯边曲面(G)▶ ➡ 延伸(E)... 命令，系统弹出图 6.5.28 所示的"延伸曲面"对话框。

Step3. 定义延伸类型。在"延伸曲面"对话框的 类型 下拉列表中选择 拐角 选项。

Step4. 选取要延伸的拐角。在图形区选取图 6.5.29 所示的曲面拐角为延伸拐角。

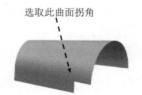

选取此曲面拐角

图 6.5.28 "延伸曲面"对话框   图 6.5.29 选取延伸拐角

Step5. 定义延伸长度。在 延伸 区域的 %U 长度 文本框中输入值 10，在 %V 长度 文本框中输入值 25。

Step6. 单击 ＜ 确定 ＞ 按钮，完成延伸曲面的创建。

6.5.4 曲面的缝合

曲面的缝合功能可以将两个或两个以上的曲面连接形成一个曲面。图 6.5.30b 所示的曲面缝合的一般过程如下。

Step1. 打开文件 D:\ugxc12work\ch06.05.04\sew.prt。

Step2. 选择下拉菜单 插入(S) ➡ 组合(B) ▶ ➡ 📖缝合(H)... 命令，此时系统弹出图 6.5.31 所示的"缝合"对话框。

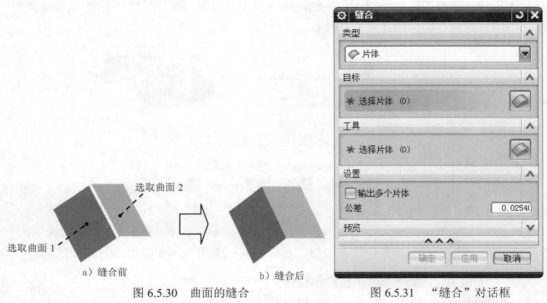

选取曲面 2

选取曲面 1

a）缝合前　　　　　　b）缝合后

图 6.5.30　曲面的缝合　　　　　　图 6.5.31　"缝合"对话框

Step3. 设置缝合类型。在"缝合"对话框 类型 区域的下拉列表中选择 ◆ 片体 选项。

Step4. 定义目标片体和刀具片体。在图形区选取图 6.5.30a 所示的曲面 1 为目标片体，然后选取曲面 2 为刀具片体。

Step5. 设置缝合公差。在"缝合"对话框 公差 文本框中输入值 3，然后单击 确定 按钮（或者单击中键），完成曲面的缝合操作。

6.6　曲面的实体化操作

曲面的创建最终是为了生成实体，所以曲面的实体化在设计过程中是非常重要的。曲面的实体化有多种类型，下面将分别介绍。

类型一：封闭曲面的实体化。

封闭曲面的实体化就是将一组封闭的曲面转化为实体特征。图 6.6.1b 所示的封闭曲面实体化的操作过程如下。

a）实体化前   b）实体化后

图 6.6.1   封闭曲面的实体化

Step1. 打开文件 D:\ugxc12\work\ch06.06\surface_solid.prt。

Step2. 选择下拉菜单 视图(V) ➡ 截面(S) ▶ ➡ 新建截面(T)... 命令，此时系统弹出图 6.6.2 所示的"视图剖切"对话框。

Step3. 在"视图剖切"对话框 类型 区域的下拉列表中选择 一个平面 选项，然后单击 剖切平面 区域的"设置平面至 X"按钮 ，此时可看到在图形区中显示的特征为片体，如图 6.6.3 所示，然后单击 取消 按钮。

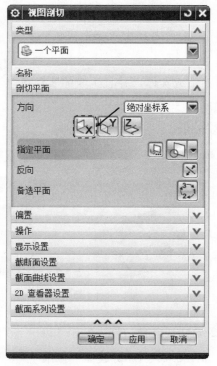

图 6.6.2   "视图剖切"对话框

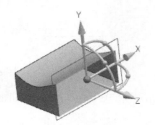

图 6.6.3   截面视图

Step4. 选择下拉菜单 插入(S) ➡ 组合(B) ▶ ➡ 缝合(W)... 命令，此时系统弹出

"缝合"对话框。

Step5. 在"缝合"对话框中均采用默认设置,在图形区依次选取片体 1 和曲面 1(图 6.6.4)为目标片体和工具片体,然后单击"缝合"对话框中的 确定 按钮,完成实体化操作。

Step6. 选择下拉菜单 视图(V) ➡ 截面(S)▶ ➡ 🐬 新建截面(T)... 命令,此时系统弹出"视图剖切"对话框。

Step7. 在"视图剖切"对话框 类型 区域的下拉列表中选择 🐳 一个平面 选项,然后单击 剖切平面 区域的"设置平面至 X"按钮 ⤵x,此时可看到在图形区中显示的特征为实体,如图 6.6.5 所示,然后单击 取消 按钮。

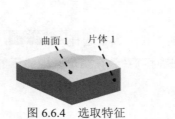

图 6.6.4 选取特征

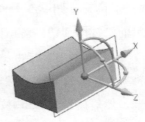

图 6.6.5 截面视图

说明: 在 UG NX 12.0 中,通过缝合封闭曲面会自然生成一个实体。

类型二:开放曲面的加厚。

曲面加厚功能可以对开放的曲面进行偏置生成实体,并且生成的实体可以和已有的实体进行布尔运算。图 6.6.6b 所示的曲面加厚的一般过程如下。

Step1. 打开文件 D:\ugxc12\ch06.06\thicken.prt。

说明: 如果曲面存在收敛点,则无法直接加厚,所以在加厚之前必须通过修剪、补片和缝合等操作去除收敛点。

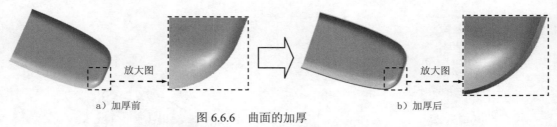

a)加厚前   图 6.6.6 曲面的加厚   b)加厚后

Step2. 将图 6.6.7 所示的曲面 1 与曲面 2 缝合(缝合后称为面组 12)。

Step3. 创建一个拉伸特征去除收敛点,如图 6.6.8 所示。选择下拉菜单 插入(S) ➡ 设计特征(E) ➡ 🔲 拉伸(E)... 命令,在"拉伸"对话框中单击 表区域驱动 区域中的 🖾 按钮,系统弹出"创建草图"对话框。选取 XY 平面为草图平面,单击 确定 按钮,进入草图环境；绘制图 6.6.9 所示的截面草图，然后退出草图环境；在"拉伸"对话框 限制 区域的 开始 下拉列表中选择 值 选项，在第一个 距离 文本框中输入值 0，在 结束 下拉列表中选择 值 选项，在第二个 距离 文本框中输入值 25；在 布尔 区域的 布尔 下拉列表中选择 减去 选项，并在图形区选取曲面为求差对象，然后单击 确定 按钮，完成收敛点的去除。

图 6.6.7　选取曲面

图 6.6.8　去除收敛点

Step4. 创建图 6.6.10 所示的曲面 3；选择下拉菜单 插入(S) ➡ 网格曲面(M)▶ ➡ 通过曲线网格(M)... 命令，此时系统弹出"通过曲线网格"对话框；选取图 6.6.11 所示的线串 1 和线串 2 为主线串，然后分别单击中键确认；再次单击中键，然后选取图 6.6.12 所示的线串 3 和线串 4 为交叉线串，再分别单击中键确认；在"通过曲线网格"对话框 连续性 区域的 第一主线串 下拉列表中选择 G1（相切） 选项，然后选取曲面 2 为约束面；在"通过曲线网格"对话框 连续性 区域的 第一交叉线串 下拉列表中选择 G1（相切） 选项，然后选取曲面 2 为约束面；在"通过曲线网格"对话框 连续性 区域的 最后交叉线串 下拉列表中选择 G1（相切） 选项，然后选取曲面 2 为约束面；在"通过曲线网格"对话框中单击 确定 按钮，完成曲面的创建。

图 6.6.9　截面草图　　　　图 6.6.10　创建曲面 3　　　　图 6.6.11　选取主线串

Step5. 将面组 12 与曲面 3 缝合（缝合后称为面组 123）。

Step6. 选择下拉菜单 插入(S) ➡ 偏置/缩放(O) ➡ 加厚(T)... 命令，此时系统弹出"加厚"对话框。

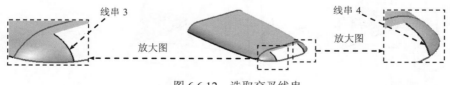

图 6.6.12　选取交叉线串

Step7. 定义目标片体。在图形区选取面组 123。

Step8. 定义加厚的数值。在"加厚"对话框的 偏置 1 文本框中输入值 1，其他均采用系统默认的设置，然后单击 <确定> 按钮或者单击中键，完成曲面加厚操作。

说明： 曲面加厚完成后，它的截面是不平整的，所以一般在加厚后还需切平。

Step9. 创建一个拉伸特征将模型一侧切平，如图 6.6.13 所示。选择下拉菜单 插入(S) ➡ 设计特征(E) ➡ 拉伸(E)... 命令，在"拉伸"对话框中单击 表区域驱动 区域中的 按钮，然后选取 YZ 平面为草图平面。绘制图 6.6.14 所示的拉伸截面草图；在"拉伸"对话框 限制 区域的 开始 下拉列表中选择 值 选项，在第一个 距离 文本框中输入值-5，在 结束 下拉列表中选择 值 选项，在第二个 距离 文本框中输入值 120；在 布尔 区域的 布尔 下拉列表中选择 减去 选项，选取加厚的实体；单击 <确定> 按钮，完成模型一侧的切平。

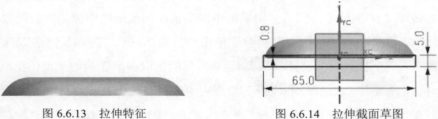

图 6.6.13　拉伸特征　　　　　　　　　图 6.6.14　拉伸截面草图

类型三：使用补片创建实体。

曲面的补片功能就是使用片体替换实体上的某些面，或者将一个片体补到另一个片体上。使用补片创建图 6.6.15b 所示的实体的一般过程如下。

Step1. 打开文件 D:\ugxc12\work\ch06.06\surface-solid-replace.prt。

Step2. 选择下拉菜单 插入(S) ➡ 组合(B) ▶ ➡ 修补(C)... 命令，系统弹出"补片"对话框。

Step3. 在绘图区选取图 6.6.15a 所示的实体为要修补的体特征，选取图 6.6.15a 所示的片体为用于修补的体特征；单击"反向"按钮 ，使其与图 6.6.16 所示的方向一致。

Step4. 单击"补片"对话框中的 确定 按钮，完成补片操作。

注意： 在进行补片操作时，工具片体的所有边缘必须在目标片体的面上，而且工具片体必须在目标片体上创建一个封闭的环，否则系统会提示出错。

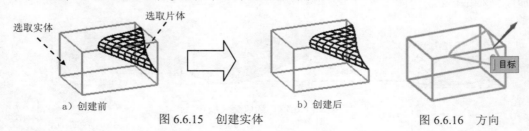

图 6.6.15　创建实体　　　　　　　　　图 6.6.16　方向

6.7 曲面倒圆角

倒圆角在曲面建模中具有相当重要的地位。倒圆角功能可以在两组曲面或者实体表面之间建立光滑连接的过渡曲面，创建过渡曲面的截面线可以是圆弧、二次曲线和等参数曲线等。在创建圆角时，应注意：为了避免创建从属于圆角特征的子项，标注时，不要以圆角创建的边或相切边为参照；在设计中要尽可能晚些添加圆角特征。

6.7.1 边倒圆

边倒圆可以使至少由两个面共享的选定边缘变光滑。倒圆时，就像它沿着被倒圆角的边缘（圆角半径）滚动一个球，同时使球始终与在此边缘处相交的各个面接触。

1. 恒定半径方式

创建图 6.7.1b 所示的恒定半径方式边倒圆的一般操作过程如下。

a）倒圆角前   b）倒圆角后

图 6.7.1 恒定半径方式边倒圆

Step1. 打开文件 D:\ugxc12\work\ch06.07.01\blend.prt。

Step2. 选择下拉菜单 插入(S) ➡ 细节特征(L) ▶ ➡ ▧ 边倒圆(E). 命令（或单击▧按钮），系统弹出"边倒圆"对话框。

Step3. 在绘图区选取图 6.7.1a 所示的边线，在 边 区域的 半径 1 文本框中输入值 5.0。

Step4. 单击"边倒圆"对话框中的 < 确定 > 按钮，完成恒定半径方式的边倒圆操作。

2. 变半径方式

下面通过变半径方式创建图 6.7.2b 所示的边倒圆（接上例继续操作）。

Step1. 选择下拉菜单 插入(S) ➡ 细节特征(L) ▶ ➡ ▧ 边倒圆(E). 命令（或单击▧按钮），系统弹出"边倒圆"对话框。

Step2. 在绘图区选取图 6.7.2a 所示的边线，在 变半径 区域中单击 指定新的位置 按钮，选取图 6.7.2a 所示边线的上端点，在 V 半径 文本框中输入值 5，在 位置 文本框中选择选项，在 弧长百分比 文本框中输入值 100。

Step3. 单击图 6.7.2a 所示边线的中点，在系统弹出的 ∨半径 文本框中输入值 10，在 弧长百分比 文本框中输入值 50。

Step4. 单击图 6.7.2a 所示边线的下端点，在系统弹出的 ∨半径 文本框中输入值 5，在 弧长百分比 文本框中输入值 0。

Step5. 单击"边倒圆"对话框中的 <确定> 按钮，完成变半径方式的边倒圆操作。

图 6.7.2 变半径方式边倒圆

6.7.2 面倒圆

面倒圆可用于创建复杂的与两组输入面相切的圆角面，并能修剪和附着圆角面。创建图 6.7.3b 所示的面倒圆的一般过程如下。

图 6.7.3 面倒圆的创建

Step1. 打开文件 D:\ugxc12\work\ch06.07.02\ face_blend.prt。

Step2. 选择下拉菜单 插入(S) ➡ 细节特征(L) ➡ 面倒圆(F)... 命令，此时系统弹出图 6.7.4 所示的"面倒圆"对话框。

Step3. 定义面倒圆类型。在"面倒圆"对话框的 类型 下拉列表中选择 双面 选项。

Step4. 定义面倒圆横截面。在"面倒圆"对话框的 方位 下拉列表中选择 滚球 选项；在 形状 下拉列表中选择 圆形 选项，并在 半径方法 下拉列表中选择 恒定 选项，其他选项均为默认选项。在 半径 文本框中输入半径值 10。

Step5. 定义第一个面倒圆。在图形区选取图 6.7.5 所示的曲面 1，单击中键确认，然后选取图 6.7.5 所示的曲面 2，单击 应用 按钮，完成第一个面倒圆的创建。

Step6. 参照 Step5 创建其他三处的面倒圆。单击 <确定> 按钮，完成面倒圆操作，结果如图 6.7.3b 所示。

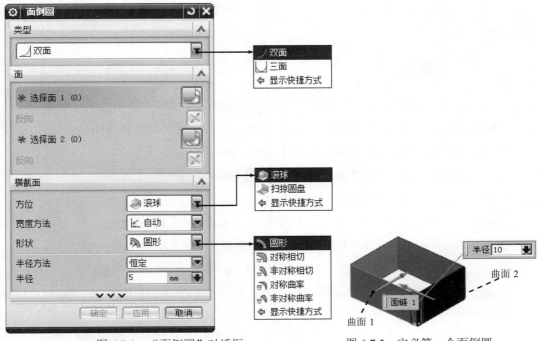

图 6.7.4　"面倒圆"对话框　　　　　图 6.7.5　定义第一个面倒圆

图 6.7.4 所示的"面倒圆"对话框中的部分选项说明如下。

● 方位 下拉列表：控制圆角在横截面上的形状。

　☑ 滚球 （滚球）：使用滚动的球体创建倒圆曲面，倒圆截面线由球体与两组曲面的交点和球心确定。

　☑ 扫掠圆盘 （扫掠截面）：扫掠截面。使用沿着脊线串的扫掠截面创建倒圆曲面。

● 形状 下拉列表：用于控制倒圆角横截面的形状。

　☑ 圆形：横截面形状为圆弧。

　☑ 对称相切：横截面形状为对称二次曲线。

　☑ 非对称相切：横截面形状为不对称二次曲线。

6.8　曲面分析

　　曲面设计过程中或设计完成后要对曲面进行必要的分析，以检查是否达到设计过程的要求以及设计完成后的要求。曲面分析工具用于评估曲面品质，找出曲面的缺陷位置，从而方便修改和编辑曲面，以保证曲面的质量。下面将具体介绍 UG NX 12.0 中的一些曲面分析功能。

6.8.1 曲面连续性分析

曲面的连续性分析功能主要用于分析曲面之间的位置连续、斜率连续、曲率连续和曲率斜率的连续性。下面以图 6.8.1 所示的曲面为例，介绍如何分析曲面连续性。

Step1. 打开文件 D:\ugxc12\work\ch06.08.01\continuity.prt。

Step2. 选择下拉菜单 分析(L) ➡ 形状(S)▶ ➡ 曲面连续性(C)... 命令，系统弹出图 6.8.2 所示的"曲面连续性"对话框。

Step3. 在"曲面连续性"对话框的 类型 下拉列表中选择 多面 选项。

Step4. 在图形区选取图 6.8.1 所示的曲线 1，然后选取图 6.8.1 所示的曲面 2。

Step5. 定义连续性分析类型。在 连续性检查 区域中选中 G0（位置） 复选框。

Step6. 定义显示方式。在 分析显示 区域中选中 ☑ 显示连续性针 复选框，单击鼠标中键完成曲面连续性分析，如图 6.8.3 所示。

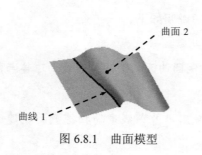

图 6.8.1　曲面模型

图 6.8.3　曲面连续性分析

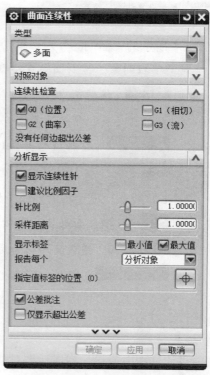

图 6.8.2　"曲面连续性"对话框

说明：如果连续性针的显示太小，可以拖动对话框中 针比例 后面的滑块来调整针的显示比例（图 6.8.2）。

6.8.2 曲面反射分析

反射分析主要用于分析曲面的反射特性（从面的反射图中我们能观察曲面的光顺程度，通俗的理解是：面的光顺度越好，面的质量就越高），使用反射分析可显示从指定方向观察曲面上自光源发出的反射线。下面以图 6.8.4 所示的曲面为例，介绍反射分析的方法。

Step1. 打开文件 D:\ugxc12\work\ch06.08.02\reflection.prt。

Step2. 选择下拉菜单 分析(L) ➡ 形状(S)▶ ➡ 反射(F)... 命令，系统弹出图 6.8.5 所示的"反射分析"对话框。

Step3. 选取图 6.8.4 所示的曲面为反射分析的对象。

Step4. 在 类型 下拉列表中选择 直线图像 选项，然后在 图像 区域单击"彩色线"按钮，其他参数采用系统默认设置。

Step5. 在"反射分析"对话框中单击 确定 按钮，完成反射分析，如图 6.8.6 所示。

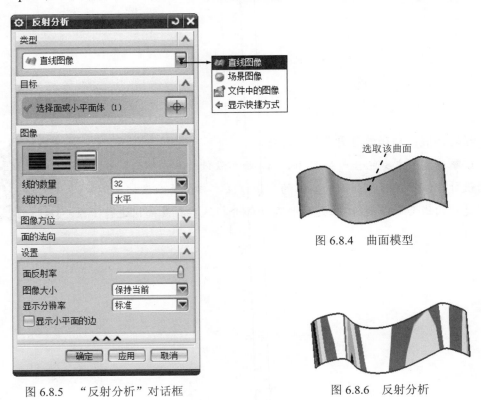

图 6.8.5 "反射分析"对话框

选取该曲面

图 6.8.4 曲面模型

图 6.8.6 反射分析

图 6.8.5 所示的 "反射分析" 对话框中部分选项及按钮的说明如下。

- 类型 下拉列表：用于指定图像显示的类型，包括 直线图像 、 场景图像 和 文件中的图像 三种类型。
  - ☑ 直线图像：使用直线图形进行反射分析。
  - ☑ 场景图像：使用场景图像进行反射分析。
  - ☑ 文件中的图像：使用用户自定义的图像进行反射分析。
- 线的数量：在其后的下拉列表中选择数值可指定反射线条的数量。
- 线的方向：在其后的下拉列表中选择方式指定反射线的方向。
- 图像方位：在该区域拖动滑块，可以对反射图像进行水平、竖直的移动或旋转。
- 面的法向 区域：设置分析面的法向方向。
- 面反射率：拖动其后的滑块，可以调整反射图像的清晰度。
- 图像大小 下拉列表：用于调整反射图像在面上的显示比例。
- 显示分辨率 下拉列表：设置面分析显示的公差。
- ☑显示小平面的边：使用高亮显示边界来显示所选择的面。

说明：图 6.8.6 所示的结果与其所处的视图方位有关，如果调整模型的方位，则会得到不同的显示结果。

学习拓展：扫码学习更多视频讲解。

讲解内容：主要包含产品设计基础，曲面设计的基本概念，常用的曲面设计方法及流程，曲面转实体的常用方法，典型曲面设计案例等。特别是对曲线与曲面的阶次、连续性及曲面分析这些背景知识进行了系统讲解。

第7章 曲面设计综合实例

7.1 曲面设计综合实例一

实例概述：

本实例介绍了叶轮的设计过程。该设计过程是先在基准平面上绘制直线，然后将直线投影到曲面上，再利用投影的曲线构建出扫掠曲面，最后将曲面转变成实体模型。叶轮模型如图 7.1.1 所示。

说明： 本实例的详细操作过程请参见随书光盘中 video\ch07.01\文件夹下的语音视频讲解文件。模型文件为 D:\ugxc12\work\ch07.01\impeler.prt。

图 7.1.1 叶轮模型（实例 1）

7.2 曲面设计综合实例二

实例概述：

本实例介绍了肥皂盒的设计过程。通过学习本实例，读者将对曲面特征有一定的了解。本实例主要采用实体的拉伸、曲面修剪、边倒角、抽壳和扫掠等特征。需要注意在创建曲面拉伸和曲面修剪过程中的一些技巧。零件模型如图 7.2.1 所示。

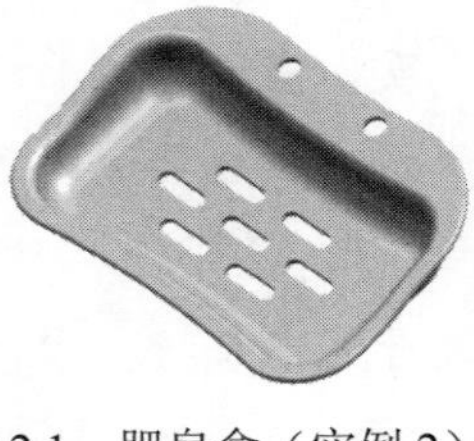

说明： 本实例的详细操作过程请参见随书光盘中 video\ch07.02 文件夹下的语音视频讲解文件。模型文件为 D:\ugxc12\work\ch07.02\fancy_soap_box.prt。

图 7.2.1 肥皂盒（实例 2）

7.3 曲面设计综合实例三

实例概述：

本实例介绍了一个订书机盖的设计过程。主要运用了一些常用命令，包括拉伸、扫掠、修剪体和倒圆角等命令。其设计思路是首先通过曲面创建出实体的外形，再通过缝合创建出实体，其中，修剪体和有界平面的命令使用得很巧妙。零件模型如图 7.3.1 所示。

说明： 本实例的详细操作过程请参见随书光盘中 video\ch07.03 文件夹下的语音视频

讲解文件。模型文件为 D:\ugxc12\work\ch07.03\stapler.prt。

图 7.3.1　订书机盖（实例 3）

7.4　曲面设计综合实例四

实例概述：

本实例设计的是生活中常用的产品——水嘴手柄。此例的设计思路是先通过绘制产品的外形控制曲线，再通过曲线得到模型的整体曲面特征。在创建曲面时要对可能产生收敛点的曲面有足够的重视，因为很多时候由于收敛点的存在使后续设计无法进行或变得非常复杂，对于收敛点的去除方法本例将有介绍。零件模型如图 7.4.1 所示。

说明：本实例的详细操作过程请参见随书光盘中 video\ch07.04\文件夹下的语音视频讲解文件。模型文件为 D:\ ugxc12\work\ch07.04\tap-switch.prt。

7.5　曲面设计综合实例五

实例概述：

本实例主要运用了"拉伸""投影曲线""组合曲线投影""通过曲线组""通过曲线网格""有界平面""修剪和延伸"和"缝合"等命令，在设计此零件的过程中应注意草图尺寸的准确性。零件模型如图 7.5.1 所示。

说明：本实例的详细操作过程请参见随书光盘中 video\ch07.05\文件夹下的语音视频讲解文件。模型文件为 D:\ugxc12\work\ch07.05\fix_support-r01.prt。

图 7.4.1　水嘴手柄（实例 4）

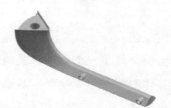
图 7.5.1　零件模型（实例 5）

7.6 曲面设计综合实例六

实例概述：

本实例介绍了充电器上壳的设计过程。该设计过程是先创建一系列草图曲线和空间曲线，然后利用所创建的曲线构建几个独立的曲面，再利用求和、缝合等工具将独立的曲面变成一个整体面组，最后对整体面组进行加厚，使其变为实体模型。本范例详细讲解了采用辅助线的设计方法。充电器上壳模型如图 7.6.1 所示。

图 7.6.1 充电器上壳（实例 6）

说明：本实例的详细操作过程请参见随书光盘中 video\ch07.06\文件夹下的语音视频讲解文件。模型文件为 D:\ ugxc12\work\ch07.06\pper-cover.prt。

学习拓展：扫码学习更多视频讲解。

讲解内容：曲面设计实例精选。本部分首先对常用的曲面设计思路和方法进行了系统的总结，然后讲解了数十个典型曲面产品设计的全过程，并对每个产品的设计要点都进行了深入剖析。

第 8 章 钣 金 设 计

8.1 NX 钣金概述

本节主要讲解钣金模块的菜单、工具栏以及钣金首选项的设置。读者通过本章的学习，可以对钣金模块有一个初步的了解。

1. 钣金模块的菜单及工具栏

打开 UG NX 12.0 软件后，首先选择 文件(F) ➡ 新建(N)... 命令，然后在系统弹出的"新建"对话框中选择 NX 钣金 模板，进入钣金模块。选择下拉菜单 插入(S) 命令，系统则弹出钣金模块中的所有钣金命令（图 8.1.1）。

在 主页 功能选项卡中同时也出现了钣金模块的相关命令按钮，如图 8.1.2 所示。

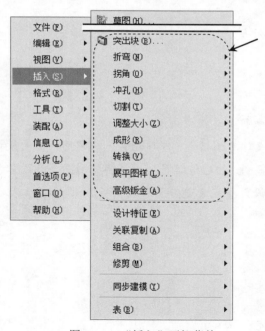

图 8.1.1 "插入"下拉菜单

图 8.1.2 "主页"功能选项卡

2. 钣金模块的首选项设置

为了提高钣金件的设计效率，以及使钣金件在设计完成后能顺利地加工及精确地展开，UG NX 12.0 提供了一些对钣金零件属性的设置，及其平面展开图处理的相关设置。通过对首选项的设置，极大提高了钣金零件的设计速度。这些参数设置包括材料厚度、折弯半径、让位槽深度、让位槽宽度和折弯许用半径公式的设置，下面详细讲解这些参数的作用。

进入钣金模块后，选择下拉菜单 首选项(P) ➡ 钣金(H)... 命令，系统弹出"钣金首选项"对话框（一），如图 8.1.3 所示。

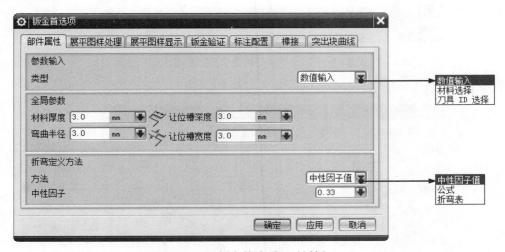

图 8.1.3 "钣金首选项"对话框（一）

图 8.1.3 所示的"钣金首选项"对话框（一）中 部件属性 选项卡各选项的说明如下。

● 参数输入 区域：该区域可用于确定钣金折弯的定义方式，包含 数值输入 、 材料选择 和 刀具 ID 选择 选项。

☑ 数值输入 选项：当选中该选项时，可直接以数值的方式在 折弯定义方法 区域中直接输入钣金折弯参数。

☑ 材料选择 选项：选中该选项时，可单击 选择材料 按钮，系统弹出"选择材料"对话框，可在该对话框中选择一材料来定义钣金折弯参数。

☑ 刀具 ID 选择 选项：选中该选项时，可在该对话框中选择冲孔或冲模参数，以定义钣金的折弯参数。

● 在 全局参数 区域中可以设置以下 4 个参数。

☑ 材料厚度 文本框：在该文本框中可以输入数值，以定义钣金零件的全局厚度。

☑ 弯曲半径文本框：在该文本框中可以输入数值，以定义钣金件折弯时默认的折弯半径。

☑ 让位槽深度文本框：在该文本框中可以输入数值，以定义钣金件默认的让位槽的深度。

☑ 让位槽宽度文本框：在该文本框中可以输入数值，以定义钣金件默认的让位槽的宽度。

● 折弯定义方法区域：该区域用于定义折弯定义方法，包含中性因子值、公式和折弯表选项。

☑ 中性因子值选项：选中该选项时，采用中性因子定义折弯方法，且其后的文本框可用，可在该文本框中输入数值以定义折弯的中性因子。

☑ 公式选项：当选中该选项时，使用半径公式来确定折弯参数。

☑ 折弯表选项：选中该选项，可在创建钣金折弯时使用折弯表来定义折弯参数。

在"钣金首选项"对话框（一）中单击展平图样处理选项卡，"钣金首选项"对话框（二）如图 8.1.4 所示。

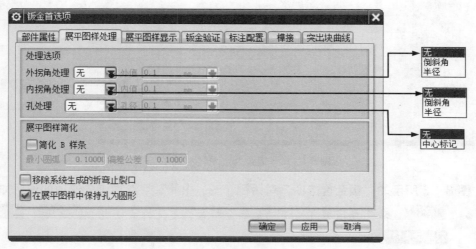

图 8.1.4 "钣金首选项"对话框（二）

图 8.1.4 所示的"钣金首选项"对话框（二）展平图样处理选项卡中各选项的说明如下。

● 处理选项区域：可以设置在展开钣金后内、外拐角及孔的处理方式。外拐角是去除材料，内拐角是创建材料。

● 外拐角处理下拉列表：该下拉列表中有无、倒斜角和半径三个选项，用于设置钣金展开后外拐角的处理方式。

☑ 无选项：选择该选项时，不对内、外拐角做任何处理。

☑ 倒斜角选项：选择该选项时，对外拐角创建一个倒角，倒角的大小在其后的文本框中进行设置。

☑ 　半径选项：选择该选项时，对外拐角创建一个圆角，圆角的大小在后面的文本框中进行设置。

● 　内拐角处理下拉列表：该下拉列表中有无、倒斜角和半径三个选项，用于设置钣金展开后内拐角的处理方式。

● 　孔处理下拉列表：该下拉列表中有无和中心标记两个选项，用于设置钣金展开后孔的处理方式。

● 　展平图样简化区域：该区域用于在对圆柱表面或折弯处有裁剪特征的钣金零件进行展开时，设置是否生成 B 样条，当选中☑简化 B 样条复选框后，可通过最小圆弧及偏差公差两个文本框对简化 B 样条的最大圆弧和偏差公差进行设置。

● 　☑移除系统生成的折弯止裂口复选框：选中☑移除系统生成的折弯止裂口复选框后，钣金零件展开时将自动移除系统生成的缺口。

● 　☑在展平图样中保持孔为圆形复选框：选择该复选框时，在平面展开图中保持折弯曲面上的孔为圆形。

在"钣金首选项"对话框（一）中单击展平图样显示选项卡，"钣金首选项"对话框（三）如图 8.1.5 所示，可设置展平图样的各曲线的颜色以及默认选项的新标注属性。

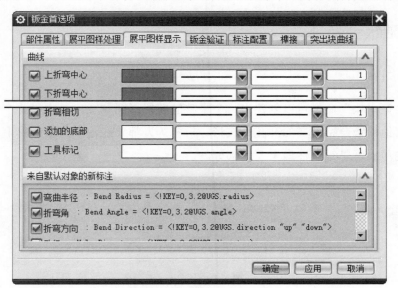

图 8.1.5 　"钣金首选项"对话框（三）

在"钣金首选项"对话框（一）中单击钣金验证选项卡，此时"钣金首选项"对话框（四）如图 8.1.6 所示。在该选项卡中可设置钣金件验证的参数。

在"钣金首选项"对话框（一）中单击标注配置选项卡，此时"钣金首选项"对话框（五）如图 8.1.7 所示。在该选项卡中显示钣金中标注的一些类型。

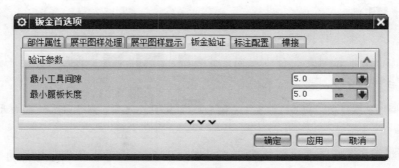

图 8.1.6 "钣金首选项"对话框（四）

图 8.1.7 "钣金首选项"对话框（五）

8.2 基础钣金特征

8.2.1 突出块

使用"突出块"命令可以创建出一个平整的薄板（图 8.2.1），它是一个钣金零件的"基础"，其他的钣金特征（如冲孔、成形、折弯等）都要在这个"基础"上构建，因此这个平整的薄板就是钣金件最重要的部分。

突出块钣金壁

突出块附加钣金壁

图 8.2.1 突出块钣金壁

（一）创建"平板"的两种类型

选择下拉菜单 插入(S) ➡ 突出块(B)... 命令后，系统弹出图 8.2.2a 所示的"突出块"对话框（一），创建完成后再次选择下拉菜单 插入(S) ➡ 突出块(B)... 命令时，系统弹出图 8.2.2b 所示的"突出块"对话框（二）。

 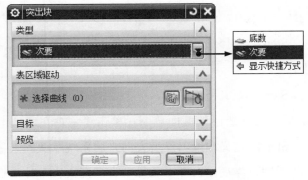

a）"突出块"对话框（一）　　　　b）"突出块"对话框（二）

图 8.2.2　"突出块"对话框

图 8.2.2 所示的"突出块"对话框的选项说明如下。

- **类型**区域：该区域的下拉列表中有 **底数** 和 **次要** 选项，用以定义钣金的厚度。
  - ☑ **底数**选项：选择该选项时，用于创建基础突出块钣金壁。
  - ☑ **次要**选项：选择该选项时，在已有钣金壁的表面创建突出块钣金壁，其壁厚与基础钣金壁相同。注意只有在部件中已存在基础钣金壁特征时，此选项才会出现。
- **表区域驱动**区域：该区域用于定义突出块的截面曲线，截面曲线必须是封闭的曲线。
- **厚度**区域：该区域用于定义突出块的厚度及厚度方向。
  - ☑ **厚度**文本框：可在该区域中输入数值以定义突出块的厚度。
  - ☑ **反向**按钮 **X**：单击 **X** 按钮，可使钣金材料的厚度方向发生反转。

（二）创建平板的一般过程

基本突出块是创建一个平整的钣金基础特征，在创建钣金零件时，需要先绘制钣金壁的正面轮廓草图（必须为封闭的线条），然后给定钣金厚度值即可。次要突出块是在已有的钣金壁上创建平整的钣金薄壁材料，其壁厚无须用户定义，系统自动设定为与已存在钣金壁的厚度相同。

1. 创建基本突出块

下面以图 8.2.3 所示的模型为例来说明创建基本突出块钣金壁的一般操作过程。

Step1. 新建文件。

（1）选择下拉菜单 **文件(F)** ➡ **新建(N)...** 命令，系统弹出"新建"对话框。

（2）在 模型 选项卡 模板 区域的下拉列表中选择 NX 钣金 模板；在 新文件名 对话框的 名称 文本框中输入文件名称 tack；单击 文件夹 文本框后面的 按钮，选择文件保存路径 D：\ugxc12\work\ch08.02.01。

Step2. 选择命令。选择下拉菜单 插入(S) ➡ 突出块(B)... 命令，系统弹出"突出块"对话框。

Step3. 定义平板截面。单击 按钮，选取 XY 平面为草图平面，单击 确定 按钮，绘制图 8.2.4 所示的截面草图，单击"主页"选项卡中的 按钮，退出草图环境。

Step4. 定义厚度。厚度方向采用系统默认的矢量方向，在文本框中输入厚度值 3.0。

说明：厚度方向可以通过单击"突出块"对话框中的 按钮来调整。

Step5. 在"突出块"对话框中单击 < 确定 > 按钮，完成特征的创建。

Step6. 保存零件模型。选择下拉菜单 文件(F) ➡ 保存(S) 命令，即可保存零件模型。

图 8.2.3　创建基本平板钣金壁

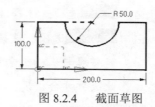

图 8.2.4　截面草图

2. 创建次要突出块

下面继续以上一小节的模型为例来说明创建次要突出块的一般操作过程。

Step1. 选择命令。选择下拉菜单 插入(S) ➡ 突出块(B)... 命令，系统弹出"突出块"对话框。

Step2. 定义平板类型。在"突出块"对话框 类型 区域的下拉列表中选择 次要 选项。

Step3. 定义平板截面。单击 按钮，选取图 8.2.5 所示的模型表面为草图平面，单击 确定 按钮，绘制图 8.2.6 所示的截面草图。

Step4. 在"突出块"对话框中单击 < 确定 > 按钮，完成特征的创建。

Step5. 保存零件模型。选择下拉菜单 文件(F) ➡ 保存(S) 命令，即可保存零件模型。

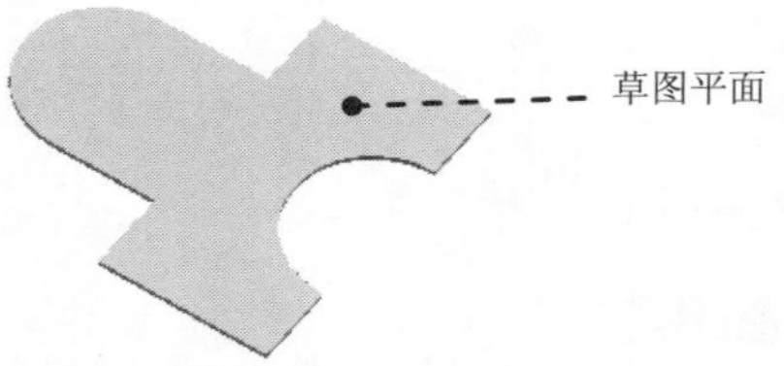

图 8.2.5 选取草图平面

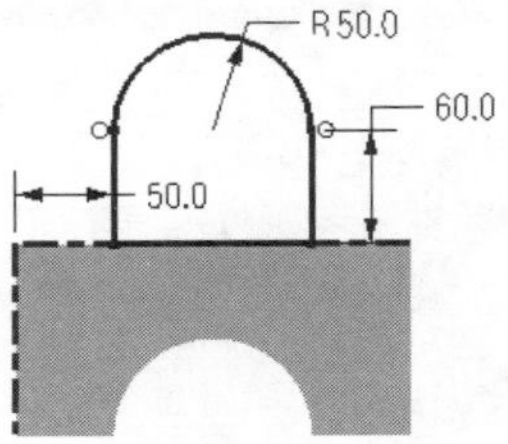

图 8.2.6 截面草图

8.2.2 弯边

钣金弯边是在已存在的钣金壁的边缘上创建出简单的折弯，其厚度与原有钣金厚度相同。在创建弯边特征时，需先在已存在的钣金中选取某一条边线作为弯边钣金壁的附着边，其次需要定义弯边特征的截面、宽度、弯边属性、偏置、折弯参数和让位槽。

1. 弯边特征的一般操作过程

下面以图 8.2.7 所示的模型为例，说明创建弯边钣金壁的一般操作过程。

Step1. 打开文件 D:\ugxc12\work\ch08.02.02\ practice01。

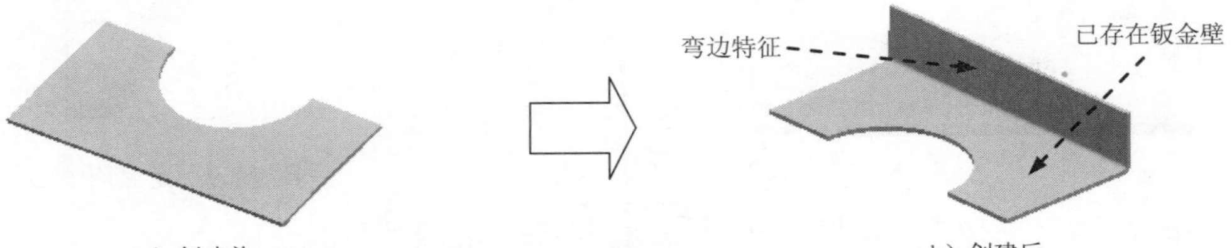

a）创建前　　b）创建后

图 8.2.7 创建弯边特征

Step2. 选择命令。选择下拉菜单 插入(S) → 折弯(N) → 弯边(F)... 命令，系统弹出图 8.2.8 所示的“弯边”对话框。

Step3. 选取线性边。选取图 8.2.9 所示的模型边线为折弯的附着边。

Step4. 定义弯边属性。在 弯边属性 区域的 宽度选项 下拉列表中选择 完整 选项；在 弯边属性 区域的 长度 文本框中输入数值 40；在 角度 文本框中输入数值 90；在 参考长度 下拉列表中选择 外侧 选项；在 内嵌 下拉列表中选择 材料内侧 选项；在 偏置 区域的 偏置 文本框中输入数值 0。

Step5. 定义弯边参数。在 折弯参数 区域中单击 弯曲半径 文本框右侧的 按钮，在系统弹出的菜单中选择 使用局部值 选项，然后在 弯曲半径 文本框中输入数值 3；在 止裂口 区域的 折弯止裂口 下拉列表中选择 无 选项，在 拐角止裂口 下拉列表中选择 无 选项。

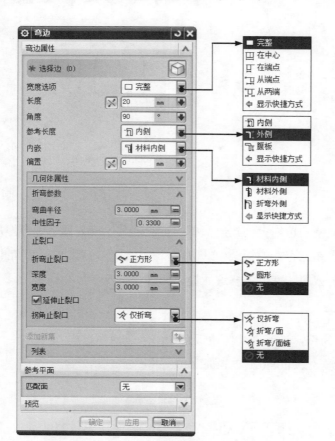

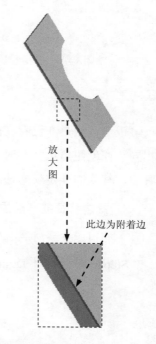

图 8.2.8 "弯边"对话框

图 8.2.9 定义附着边

Step6. 在"弯边"对话框中单击 < 确定 > 按钮，完成特征的创建。

图 8.2.8 所示的"弯边"对话框中的选项说明如下。

● 弯边属性 区域中包括 宽度选项 下拉列表、 长度 文本框、 ✗ 按钮、 角度 文本框、 参考长度 下

　　拉列表、 内嵌 下拉列表和 偏置 文本框。

　　☑ 宽度选项 下拉列表: 该下拉列表用于定义钣金弯边的宽度定义方式。

　　　　◆ ■ 完整 选项: 当选择该选项时，在基础特征的整个线性边上都应用弯边。

　　　　◆ ■ 在中心 选项: 当选择该选项时，在线性边的中心位置放置弯边，然后对

　　　　　称地向两边拉伸一定的距离，如图 8.2.10a 所示。

　　　　◆ ■ 在端点 选项: 当选择该选项时，将弯边特征放置在选定的直边的端点

　　　　　位置，然后以此端点为起点拉伸弯边的宽度，如图 8.2.10b 所示。

　　　　◆ ■ 从端点 选项: 当选择该选项时，在所选折弯边的端点定义距离来放置弯

　　　　　边，如图 8.2.10c 所示。

　　　　◆ ■ 从两端 选项: 当选择该选项时，在线性边的中心位置放置弯边，然后

利用距离 1 和距离 2 来设置弯边的宽度，如图 8.2.10d 所示。

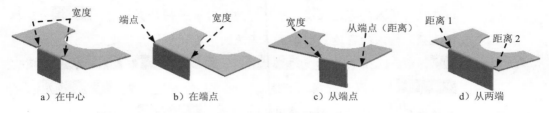

a）在中心   b）在端点   c）从端点   d）从两端

图 8.2.10 设置宽度选项

☑ 长度：文本框中输入的值是指定弯边的长度，如图 8.2.11 所示。

a）内侧尺寸   b）外侧尺寸

图 8.2.11 设置长度选项

☑ ：单击"反向"按钮可以改变弯边长度的方向，如图 8.2.12 所示。

a）反向前   b）反向后

图 8.2.12 设置折弯长度的方向

☑ 角度：文本框中输入的值是指定弯边的折弯角度，该值是与原钣金所成角度的补角，如图 8.2.13 所示。

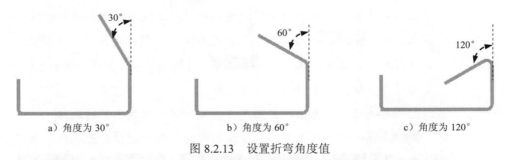

a）角度为 30°   b）角度为 60°   c）角度为 120°

图 8.2.13 设置折弯角度值

☑ 参考长度：下拉列表中包括 ⌐内侧 、 ⌐外侧 和 ⌐腹板 选项。 ⌐内侧 ：选取

该选项，输入的弯边长度值是从弯边的内部开始计算长度。 ⌐ 外侧：选取

该选项，输入的弯边长度值是从弯边的外部开始计算长度。 ⌐ 腹板：选取

该选项，输入的弯边长度值是从弯边圆角后开始计算长度。

☑ 内嵌：下拉列表中包括 ⌐ 材料内侧、 ⌐ 材料外侧 和 ⌐ 折弯外侧 选项。

⌐ 材料内侧：选取该选项，弯边的外侧面与附着边平齐。 ⌐ 材料外侧：选

取该选项，弯边的内侧面与附着边平齐。 ⌐ 折弯外侧：选取该选项，折弯

特征直接创建在基础特征上，而不改变基础特征尺寸。

☑ 偏置 区域包括 偏置 文本框和 ✗ 按钮。

◆ 偏置：该文本框中输入的值是指定弯边以附着边为基准向一侧偏置一定值，

如图 8.2.14b 所示。

◆ ✗：单击该按钮可以改变"偏置"的方向。

a）没有设置偏置　　　　　b）设置偏置

图 8.2.14　设置偏置值

● 折弯参数 区域包括 折弯半径 文本框和 中性因子 文本框。

☑ 折弯半径：文本框中输入的值指定折弯半径。

☑ 中性因子：文本框中输入的值指定中性因子。

● 止裂口 区域包括 折弯止裂口 下拉列表、深度 文本框、宽度 文本框、☑ 延伸止裂口 复

选框和 拐角止裂口 下拉列表。

☑ 折弯止裂口：下拉列表包括 ⌐ 正方形、⌐ 圆形 和 ⊘ 无 三个选项。⌐ 正方形：

选取该选项，在附加钣金壁的连接处，将主壁材料切割成矩形缺口来构建

止裂口。⌐ 圆形：选取该选项，在附加钣金壁的连接处，将主壁材料切割

成圆形缺口来构建止裂口。⊘ 无：选取该选项，在附加钣金壁的连接处，

通过垂直切割主壁材料至折弯线处。

☑ ☑ 延伸止裂口：该复选框定义是否延伸折弯缺口到零件的边。

☑ 拐角止裂口：用于设置是否在特征相邻的表面创建拐角止裂口。该下拉列表

包括 仅折弯、折弯/面、折弯/面链 和 ⊘ 无 选项。仅折弯：仅在

相邻特征的折弯部分创建拐角止裂口。折弯/面：仅在相邻的折弯部分和

面（平板）部分创建拐角止裂口。 折弯/面链 ：在整个折弯部分及与其相邻的面链上创建拐角止裂口。 无 ：不创建止裂口。选择此选项后将会产生一个小缝隙，但是在展平钣金件时，这个缝隙会被移除。

2．创建止裂口

当弯边部分地与附着边相连，并且折弯角度不为 0 时，在连接处的两端创建止裂口。在钣金模块中提供的止裂口分为两种：正方形止裂口和圆弧形止裂口。

方式一：正方形止裂口

在附加钣金壁的连接处，将材料切割成正方形缺口来构建止裂口，如图 8.2.15 所示。

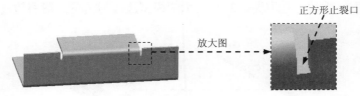

图 8.2.15　正方形止裂口

方式二：圆弧形止裂口

在附加钣金壁的连接处，将主壁材料切割成长圆弧形缺口来构建止裂口，如图 8.2.16 所示。

图 8.2.16　圆弧形止裂口

方式三：无止裂口

在附加钣金壁的连接处，通过垂直切割主壁材料至折弯线处，如图 8.2.17 所示。

图 8.2.17　无止裂口

下面以图 8.2.18 所示的模型为例，介绍创建止裂口的一般过程。

a）原模型　　　　　　　　　　　　　　b）带止裂口的钣金特征

图 8.2.18　止裂口

Step1. 打开文件 D:\ugxc12\work\ch08.02.02\ practice02。

Step2. 选择命令。选择下拉菜单 插入(S) ➡ 折弯(N) ▶ ➡ 弯边(F)... 命令，系统弹出"弯边"对话框。

Step3. 选取线性边。选取图 8.2.19 所示的模型边线为折弯的附着边。

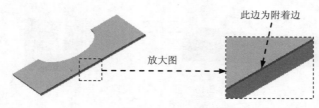

图 8.2.19　定义附着边

Step4. 定义弯边属性。在 弯边属性 区域的 宽度选项 下拉列表中选择 在中心 选项；宽度 文本框被激活，在 宽度 文本框中输入宽度值 100；在 长度 文本框中输入数值 40；在 角度 文本框中输入数值 90；在 参考长度 下拉列表中选择 外侧 选项；在 内嵌 下拉列表中选择 材料内侧 选项；在 偏置 区域的 偏置 文本框中输入数值 0。

Step5. 定义弯边参数。在 折弯参数 区域中单击 弯曲半径 文本框右侧的 按钮，在系统弹出的菜单中选择 使用局部值 选项，然后在 弯曲半径 文本框中输入数值 3；在 止裂口 区域的 折弯止裂口 下拉列表中选择 正方形 选项，在 拐角止裂口 下拉列表中选择 仅折弯 选项。

Step6. 在"弯边"对话框中单击 < 确定 > 按钮，完成特征的创建。

Step7. 保存钣金件模型。

8.2.3　法向除料

法向除料是沿着钣金件表面的法向，以一组连续的曲线作为裁剪的轮廓线进行裁剪。法向除料与实体拉伸切除都是在钣金件上切除材料。当草图平面与钣金面平行时，二者没有区别；当草图平面与钣金面不平行时，二者有很大的不同。法向除料的孔是垂直于该模型的侧面去除材料，形成垂直孔，如图 8.2.20a 所示；实体拉伸切除的孔是垂直于草图平面去除材料，形成斜孔，如图 8.2.20b 所示。

图 8.2.20　法向除料与实体拉伸切除的区别

1. 用封闭的轮廓线创建法向除料

下面以图 8.2.21 所示的模型为例，说明用封闭的轮廓线创建法向除料的一般过程。

Step1. 打开文件 D:\ugxc12\work\ch08.02.03\remove01。

Step2. 选择命令。选择下拉菜单 插入(S) ➡ 切割(T) ➡ 法向开孔(N) 命令，系统弹出图 8.2.22 所示的"法向开孔"对话框。

图 8.2.21　法向除料

图 8.2.22　"法向开孔"对话框

Step3. 绘制除料截面草图。单击 按钮，选取图 8.2.23 所示的基准平面 1 为草图平面，绘制图 8.2.24 所示的截面草图。

Step4. 定义除料深度属性。在 切割方法 下拉列表中选择 厚度 选项，在 限制 下拉列表中选择 贯通 选项。

Step5. 在"法向开孔"对话框中单击 <确定> 按钮，完成特征的创建。

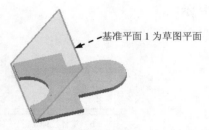

基准平面 1 为草图平面

图 8.2.23　选取草图平面

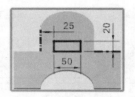

图 8.2.24　截面草图

图 8.2.22 所示的"法向开孔"对话框中部分选项的功能说明如下。

- 开孔属性 区域包括 切割方法 下拉列表、限制 下拉列表和 按钮。

- 切割方法 下拉列表包括 厚度、中位面 和 最近的面 选项。

  - ☑ 厚度：选取该选项，在钣金件的表面沿厚度方向进行裁剪。

  - ☑ 中位面：选取该选项，在钣金件的中间面向两侧进行裁剪。

- 限制 下拉列表包括 值、所处范围、直至下一个 和 贯通 选项。

  - ☑ 值：选取该选项，特征将从草图平面开始，按照所输入的数值（即深度值）向特征创建的方向一侧进行拉伸。

  - ☑ 所处范围：选取该选项，草图沿着草图面向两侧进行裁剪。

  - ☑ 直至下一个：选取该选项，去除材料深度从草图开始直到下一个曲面上。

  - ☑ 贯通：选取该选项，去除材料深度贯穿所有曲面。

2. 用开放的轮廓线创建法向除料

下面以图 8.2.25 所示的模型为例，说明用开放的轮廓线创建法向除料的一般创建过程。

Step1. 打开文件 D:\ugxc12\work\ch08.02.04\ remove02。

Step2. 选择命令。选择下拉菜单 插入(S) ➡ 切割(T) ➡ 法向开孔(N) 命令，系统弹出"法向开孔"对话框。

Step3. 绘制除料截面草图。单击 按钮，选取图 8.2.26 所示的钣金表平面为草图平面，绘制图 8.2.27 所示的截面草图。

Step4. 定义除料属性。在 切割方法 下拉列表中选择 厚度 选项，在 限制 下拉列表中选择 贯通 选项。

Step5. 定义除料的方向。定义图 8.2.28 所示的切削方向。

Step6. 在"法向开孔"对话框中单击 < 确定 > 按钮，完成特征的创建。

图 8.2.25　用开放的轮廓线创建法向除料

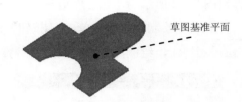

图 8.2.26　选取草图平面

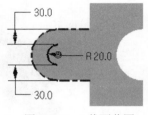

图 8.2.27　截面草图

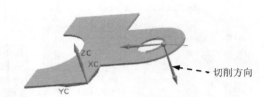

图 8.2.28　定义法向除料的切削方向

8.3　钣金的折弯与展开

8.3.1　钣金折弯

钣金折弯是将钣金的平面区域沿指定的直线弯曲某个角度。

钣金折弯特征包括如下三个要素。

◆　折弯角度：控制折弯的弯曲程度。

◆　折弯半径：折弯处的内半径或外半径。

◆　折弯应用曲线：确定折弯位置和折弯形状的几何线。

1. 钣金折弯的一般操作过程

下面以图 8.3.1 所示的模型为例，说明"折弯"的一般过程。

a）折弯前

b）折弯后

图 8.3.1　折弯的一般过程

Step1. 打开文件 D：\ugxc12\work\ch08.03.01\offset01。

Step2. 选择命令。选择下拉菜单 插入(S) ➡ 折弯(N)▶ ➡ 折弯(B)... 命令，系统弹出图 8.3.2 所示的"折弯"对话框。

Step3. 绘制折弯线。单击 ▦ 按钮，选取图 8.3.3 所示的模型表面为草图平面，单击 确定 按钮，绘制图 8.3.4 所示的折弯线。

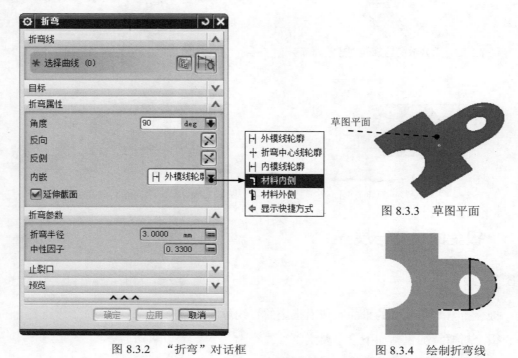

图 8.3.2　"折弯"对话框

图 8.3.3　草图平面

图 8.3.4　绘制折弯线

Step4. 定义折弯属性。在"折弯"对话框 折弯属性 区域的 角度 文本框中输入数值 90；在 内嵌 下拉列表中选择 折弯中心线轮廓 选项；选中 ☑ 延伸截面 复选框，折弯方向如图 8.3.5 所示。

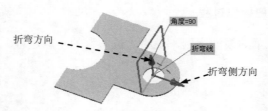

图 8.3.5　折弯方向

说明：在模型中双击图 8.3.5 所示的折弯方向箭头可以改变折弯方向。

Step5. 在"折弯"对话框中单击 〈 确定 〉 按钮，完成特征的创建。

图 8.3.2 所示的"折弯"对话框中部分区域功能说明如下。

● 折弯属性 区域包括 角度 文本框、"反向"按钮 ⤫、"反侧"按钮 ⤫、内嵌 下拉

列表和 ☑延伸截面 复选框。

- ☑ 　角度 : 在该文本框中输入数值设置折弯角度值。

- ☑ 　🗙 : "反向"按钮, 单击该按钮, 可以改变折弯的方向。

- ☑ 　🗙 : "反侧"按钮, 单击该按钮, 可以改变要折弯部分的方向。

- ☑ 　☑ 延伸截面 : 选中该复选框, 将弯边轮廓延伸到零件边缘的相交处; 取消选择, 则在创建弯边特征时不延伸。

- ● 　内嵌 下拉列表中包括 ⊞ 外模线轮廓 、 ⊞ 折弯中心线轮廓 、 ⊞ 内模线轮廓 、 ⅂ 材料内侧 和 Γ 材料外侧 五个选项。

  - ☑ 　⊞ 外模线轮廓 : 选择该选项, 在展开状态时, 折弯线位于折弯半径的第一相切边缘。

  - ☑ 　⊞ 折弯中心线轮廓 : 选择该选项, 在展开状态时, 折弯线位于折弯半径的中心。

  - ☑ 　⊞ 内模线轮廓 : 选择该选项, 在展开状态时, 折弯线位于折弯半径的第二相切边缘。

  - ☑ 　⅂ 材料内侧 : 选择该选项, 在成形状态下, 折弯线位于折弯区域的外侧平面。

  - ☑ 　Γ 材料外侧 : 选择该选项, 在成形状态下, 折弯线位于折弯区域的内侧平面。

2．在钣金折弯处创建止裂口

在进行折弯时, 由于折弯半径的关系, 折弯面与固定面可能会产生互相干涉, 此时用户可创建止裂口来解决干涉问题。下面以图 8.3.6 所示的模型为例来介绍在钣金折弯处创建止裂口的操作方法。

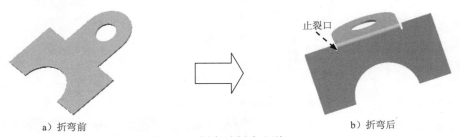

a）折弯前　　　　　　　　　　　　　　　　b）折弯后

图 8.3.6　折弯时创建止裂口

Step1. 打开文件 D：\ugxc12\work\ch08.03.01\offset02。

Step2. 选择命令。选择下拉菜单 插入(S) ➡ 折弯(N)▶ ➡ 折弯(B)... 命令，系统弹出"折弯"对话框。

Step3. 绘制折弯线。单击 按钮，选取图 8.3.7 所示的模型表面为草图平面，单击 确定 按钮，绘制图 8.3.8 所示的折弯线。

Step4. 定义折弯属性。在"折弯"对话框 折弯属性 区域的 角度 文本框中输入数值 90；在 内嵌 下拉列表中选择 材料内侧 选项；取消选中 □ 延伸截面 复选框，折弯方向如图 8.3.9 所示。

Step5. 定义止裂口。在 止裂口 区域的 折弯止裂口 下拉列表中选择 圆形 选项；在 拐角止裂口 下拉列表中选择 仅折弯 选项。

Step6. 在"折弯"对话框中单击 ＜ 确定 ＞ 按钮，完成特征的创建。

图 8.3.7　草图平面

图 8.3.8　绘制折弯线

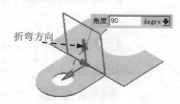
图 8.3.9　折弯方向

8.3.2　伸直

在钣金设计中，如果需要在钣金件的折弯区域创建裁剪或孔等特征，首先用"伸直"命令取消折弯钣金件的折弯特征，然后就可以在展平的折弯区域创建裁剪或孔等特征。

下面以图 8.3.10 所示的模型为例，介绍创建伸直的一般过程。

a）展开前

b）展开后
图 8.3.10　钣金伸直

Step1. 打开文件 D：\ugxc12\work\ch08.03.02\cancel。

Step2. 选择命令。选择下拉菜单 插入(S) ➡ 成形(R)▶ ➡ 伸直(U)... 命令，系统弹出图 8.3.11 所示的"伸直"对话框。

Step3. 选取固定面。选取图 8.3.12 所示的内表面为固定面。

Step4. 选取折弯特征。选取图 8.3.13 所示的折弯特征。

Step5. 在"伸直"对话框中单击 < 确定 > 按钮，完成特征的创建。

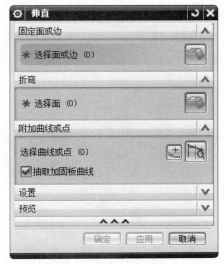

图 8.3.11 "伸直"对话框

图 8.3.12 选取展开固定面

图 8.3.13 选取折弯特征

图 8.3.11 所示的"伸直"对话框中按钮的功能说明如下。

● ▨："固定面或边"按钮在"伸直"对话框中为默认被按下，用来指定选取钣金件的一条边或一个平面作为固定位置来创建展开特征。

● ▨："折弯"按钮在选取固定面后自动被激活，可以选取将要执行伸直操作的折弯区域（折弯面），当选取折弯面后，折弯区域在视图中将高亮显示。可以选取一个或多个折弯区域圆柱面（选择钣金件的内侧和外侧均可）。

8.3.3 重新折弯

可以将伸直后的钣金壁部分或全部重新折弯回来（图 8.3.14），这就是钣金的重新折弯。

a）原钣金件   b）展开钣金件   c）钣金的重新折弯

图 8.3.14 钣金的重新折弯

下面以图 8.3.14 所示的模型为例，说明创建"重新折弯"的一般过程。

Step1. 打开文件 D:\ugxc12\work\ch08.03.03\cancel.prt。

Step2. 选择命令。选择下拉菜单 插入(S) ━━━▶ 成形(R) ▶ ━━━▶ ⤸ 重新折弯(R)... 命令，系统弹出图 8.3.15 所示的"重新折弯"对话框。

Step3. 定义固定面。选取图 8.3.16 所示的面为固定面。

Step4. 选取折弯特征。选取图 8.3.16 所示的折弯特征。

Step5. 在"重新折弯"对话框中单击 〈 确定 〉 按钮，完成特征的创建。

图 8.3.15 "重新折弯"对话框

图 8.3.16 选取固定面

图 8.3.15 所示的"重新折弯"对话框中的按钮功能说明如下。

● 🖱 （固定面或边）按钮：此按钮用来定义执行"重新折弯"操作时保持固定不动的面或边。

● 🖱："折弯"按钮在"重新折弯"对话框中为默认选项，用来选择"重新折弯"操作的折弯面。可以选择一个或多个取消折弯特征，当选择"取消折弯"面后，所选择的取消折弯特征在视图中将高亮显示。

8.3.4 将实体转换成钣金件

实体零件通过创建"壳"特征后，可以创建出壁厚相等的实体零件，若想将此类零件转换成钣金件，则必须使用"转换为钣金"命令。例如，图 8.3.17 所示的实体零件通过抽壳方式转换为薄壁件后，其壁是完全封闭的，通过创建转换特征后，钣金件四周产生了裂缝，这样该钣金件便可顺利展开。

a）实体零件　　　　　　　b）使用"壳"命令后　　　　　　c）添加转换特征

图 8.3.17 将实体转换到钣金件

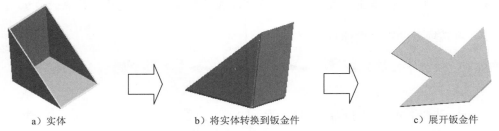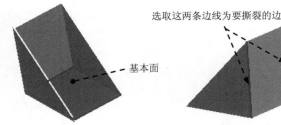

下面以图 8.3.18 所示的模型为例，说明转换为钣金的一般创建过程。

a）实体　　　　　b）将实体转换到钣金件　　　　　c）展开钣金件

图 8.3.18　将实体转换到钣金件的一般创建过程

1. 打开一个现有的零件模型，并将实体转换为钣金件

Step1. 打开文件 D：\ugxc12\ch08.03.04\transition。

Step2. 选择命令。选择下拉菜单 插入(S) ➡ 转换(V)▶ ➡ 转换为钣金(C)... 命令，系统弹出图 8.3.19 所示的"转换为钣金"对话框。

Step3. 选取基本面。确认"转换为钣金"对话框的"全局转换"按钮 被按下，在系统 选择基本面以进行全局转换 的提示下，选取图 8.3.20 所示的模型表面为基本面。

Step4. 选取要撕裂的边。在 要撕开的边 区域中单击"撕边"按钮，选取图 8.3.21 所示的两条边线为要撕裂的边。

Step5. 在"转换为钣金"对话框中单击 确定 按钮，完成特征的创建。

选取这两条边线为要撕裂的边

基本面

图 8.3.19　"转换为钣金"对话框　　图 8.3.20　选取基本面　　图 8.3.21　选取要撕裂的边

图 8.3.19 所示的"转换为钣金"对话框中的按钮功能说明如下。

● （全局转换）：在"转换为钣金"对话框中此按钮默认被激活，用于选择钣

金件的表平面作为固定面（基本面）来创建特征。

- ▣ （撕边）：单击此按钮后，用户可以在钣金件模型中选择要撕裂的边缘。

2．将转换后的钣金件伸直

Step1. 选择下拉菜单 插入(S) ➡ 成形(R) ▶ ➡ ⊥ 伸直(U)... 命令，系统弹出"伸直"对话框。

Step2. 选取固定面。选取图 8.3.22 所示的表面为展开基准面。

Step3. 选取折弯特征。选取图 8.3.23 所示的三个面为折弯特征。

Step4. 在"伸直"对话框中单击 < 确定 > 按钮，完成特征的创建。

图 8.3.22　选取展开基准面

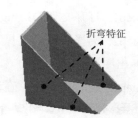

图 8.3.23　选取折弯特征

8.4　高级钣金特征

8.4.1　凹坑

凹坑就是用一组连续的曲线作为轮廓沿着钣金件表面的法线方向冲出凸起或凹陷的成形特征。

1．封闭的截面线创建"凹坑"的一般过程

下面以图 8.4.1 所示的模型为例，说明用封闭的截面线创建"凹坑"的一般过程。

Step1. 打开文件 D:\ugxc12\work\ch08.04.01\sm_dimple_01.prt。

a）创建凹坑前　　　　　　　　　　　　　　b）创建凹坑后

图 8.4.1　用封闭的截面线创建"凹坑"特征

Step2. 选择特征命令。选择下拉菜单 插入(S) ➡ 冲孔(H) ▶ ➡ ◎ 凹坑(D)... 命令，系统弹出图 8.4.2 所示的"凹坑"对话框。

　　Step3. 绘制凹坑截面。单击 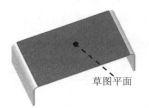 按钮，系统弹出"创建草图"对话框，选取图 8.4.3 所示的模型表面为草图平面，单击 确定 按钮，绘制图 8.4.4 所示的凹坑截面草图。

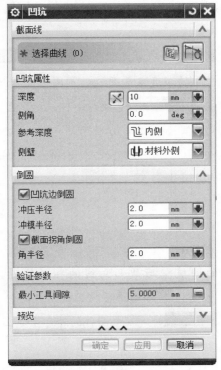

图 8.4.2　"凹坑"对话框

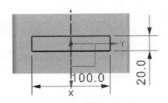

图 8.4.3　选取草图平面

图 8.4.4　凹坑截面草图

　　Step4. 定义凹坑的属性及倒圆。

　　（1）定义凹坑属性。在 凹坑属性 区域的 深度 文本框中输入数值 20；在 侧角 文本框中输入数值 15；在 参考深度 下拉列表中选择 内侧 选项；在 侧壁 下拉列表中选择 材料内侧 选项，单击"反向"按钮 。

　　（2）定义倒圆。在 倒圆 区域中选中 ☑ 凹坑边倒圆 复选框；在 冲压半径 文本框中输入数值 2；在 冲模半径 文本框中输入数值 2；选中 ☑ 截面拐角倒圆 复选框；在 角半径 文本框中输入数值 2。

　　（3）单击"凹坑"对话框中的 < 确定 > 按钮，完成"凹坑"特征的创建。

　　图 8.4.2 所示的"凹坑"对话框中各选项的功能说明如下。

●　截面线 区域：用于定义凹坑的截面曲线，可选取现有的曲线或创建草图曲线作为凹坑的截面曲线，该截面曲线可以是封闭的也可以是开放的。

●　凹坑属性 区域：用于定义凹坑的属性。

☑ 深度 文本框: 可在该文本框中输入数值以定义从钣金件的放置面到弯边底部的距离。

☑ 反向 后的 ✕ 按钮: 单击该按钮, 可将凹坑的方向调整为默认方向的反方向。

☑ 侧角 文本框: 可在该文本框中输入数值以定义凹坑在钣金件放置面法向的倾斜角度值。

☑ 参考深度 下拉列表: 用于定义凹坑深度定义的方式, 包含 ⌐内侧 和 ⌐外侧 两个选项。当选择 ⌐内侧 选项时, 凹坑的深度从截面线的草图平面开始计算, 延伸至总高, 如图 8.4.5a 所示; 当选择 ⌐外侧 选项时, 凹坑的深度从截面线的草图平面开始计算, 延伸至总高, 如图 8.4.5b 所示。

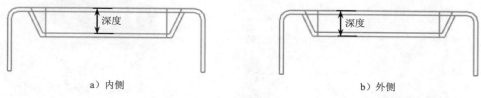

a) 内侧　　　　　　　　　　　　　　b) 外侧

图 8.4.5　参考深度

☑ 侧壁 下拉列表: 用于定义生成的凹坑壁与截面曲线的相对位置, 包含 ∪材料内侧 和 ∪材料外侧 两个选项。当选择 ∪材料内侧 时, 在截面线的内部生成凹坑, 如图 8.4.6a 所示; 当选择 ∪材料外侧 时, 在截面线的外部生成凹坑, 如图 8.4.6b 所示。

a) 材料内侧　　　　　　　　　　　　b) 材料外侧

图 8.4.6　设置"侧壁"选项

● 倒圆 区域: 用于定义凹坑的圆角。

☑ ☑凹坑边倒圆 复选框: 当选中该复选框时, 在"凹坑"特征的冲压面到折弯部分使用圆角过渡 (图 8.4.7), 可在其下的 冲压半径 文本框中输入数值以定义凸模半径 (图 8.4.7a), 在其下的 冲模半径 文本框中输入数值以定义凹模半径 (图 8.4.7b); 当取消选中 □凹坑边倒圆 复选框时, 在"凹坑"特征的冲压面到折弯部分不使用圆角过渡, 如图 8.4.8 所示。

☑ ☑截面拐角倒圆 复选框: 当选中该复选框时, 折弯部分内侧拐角使用圆柱面过渡（图 8.4.9b），可在其下的 角半径 文本框中输入数值以定义圆柱面的半径；
当取消选中该复选框时，折弯部分内侧拐角不使用圆柱面过渡（图 8.4.9a）。

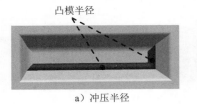

a）冲压半径

图 8.4.7 凹坑边使用圆角过渡

b）冲模半径

图 8.4.8 凹坑边不使用圆角过渡

a）拐角不使用圆形截面拐角

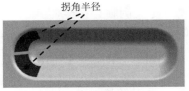

b）拐角使用圆形截面拐角

图 8.4.9 拐角圆角

2. 使用开放截面线创建"凹坑"

下面以图 8.4.10 所示的模型为例，介绍使用开放截面线创建"凹坑"的一般过程。

Step1. 打开文件 D:\ugxc12\work\ch08.04.01\ sm_dimple_02.prt。

Step2. 选择特征命令。选择下拉菜单 插入(S) ➡ 冲孔(H) ▶ ➡ 凹坑(D)... 命令，
系统弹出"凹坑"对话框。

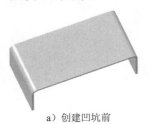

a）创建凹坑前

b）创建凹坑后

图 8.4.10 用开放的截面线创建"凹坑"特征

Step3. 绘制凹坑截面。单击 按钮，选取图 8.4.11 所示的模型表面为草图平面，单
击 确定 按钮，绘制图 8.4.12 所示的截面草图。

Step4. 定义凹坑的属性及倒圆。

（1）定义凹坑属性。在 凹坑属性 区域的 深度 文本框中输入数值 20；调整凹坑方向如图
8.4.13 所示，在 侧角 文本框中输入数值 25；在 参考深度 下拉列表中选择 内侧 选项；在 侧壁
下拉列表中选择 材料内侧 选项。

说明：凹坑方向可以通过单击"凹坑"对话框中的"反向"按钮 ⚡ 来调整，凹坑的创建区域可通过双击箭头来调整。

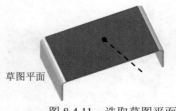

图 8.4.11　选取草图平面

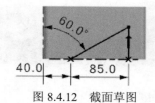

图 8.4.12　截面草图

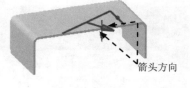

图 8.4.13　凹坑的创建方向

（2）定义倒圆。在 倒圆 区域中选中 ☑ 凹坑边倒圆 复选框；在 冲压半径 文本框中输入数值 4；在 冲模半径 文本框中输入数值 10；选中 ☑ 截面拐角倒圆 复选框；在 角半径 文本框中输入数值 6。

（3）单击"凹坑"对话框中的 〈 确定 〉 按钮，完成"凹坑"特征的创建。

8.4.2　冲压除料

冲压除料就是用一组连续的曲线作为轮廓沿着钣金件表面的法向方向进行裁剪，同时在轮廓线上建立弯边，如图 8.4.14 所示。

说明：冲压除料成形面的截面线可以是封闭的，也可以是开放的。

钣金的冲压除料

a）截面线是封闭的

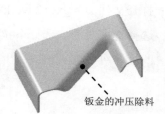

钣金的冲压除料

b）截面线是开放的

图 8.4.14　钣金的"冲压除料"特征

选取"冲压除料"命令有两种方法。

方法一：从下拉菜单中获取特征命令。选择下拉菜单 插入(S) ➡ 冲孔(H) ▶ ➡ ⬦ 冲压开孔(C)... 命令。

方法二：从功能区中获取特征命令。在 主页 选项卡中单击 冲孔 区域中的 ⬦ 冲压开孔(C)... 按钮。

创建"冲压除料"特征的一般步骤如下。

（1）指定成形面截面线的草图平面。

（2）草绘成形面的截面线，截面线可以是封闭的，也可以是开放的。

（3）在"冲压除料"对话框的 側壁 下拉列表中选择相应的方法。

（4）在"冲压除料"对话框中设置其他的参数。

（5）确认冲压除料的裁剪方向。

范例

下面以图 8.4.15 所示的模型为例，说明用封闭的截面线创建"冲压除料"的一般步骤。

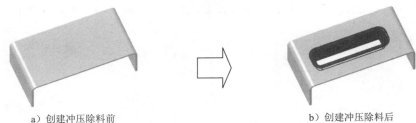

a）创建冲压除料前　　　　　　　　　　　b）创建冲压除料后

图 8.4.15　用封闭的截面线创建"冲压除料"特征

Step1. 打开文件 D:\ugxc12\work\ch08.04.02\ sm_drawn_cutout_01.prt。

Step2. 选择特征命令。选择下拉菜单 插入(S) ➡ 冲孔(H) ▸ ➡ 冲压开孔(C)... 命令，系统弹出图 8.4.16 所示的"冲压开孔"对话框。

Step3. 绘制冲压除料截面草图。单击 按钮，选取图 8.4.17 所示的模型表面为草图平面，单击 确定 按钮，绘制图 8.4.18 所示的截面草图。

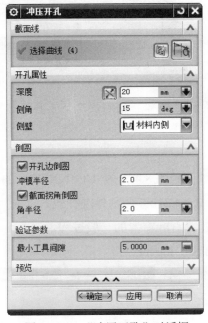

图 8.4.16　"冲压开孔"对话框

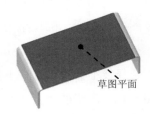

草图平面

图 8.4.17　选取草图平面

Step4. 定义冲压除料的属性及倒圆。

（1）定义冲压除料属性。在 开孔属性 区域的 深度 文本框中输入数值 20，单击 深度 下面的 反向 按钮 ⬈ ，接受图 8.4.19 所示的箭头方向为冲压除料的裁剪方向，在 侧角 文本框中输入数值 15；在 侧壁 下拉列表中选择 材料内侧 选项。

（2）定义倒圆。在 倒圆 区域中选中 ☑开孔边倒圆 复选框；在 冲模半径 文本框中输入数值 2；选中 ☑截面拐角倒圆 复选框；在 角半径 文本框中输入数值 2。

（3）单击"冲压开孔"对话框中的 ＜确定＞ 按钮，完成"冲压除料"特征的创建。

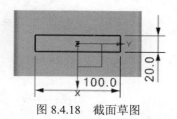

图 8.4.18 截面草图

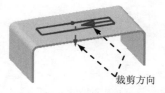

裁剪方向

图 8.4.19 冲压除料的裁剪方向

图 8.4.16 所示的"冲压开孔"对话框中各选项的功能说明如下。

● 侧壁 下拉列表：用于设置轮廓线所在的位置。

　　☑ 材料内侧 选项：在截面线的内部生成冲压除料，如图 8.4.20a 所示。

　　☑ 材料外侧 选项：在截面线的外部生成冲压除料，如图 8.4.20b 所示。

截面线

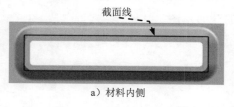

a）材料内侧

截面线

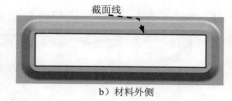

b）材料外侧

图 8.4.20 设置"侧壁"选项

● 其余各选项的含义与"凹坑"对话框中相应的部分相同，这里不再赘述。

8.4.3 百叶窗

百叶窗的功能是在钣金件的平面上创建通风窗（图 8.4.21）。UG NX 12.0 的百叶窗有成形的百叶窗（图 8.4.21a）和切口百叶窗（图 8.4.21b）两种外观样式。

下面以图 8.4.22 所示的模型为例，说明创建"百叶窗"的一般过程。

Step1. 打开文件 D:\ugxc12\work\ch08.04.03\ sm_louver.prt。

Step2. 选择特征命令。选择下拉菜单 插入(S) ➡ 冲孔(H) ▸ ➡ 百叶窗(L)... 命令，系统弹出图 8.4.23 所示的"百叶窗"对话框。

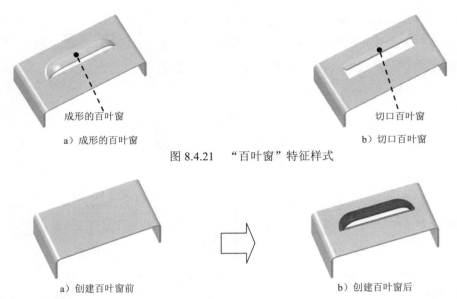

a）成形的百叶窗 　　　　　　　　　　　　　　　b）切口百叶窗

图 8.4.21　"百叶窗"特征样式

a）创建百叶窗前　　　　　　　　　　　　　　　b）创建百叶窗后

图 8.4.22　创建"百叶窗"特征

Step3. 绘制百叶窗截面草图。单击 按钮，选取图 8.4.24 所示的模型表面为草图平面，单击 确定 按钮，进入草图环境，绘制图 8.4.25 所示的截面草图。

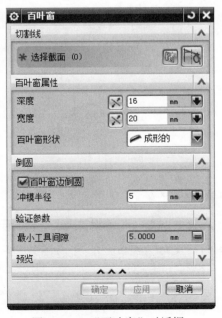

图 8.4.23　"百叶窗"对话框

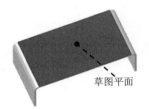

图 8.4.24　选取草图平面

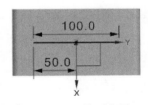

图 8.4.25　截面草图

Step4. 定义百叶窗的属性及圆角。在 百叶窗属性 区域的 深度 文本框中输入数值 16，在

宽度 文本框中输入数值 20，单击 宽度 前的"反向"按钮 ⬈，接受图 8.4.26 所示的箭头方向为百叶窗的深度方向和宽度方向，在 百叶窗形状 下拉列表中选择 ⬈ 成形的 选项；在 倒圆 区域选中 ☑ 百叶窗边倒圆 复选框，在 冲模半径 文本框中输入数值 5。

图 8.4.26　"百叶窗"的深度方向和宽度方向

说明：若方向相反可双击箭头调整。

Step5. 在"百叶窗"对话框中单击 ＜ 确定 ＞ 按钮，完成特征的创建。

图 8.4.23 所示的"百叶窗"对话框中各选项的功能说明如下。

- 切割线 区域：用于定义创建"百叶窗"特征的切割线，可以选取一条单一直线作为"百叶窗"特征的切割线，也可以在草图环境中绘制一条直线作为"百叶窗"特征的切割线。

- 百叶窗属性 区域：用于定义"百叶窗"特征的属性。

  - ☑ 深度 文本框：可在该文本框中输入数值以定义从钣金件表面到"百叶窗"特征最外侧点的距离，如图 8.4.27 所示。单击其下的"反向"按钮 ⬈，可调整深度方向，如图 8.4.28 所示。

a) 成形的百叶窗

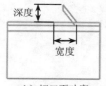

b) 切口百叶窗

图 8.4.27　"百叶窗"特征的深度和宽度

  - ☑ 宽度 文本框：可在该文本框中输入数值以定义钣金件表面投影轮廓的宽度值，如图 8.4.27 所示。单击其下的"反向"按钮 ⬈，可调整宽度方向，如图 8.4.28 所示。

  - ☑ 百叶窗形状 下拉列表：用于定义百叶窗的外观形状，包含 ⬈ 冲裁的 和 ⬈ 成形的 两个选项。当选择 ⬈ 冲裁的 选项后，创建"切口百叶窗"特征（图 8.4.29a）；当选择 ⬈ 成形的 选项后，创建"成形的百叶窗"特征（图 8.4.29b）。

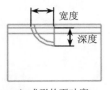

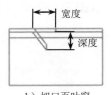

a）成形的百叶窗

b）切口百叶窗

图 8.4.28　反转"百叶窗"特征的深度和宽度

a）切口百叶窗

b）成形的百叶窗

图 8.4.29　百叶窗的外观形状

● 倒圆 区域：用于为冲模创建倒圆并设置冲模倒圆半径值。选中该区域的 ☑百叶窗边倒圆 复选框后可为冲模创建倒圆（图 8.4.30a），并可在该区域的 冲模半径 文本框中输入数值以定义倒圆半径值；当取消选中 ☐百叶窗边倒圆 复选框后，不创建倒圆（图 8.4.30b）。

a）创建倒圆

b）不创建倒圆

图 8.4.30　倒圆

8.4.4　筋

"筋"命令可以完成沿钣金件表面上的曲线添加筋的功能，如图 8.4.31 所示。筋用于增加钣金件强度，但在展开实体的过程中，筋是不可以被展开的。

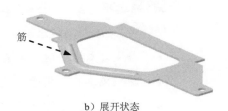

a）折弯状态

b）展开状态

图 8.4.31　在钣金件上添加筋

下面以图 8.4.32 所示的模型为例，说明创建"筋"的一般过程。

a）创建筋前   b）创建筋后

图 8.4.32 创建"筋"特征

Step1. 打开文件 D：\ugxc12\ch08.04.04\sm_bead.prt。

Step2. 选择特征命令。选择下拉菜单 插入(S) ➡ 冲孔(H) ▶ ➡ 筋(B)... 命令，系统弹出"筋"对话框。

Step3. 绘制筋截面草图。在"筋"对话框中单击 ▦ 按钮，选取图 8.4.33 所示的模型表面为草图平面，单击 确定 按钮，绘制图 8.4.34 所示的截面草图。

图 8.4.33 选取草图平面

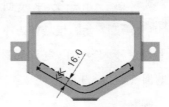

图 8.4.34 截面草图

Step4. 定义筋的属性。在"筋"对话框 筋属性 区域的 横截面 下拉列表中选择 ⋃ 圆形 选项，在 深度 文本框中输入数值 5，在 半径 文本框中输入数值 5.5；在 端部条件 下拉列表中选择 ⬤ 成形的 选项；在 倒圆 区域中选中 ☑ 筋边倒圆 复选框；在 冲模半径 文本框中输入数值 3。

Step5. 接受图 8.4.35 所示的箭头方向为筋的创建方向。

Step6. 在图 8.4.36 所示的"筋"对话框中单击 ＜ 确定 ＞ 按钮，完成特征的创建。

图 8.4.36 所示的"筋"对话框中部分选项的功能说明如下。

- 横截面 下拉列表：用于定义筋的横截面类型，包含 ⋃ 圆形 、 ⋃ U 形 和 ⋁ V 形 三种类型，如图 8.4.37 所示。

  - ☑ ⋃ 圆形 选项：当在 横截面 下拉列表中选择此选项时，对话框中的 深度 、 半径 和 冲模半径 文本框均被激活。

    - ◆ 深度 文本框：用于定义圆形筋从底面到圆弧的顶部之间的高度距离。

    - ◆ 半径 文本框：用于定义圆形筋的截面圆弧半径。

    - ◆ 冲模半径 文本框：用于定义圆形筋的端盖边缘或侧面与底面的倒角半径。

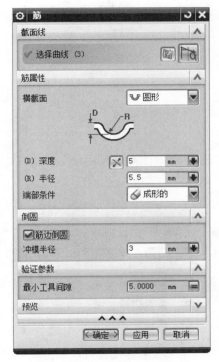

图 8.4.36　"筋"对话框

创建方向

图 8.4.35　筋的创建方向

☑ `⋃ U形` 选项：当在 `横截面` 下拉列表中选择此选项时，对话框中的 `深度`、`宽度`、`角度`、`冲压半径` 和 `冲模半径` 文本框均被激活。

◆ `深度` 文本框：用于定义 U 形筋从底面到顶面之间的高度距离。

◆ `宽度` 文本框：用于定义 U 形筋顶面的宽度。

◆ `角度` 文本框：用于定义 U 形筋的底面法向和侧面或者端盖之间的夹角。

◆ `冲压半径` 文本框：用于定义 U 形筋的顶面和侧面或者端盖之间的倒角半径。

◆ `冲模半径` 文本框：用于定义 U 形筋的底面和侧面或者端盖之间的倒角半径。

☑ `∨ V形` 选项：当在 `横截面` 下拉列表中选择此选项时，对话框中的 `深度`、`半径`、`角度` 和 `冲模半径` 文本框均被激活。

◆ `深度` 文本框：用于定义 V 形筋从底面到顶面之间的高度距离。

◆ `半径` 文本框：用于定义 V 形筋的两个侧面或者两个端盖之间的半径。

◆ `角度` 文本框：用于定义 V 形筋的底面法向和侧面或者端盖之间的夹角。

◆ 冲模半径 文本框：用于定义 V 形筋的底面和侧面或者端盖之间的倒角半径。

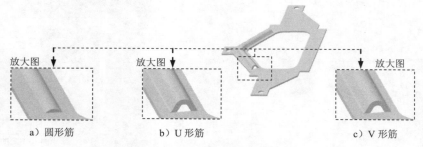

a）圆形筋   b）U 形筋   c）V 形筋

图 8.4.37　设置筋的横截面

● 端部条件 下拉列表：用于定义 "筋" 的端部条件，该下拉列表中包含 成形的 、
冲裁的 、 冲压的 和 锥孔 四种类型，如图 8.4.38 所示。

☑ 成形的 选项：当选择该选项时，所创建筋的端面为圆形。

☑ 冲裁的 选项：当选择该选项时，所创建筋的端面是平的或者有切口的。

☑ 冲压的 选项：当选择该选项时，所创建筋的端面为缺口。可在 冲压宽度 文本
框中输入数值以确定缺口的大小。

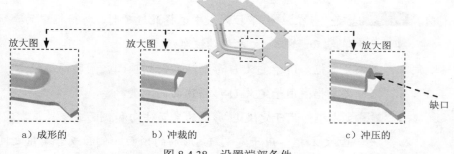

a）成形的   b）冲裁的   c）冲压的
缺口

图 8.4.38　设置端部条件

学习拓展：扫码学习更多视频讲解。

讲解内容：主要包含钣金设计的背景知识，钣金的基本概念，常见的钣金产品及工艺流程，钣金设计工作界面，典型钣金案例的设计方法。通过这些内容的学习，读者可以了解钣金设计的特点以及钣金设计与一般零件设计的区别，并能掌握一般钣金产品的设计思路和流程。

第 9 章　钣金设计综合实例

9.1　钣金设计综合实例一

实例概述：

　　本实例详细讲解了图 9.1.1 所示的钣金件的设计过程，主要应用了弯边、折边弯边、折弯、伸直和重新折弯等命令。需要读者注意的是使用"伸直"和"重新折弯"命令的操作过程及使用方法。零件模型如图 9.1.1 所示。

　　说明： 本实例的详细操作过程请参见随书光盘中 video\ch09.01\文件夹下的语音视频讲解文件。模型文件为 D:\ugxc12\work\ch09.01\flyco.prt。

图 9.1.1　零件模型 1

9.2　钣金设计综合实例二

实例概述：

　　本实例详细讲解了文具夹钣金件的设计过程，该模型是我们较为常用的一种办公用品。设计文具夹钣金件首先使用"突出块"命令创建出钣金件的第一壁，然后再使用"折边弯边"等命令创建两边的圆筒，最后使用"折弯"命令完成文具夹的设计。钣金件模型如图 9.2.1 所示。

　　说明： 本实例的详细操作过程请参见随书光盘中 video\ch09.02\文件夹下的语音视频讲解文件。模型文件为 D:\ugxc12\work\ch09.02\clip01.prt。

9.3　钣金设计综合实例三

实例概述：

　　本实例介绍了一个生活中较为常见的钣金件——计算机光驱盒底盖的设计方法，主要运用了"法向除料""折弯""弯边""冲压除料"和"筋"等特征，而添加的"筋"特征使钣金件外形更为逼真，也可弥补钣金件强度较小的缺点。钣金件模型如图 9.3.1 所示。

　　说明： 本实例的详细操作过程请参见随书光盘中 video\ch09.03\文件夹下的语音视频

讲解文件。模型文件为 D:\ ugxc12\work\ch09.03\box-down.prt。

图 9.2.1   零件模型 2

图 9.3.1   零件模型 3

学习拓展：扫码学习更多视频讲解。

讲解内容：钣金设计实例精选，包含二十多个常见钣金件的设计全过程讲解，并对设计操作步骤做了详细的演示。

第 **10** 章 装 配 设 计

10.1 装配基础

10.1.1 装配概述

装配环境的下拉菜单中包含了进行装配操作的所有命令，而装配选项卡包含了进行装配操作的常用按钮。选项卡中的按钮都能在下拉菜单中找到与其对应的命令，这些按钮是进行装配的主要工具。

新建任意一个文件（如 work.prt）；在 `应用模块` 功能选项卡中确认 `设计` 区域的 按钮处于按下状态，然后单击 `装配` 功能选项卡，如图 10.1.1 所示。如果没有显示，用户可以在功能选项卡空白的地方右击，在系统弹出的快捷菜单中选中 `✔ 装配` 选项，即可调出"装配"功能选项卡。

图 10.1.1 所示的"装配"功能选项卡中各部分选项的说明如下。

- `查找组件`：该选项用于查找组件。单击该按钮，系统弹出图 10.1.2 所示的"查找组件"对话框，利用该对话框中的 `按名称` 、`根据状态` 、`根据属性` 、`从列表` 和 `按大小` 五个选项卡可以查找组件。

- `按邻近度打开`：该选项用于按相邻度打开一个范围内的所有关闭组件。选择此选项，系统弹出"类选择"对话框，选择某一组件后，单击 `确定` 按钮，系统弹出图 10.1.3 所示的"按邻近度打开"对话框。用户在"按邻近度打开"对话框中可以拖动滑块设定范围，主对话框中会显示该范围的图形，应用后会打开该范围内的所有关闭组件。

- `显示产品轮廓`：该按钮用于显示产品轮廓。单击此按钮，显示当前定义的产品轮廓。如果在选择显示产品轮廓选项时没有现有的产品轮廓，系统会弹出一条消息"选择是否创建新的产品轮廓"。

- ：该选项用于加入现有的组件。在装配中经常会用到此选项，其功能是向装配体中添加已存在的组件，添加的组件可以是未载入系统中的部件文件，也可以是已载入系统中的组件。用户可以选择在添加组件的同时定位组件，设定与其他组件的装配约束，也可以不设定装配约束。

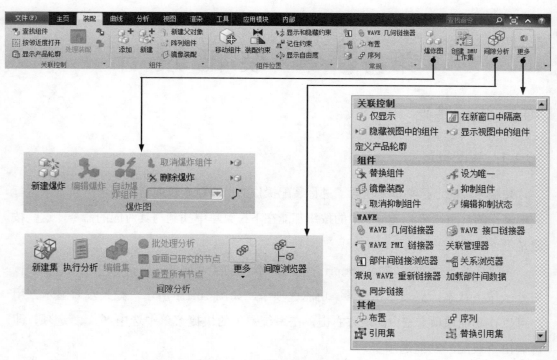

图 10.1.1　"装配"功能选项卡

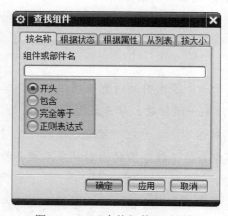

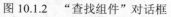

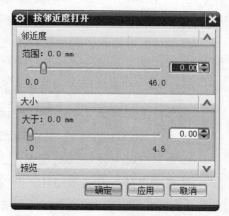

图 10.1.2　"查找组件"对话框　　　　图 10.1.3　"按邻近度打开"对话框

- ：该选项用于创建新的组件，并将其添加到装配中。
- 阵列组件：该选项用于创建组件阵列。
- 镜像装配：该选项用于镜像装配。对于含有很多组件的对称装配，此命令是很有用的，只需要装配一侧的组件，然后进行镜像即可。可以对整个装配进行镜像，也可以选择个别组件进行镜像，还可指定要从镜像的装配中排除的组件。
- 抑制组件：该选项用于抑制组件。抑制组件将组件及其子项从显示中移去，但不删除被抑制的组件，它们仍存在于数据库中。

● ⌗ 编辑抑制状态：该选项用于编辑抑制状态。选择一个或多个组件，选择此选项，系统弹出"抑制"对话框，其中可以定义所选组件的抑制状态。对于装配有多个布置或选定组件有多个控制父组件，则还可以对所选的不同布置或父组件定义不同的抑制状态。

● ⊹ 移动组件：该选项用于移动组件。

● ▷◁ 装配约束：该选项用于在装配体中添加装配约束，使各零部件装配到合适的位置。

● ⌐ 显示和隐藏约束：该按钮用于显示和隐藏约束及使用其关系的组件。

● ⌗ 布置：该按钮用于编辑排列。单击此按钮，系统弹出"编辑布置"对话框，可以定义装配布置来为部件中的一个或多个组件指定备选位置，并将这些备选位置和部件保存在一起。

● ⌗ 该按钮用于调出"爆炸视图"工具条，然后可以进行创建爆炸图、编辑爆炸图以及删除爆炸图等操作。

● ⌗ 序列：该按钮用于查看和更改创建装配的序列。单击此按钮，系统弹出"序列导航器"和"装配序列"工具条。

● ⌗ 该按钮用于定义其他部件可以引用的几何体和表达式、设置引用规则，并列出引用工作部件的部件。

● ⌗ WAVE 几何链接器：该按钮用于 WAVE 几何链接器。允许在工作部件中创建关联的或非关联的几何体。

● ⌗ WAVE PMI 链接器：将 PMI 从一个部件复制到另一个部件，或从一个部件复制到装配中。

● ⌗ 该按钮用于提供有关部件间链接的图形信息。

● ⌗ 该按钮用于快速分析组件间的干涉，包括软干涉、硬干涉和接触干涉。如果干涉存在，单击此按钮，系统会弹出干涉检查报告。在干涉检查报告中，用户可以选择某一干涉，隔离与之无关的组件。

10.1.2　装配导航器

为了便于用户管理装配组件，UG NX 12.0 提供了装配导航器功能。装配导航器在一个单独的对话框中以图形的方式显示出部件的装配结构，并提供了在装配中操控组件的快捷方法。可以使用装配导航器选择组件进行各种操作，以及执行装配管理功能，如更改工作部件、更改显示部件、隐藏和不隐藏组件等。

装配导航器将装配结构显示为对象的树形图。每个组件都显示为装配树结构中的一个节点。下面以一个例子来介绍装配导航器中各按钮的作用。

打开文件 D:\ugxc12\work\ch10.01.02\representative.prt；单击用户界面资源工具条区中的"装配导航器"选项卡 ，显示"装配导航器"窗口。在装配导航器的第一栏，可以方便地查看和编辑装配体和各组件的信息。

1. 装配导航器的按钮

装配导航器的模型树中，各部件名称前后有很多图标，不同的图标表示不同的信息。

- ☑：选中此复选标记，表示组件至少已部分打开且未隐藏。
- ☑：取消此复选标记，表示组件至少已部分打开，但不可见。不可见的原因可能是由于被隐藏、在不可见的层上，或在排除引用集中。单击该复选框，系统将完全显示该组件及其子项，图标变成☑。
- □：此复选标记表示组件关闭，在装配体中将看不到该组件，该组件的图标将变为 ▨ （当该组件为非装配或子装配时）或 ▨ （当该组件为子装配时）。单击该复选框，系统将完全或部分加载组件及其子项，组件在装配体中显示，该图标变成☑。
- ⬚：此标记表示组件被抑制。不能通过单击该图标编辑组件状态，如果要消除抑制状态可右击，从系统弹出的快捷菜单中选择 🔧 抑制... 命令，在系统弹出的"抑制"对话框中选择 ⦿ 从不抑制 单选项，然后进行相应操作。
- ⬡：此标记表示该组件是装配体。
- ⬡：此标记表示该组件不是装配体。

2. 装配导航器的操作

- 装配导航器对话框的操作。
  - ☑ 显示模式控制：通过单击左上角的 ⚙ 按钮，然后，在系统弹出的快捷菜单中选中或取消选中 ✔ 销住 选项，可以使装配导航器对话框在浮动和固定之间切换。
  - ☑ 列设置：装配导航器默认的设置只显示几列信息，大多数都被隐藏了。在装配导航器空白区域右击，在系统弹出的快捷菜单中选择 列 ▶ 选项，系统会展开所有列选项供用户选择。
- 组件操作。
  - ☑ 选择组件：单击组件的节点可以选择单个组件。按住 Ctrl 键可以在装配导航器中选择多个组件。如果要选择的组件是相邻的，可以按住 Shift 键并单击选择第一个组件和最后一个组件，则这中间的组件全部被选中。

- ☑ 拖放组件：可在按住鼠标左键的同时，选择装配导航器中的一个或多个组件，将它们拖到新位置。松开鼠标左键，目标组件将成为包含该组件的装配体，其按钮也将变为 📦 。

- ☑ 将组件设为工作组件：双击某一组件，可以将该组件设为工作组件，此时可以对工作组件进行编辑（这与在图形区域双击某一组件的效果是一样的）。要取消工作组件状态，只需在根节点处双击即可。

10.1.3　预览面板和相关性面板

1. 预览面板

在"装配导航器"窗口中单击"预览"标题栏，可展开或折叠面板。选择装配导航器中的组件，可以在预览面板中查看该组件的预览。添加新组件时，如果该组件已加载到系统中，预览面板也会显示该组件的预览。

2. 相关性面板

在"装配导航器"窗口中单击"相关性"标题栏，可展开或折叠面板。选择装配导航器中的组件，可以在相关性面板中查看该组件的相关性关系。

在相关性面板中，每个装配组件下都有两个文件夹：子级和父级。以选中组件为基础组件，定位其他组件时所建立的约束和配对对象属于子级；以其他组件为基础组件，定位选中的组件时所建立的约束和配对对象属于父级。单击"局部放大图"按钮🔍，系统详细列出了其中所有的约束条件和配对对象。

10.2　装配约束

配对条件用于在装配体中定位组件，可以指定一个部件相对于装配体中另一个部件（或特征）的放置方式和位置。例如，可以指定一个螺栓的圆柱面与一个螺母的内圆柱面共轴。UG NX 12.0 中配对条件的类型包括配对、对齐和中心等。每个组件都有唯一的配对条件，这个配对条件由一个或多个约束组成。每个约束都会限制组件在装配体中的一个或几个自由度，从而确定组件的位置。用户可以在添加组件的过程中添加配对条件，也可以在添加完成后添加约束。如果组件的自由度被全部限制，则称为完全约束；如果组件的自由度没有被全部限制，则称为欠约束。

在 UG NX 12.0 中，配对条件是通过"装配约束"对话框中的操作来实现的，下面对"装配约束"对话框进行介绍。

打开文件 D:\ugxc12\work\ch10.02\glass_fix_asm.prt，选择下拉菜单 装配(A) ➡

组件位置(P) ▶ ➡ 🔧 装配约束(N)... 命令，系统弹出图 10.2.1 所示的"装配约束"对话框。

"装配约束"对话框中主要包括三个区域："约束类型"区域、"要约束的几何体"区域和"设置"区域。

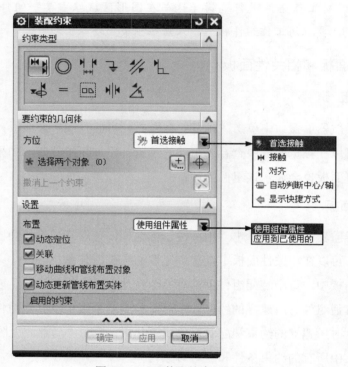

图 10.2.1 "装配约束"对话框

图 10.2.1 所示的"装配约束"对话框 约束类型 区域中各选项的说明如下。

- ◥◣ : 该约束用于两个组件，使其彼此接触或对齐。当选择该选项后，要约束的几何体 区域的 方位 下拉列表中出现 4 个选项。

  ☑ 首选接触 : 若选择该选项，则当接触和对齐约束都可能时，显示接触约束（在大多数模型中，接触约束比对齐约束更常用）；当接触约束过度约束装配时，将显示对齐约束。

  ☑ 接触 : 若选择该选项，则约束对象的曲面法向在相反方向上。

  ☑ 对齐 : 若选择该选项，则约束对象的曲面法向在相同方向上。

  ☑ 自动判断中心/轴 : 该选项主要用于定义两圆柱面、两圆锥面或圆柱面与圆锥面同轴约束。

- ◎：该约束用于定义两个组件的圆形边界或椭圆边界的中心重合，并使边界的面共面。

- ⊩⊩：该约束用于设定两个接触对象间的最小 3D 距离。选择该选项并选定接触对象后，距离区域的距离文本框被激活，可以直接输入数值。

- ⊥：该约束用于将组件固定在其当前位置，一般用在第一个装配元件上。

- ⫽：该约束用于使两个目标对象的矢量方向平行。

- ⊾：该约束用于使两个目标对象的矢量方向垂直。

- ⊷：该约束用于使两个目标对象的边线或轴线重合。

- ▭：该约束用于定义将半径相等的两个圆柱面拟合在一起。此约束对确定孔中销或螺栓的位置很有用。如果以后半径变为不等，则该约束无效。

- ▥：该约束用于使组件"焊接"在一起。

- ⊪⊪：该约束用于使一对对象之间的一个或两个对象居中，或使一对对象沿另一个对象居中。当选取该选项时，要约束的几何体区域的子类型下拉列表中出现 3 个选项。

  ☑ 1 对 2：该选项用于定义在后两个所选对象之间使第一个所选对象居中。

  ☑ 2 对 1：该选项用于定义将两个所选对象沿第三个所选对象居中。

  ☑ 2 对 2：该选项用于定义将两个所选对象在两个其他所选对象之间居中。

- ⊿：该约束用于约束两对象间的旋转角。选取角度约束后，要约束的几何体区域的子类型下拉列表中出现两个选项。

  ☑ 3D 角：该选项用于约束需要"源"几何体和"目标"几何体。不指定旋转轴；可以任意选择满足指定几何体之间角度的位置。

  ☑ 方向角度：该选项用于约束需要"源"几何体和"目标"几何体，还特别需要一个定义旋转轴的预先约束，否则创建定位角约束失败。为此，希望尽可能创建 3D 角度约束，而不创建方向角度约束。

1. "固定"约束

"固定"约束是将部件固定在图形窗口的当前位置。向装配环境中引入第一个部件时，通常对该部件添加"固定"约束。

2. "对齐"约束

"对齐"约束可使两个装配部件中的两个平面（图 10.2.2a）重合并且朝向相同方向，

如图 10.2.2b 所示；同样，"对齐约束"也可以使其他对象对齐（相应的模型在 D:\ugxc12\work\ch10.02\asm-constraint01 中可以找到）。

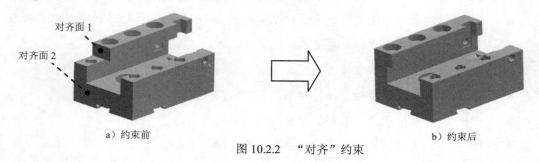

a）约束前   b）约束后

图 10.2.2   "对齐"约束

3. "距离"约束

"距离"约束可使两个装配部件中的两个平面保持一定的距离，可以直接输入距离值，如图 10.2.3b 所示。

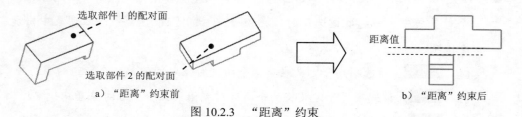

a）"距离"约束前   b）"距离"约束后

图 10.2.3   "距离"约束

说明：此节模型存放路径为 D:\ ugxc12\work\ch10.02\part-01。

4. "角度"约束

"角度"约束可使两个装配部件上的线或面建立一个角度，从而限制部件的相对位置关系，如图 10.2.4b 所示。

a）"角度"约束前   b）"角度"约束后

图 10.2.4   "角度"约束

5. "平行"约束

"平行"约束可使两个装配部件中的两个平面进行平行约束，如图 10.2.5b 所示（相应的模型在 D:\ugxc12\work\ch10.02\clutch-assy.prt 中可以找到）。

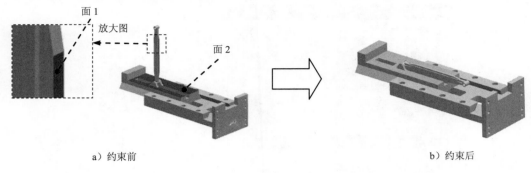

a）约束前   b）约束后

图 10.2.5   "平行"约束

6."垂直"约束

"垂直"约束可使两个装配部件中的两个平面进行垂直约束，如图 10.2.6b 所示。

a）约束前   b）约束后

图 10.2.6   "垂直"约束

10.3   装配一般过程

部件的装配一般有两种基本方式：自底向上装配和自顶向下装配。如果首先设计好全部部件，然后将部件作为组件添加到装配体中，则称之为自底向上装配；如果首先设计好装配体模型，然后在装配体中创建组件模型，最后生成部件模型，则称之为自顶向下装配。

UG NX 12.0 提供了自底向上和自顶向下装配功能，并且两种方法可以混合使用。自底向上装配是一种常用的装配模式，本书主要介绍自底向上装配。

下面以两个部件为例，说明自底向上创建装配体的一般过程。

10.3.1   添加基础部件

Step1. 新建文件。单击 按钮，在系统弹出的"新建"对话框中选择 装配 模板，在 名称 文本框中输入 assemblage，将保存位置设置为 D:\ugxc12\work\ch10.03.01，单击

確定 按钮。系统弹出图 10.3.1 所示的"添加组件"对话框。

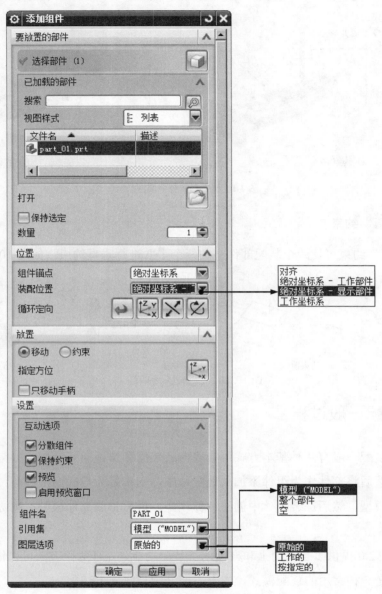

图 10.3.1　"添加组件"对话框

Step2. 添加第一个部件。在"添加组件"对话框中单击"打开"按钮，选择 D:\ugxc12\work\ch10.03.01\part_01.prt，然后单击 OK 按钮。

Step3. 定义放置定位。在"添加组件"对话框 位置 区域的 装配位置 下拉列表中选取 绝对坐标系 - 显示部件 选项，单击 < 确定 > 按钮。

图 10.3.1 所示的"添加组件"对话框中主要选项的功能说明如下。

- 要放置的部件 区域：用于从硬盘中选取的部件或已经加载的部件。
  - ☑ 已加载的部件：此文本框中的部件是已经加载到此软件中的部件。
  - ☑ 打开：单击"打开"按钮，可以从硬盘中选取要装配的部件。
  - ☑ 数量：在此文本框中输入重复装配部件的个数。
- 位置 区域：该区域是对载入的部件进行定位。
  - ☑ 组件锚点 下拉列表：是指在组件内创建产品接口来定义其他组件系统。
  - ☑ 装配位置 下拉列表：该下拉列表中包含 对齐 、绝对坐标系 - 工作部件 、绝对坐标系 - 显示部件 和 工作坐标系 三个选项。对齐 是指选择位置来定义坐标系；绝对坐标系 - 工作部件 是指将组件放置到当前工作部件的绝对原点；绝对坐标系 - 显示部件 是指将组件放置到显示装配的绝对原点；工作坐标系 是指将组件放置到工作坐标系。
  - ☑ 循环定向：是指改变组件的位置及方向。
- 放置 区域：该区域是对载入的部件进行放置。
  - ☑ ◉约束 是指在把添加组件和添加约束放在一个命令中进行，选择该选项，系统显示"装配约束"界面，完成装配约束的定义。
  - ☑ ◉移动 是指可重新指定载入部件的位置。
- 设置 区域：此区域是设置部件的 组件名 、引用集 和 图层选项 。
  - ☑ 组件名 文本框：在文本框中可以更改部件的名称。
  - ☑ 图层选项 下拉列表：该下拉列表中包含 原始的 、工作的 和 按指定的 三个选项。原始的 是指将新部件放到设计时所在的层；工作的 是指将新部件放到当前工作层；按指定的 是指将载入部件放入指定的层中，选择 按指定的 选项后，其下方的 图层 文本框被激活，可以输入层名。

10.3.2　添加其他部件

Step1. 添加第二个部件。在 装配 选项卡的 组件 区域中单击 按钮，在系统弹出的"添加组件"对话框中单击 按钮，选择 D:\ugxc12\work\ch10.03.02\part_02.prt，然后单击 OK 按钮。

Step2. 定义放置定位。在"添加组件"对话框的 放置 区域选择 ◉约束 选项；在 设置 区域的 互动选项 选项组中选中 ☑启用预览窗口 复选框，此时系统弹出图 10.3.2 所示的"装配约束"界面和图 10.3.3 所示的"组件预览"窗口。

说明：在图 10.3.3 所示的"组件预览"窗口中可单独对要装入的部件进行缩放、旋转和平移，这样就可以将要装配的部件调整到方便选取装配约束参照的位置。

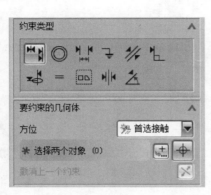

图 10.3.2 "装配约束"界面 图 10.3.3 "组件预览"窗口

Step3. 添加"接触"约束。在"装配约束"对话框的 约束类型 区域中选择 选项，在 要约束的几何体 区域的 方位 下拉列表中选择 首选接触 选项；在"组件预览"窗口中选取图 10.3.4 所示的接触平面 1，然后在图形区中选取接触平面 2；结果如图 10.3.5 所示。

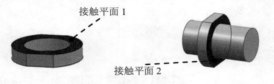

图 10.3.4 选取接触平面 图 10.3.5 接触结果

Step4. 添加"对齐"约束。在"装配约束"对话框 要约束的几何体 区域的 方位 下拉列表中选择 对齐 选项，然后选取图 10.3.6 所示的对齐平面 1 和对齐平面 2，结果如图 10.3.7 所示。

图 10.3.6 选择对齐平面 图 10.3.7 对齐结果

Step5. 添加"同轴"约束。在"装配约束"对话框 要约束的几何体 区域的 方位 下拉列表中选择 自动判断中心/轴 选项，然后选取图 10.3.8 所示的曲面 1 和曲面 2，单击 〈 确定 〉

按钮，则这两个圆柱曲面的轴重合，结果如图 10.3.9 所示。

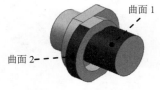

图 10.3.8　选择同轴曲面

图 10.3.9　同轴结果

10.4　引用集在装配中的应用

在虚拟装配时，一般并不希望将每个组件的所有信息都引用到装配体中，通常只需要部件的实体图形，而很多部件还包含了基准平面、基准轴和草图等其他不需要的信息，这些信息会占用很大的内存空间，也会给装配带来不必要的麻烦。因此，UG 允许用户根据需要选取一部分几何对象作为该组件的代表参加装配，这就是引用集的作用。

用户创建的每个组件都包含了默认的引用集，默认的引用集有三种：`模型`、`整个部件` 和 `空`。此外，用户可以修改和创建引用集，选择下拉菜单 `格式(R)` 中的 `引用集(R)...` 命令，系统弹出"引用集"对话框，其中提供了对引用集进行创建、删除和编辑的功能。

10.5　组件阵列

与零件模型中的特征阵列一样，在装配体中，也可以对部件进行阵列。部件阵列的类型主要包括 "参考"阵列、"线性"阵列和"圆形"阵列。

10.5.1　"参考"阵列

部件的"参考"阵列是以装配体中某一零件中的特征阵列为参照，进行部件的阵列，如图 10.5.1 所示。图 10.5.1c 所示的六个螺钉阵列是参照装配体中部件 1 上的六个阵列孔来进行创建的。所以在创建"参考"阵列之前，应提前在装配体的某个零件中创建某一特征的阵列，该特征阵列将作为部件阵列的参照。

下面以图 10.5.1 所示为例说明"参考"阵列的一般操作过程。

Step1. 打开文件 D:\ugxc12\work\ch10.05.01\mount.prt。

Step2. 选择命令。选择下拉菜单 `装配(A)` ➡ `组件(C) ▶` ➡ `阵列组件(P)...` 命令，系统弹出"阵列组件"对话框。

Step3. 选取阵列对象。在图形区选取部件 2 作为阵列对象。

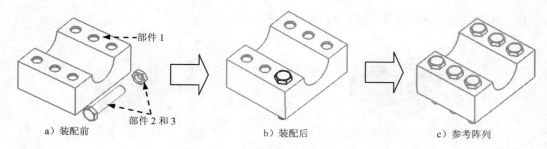

a）装配前　　　　　部件 2 和 3　　　　　　b）装配后　　　　　　　c）参考阵列

图 10.5.1　参考阵列部件

Step4. 定义阵列方式。在"阵列组件"对话框 阵列定义 区域的 布局 下拉列表中选择 参考 选项，单击 确定 按钮，系统自动创建图 10.5.1c 所示的部件阵列。

说明： 如果修改阵列中的某一个部件，系统会自动修改阵列中的每一个部件。

10.5.2　"线性"阵列

部件的"线性"阵列是使用装配中的约束尺寸创建阵列，所以只有使用诸如"接触""对齐"和"偏距"这样的约束类型才能创建部件的"线性"阵列。下面以图 10.5.2 为例来说明部件线性阵列的一般操作过程。

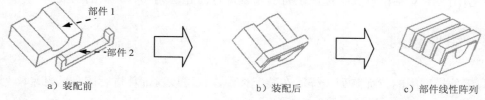

a）装配前　　　　　　　　　　b）装配后　　　　　　　　c）部件线性阵列

图 10.5.2　部件线性阵列

Step1. 打开文件 D:\ugxc12\work\ch10.05.02\linearity.prt。

Step2. 选择命令。选择下拉菜单 装配(A) ➡ 组件(C) ▶ ➡ 阵列组件(P)... 命令，系统弹出"阵列组件"对话框。

Step3. 选取阵列对象。在图形区选取部件 2 为阵列对象。

Step4. 定义阵列方式。在"阵列组件"对话框 阵列定义 区域的 布局 下拉列表中选择 线性 选项。

Step5. 定义阵列方向。在"阵列组件"对话框的 方向 1 区域中确认 * 指定矢量 处于激活状态，然后选取图 10.5.3 所示的部件 1 的边线。

Step6. 设置阵列参数。在"阵列组件"对话框 方向 1 区域的 间距 下拉列表中选择 数量和间隔 选项，在 数量 文本框中输入值 4，在 节距 文本框中输入值-20。

Step7. 单击 确定 按钮，完成部件的线性阵列。

选择部件 1 的边线

图 10.5.3　定义方向

10.5.3　"圆形"阵列

部件的"圆形"阵列是使用装配中的中心对齐约束创建阵列，所以只有使用像"中心"这样的约束类型才能创建部件的"圆形"阵列。下面以图 10.5.4 为例来说明"圆形"阵列的一般操作过程。

部件 1

部件 2

a）装配后　　　　　　　　　　　　　　　　　b）部件圆形阵列

图 10.5.4　部件圆形阵列

Step1. 打开文件 D:\ugxc12\work\ch10.05.03\component_round.prt。

Step2. 选择命令。选择下拉菜单 装配(A) ➡ 组件(C) ▶ ➡ 阵列组件(P)... 命令，系统弹出"阵列组件"对话框。

Step3. 选取阵列对象。在图形区选取部件 2 为阵列对象。

Step4. 定义阵列方式。在"阵列组件"对话框 阵列定义 区域的 布局 下拉列表中选择 圆形 选项。

Step5. 定义阵列方向。在"阵列组件"对话框的 旋转轴 区域中确认 指定矢量 处于激活状态，然后选取图 10.5.5 所示的部件 1 的边线。

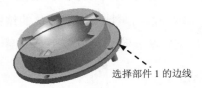

选择部件 1 的边线

图 10.5.5　选取边线

Step6. 设置阵列参数。在"阵列组件"对话框 方向 1 区域的 间距 下拉列表中选择 数量和间隔 选项，在 数量 文本框中输入值 4，在 节距角 文本框中输入值 90。

Step7. 单击 确定 按钮，完成部件圆形阵列的操作。

10.6　编辑装配体中的部件

装配体完成后，可以对该装配体中的任何部件（包括零件和子装配件）进行特征建模、修改尺寸等编辑操作。编辑装配体中部件的一般操作过程如下。

Step1. 打开文件 D:\ugxc12\work\ch10.06\compile。

Step2. 定义工作部件。双击部件 round，将该部件设为工作组件，装配体中的非工作部件将变为透明，如图 10.6.1 所示，此时可以对工作部件进行编辑。

Step3. 切换到建模环境下。在 应用模块 功能选项卡中单击 设计 区域的 建模 按钮。

Step4. 选择命令。选择下拉菜单 插入(S) ➡ 设计特征(E)▶ ➡ 孔(H)... 命令，系统弹出"孔"对话框。

Step5. 定义孔位置。选取图 10.6.2 所示圆心为孔的放置点。

Step6. 定义编辑参数。在"孔"对话框的 类型 下拉列表中选择 常规孔 选项，在 方向 区域的 孔方向 下拉列表中选择 沿矢量 选项，再选择 ZC↑ 选项，直径为 20，深度为 50，顶锥角为 118°，位置为零件底面的圆心，单击 < 确定 > 按钮，完成孔的创建，结果如图 10.6.3 所示。

双击此部件 1

选取此圆边的圆心

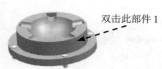
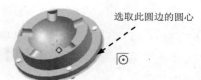

图 10.6.1　设置工作部件　　　　图 10.6.2　设置工作部件　　　　图 10.6.3　创建结果

Step7. 双击装配导航器中的装配体 ☑ compile，取消组件的工作状态。

10.7　爆炸图

爆炸图是指在同一幅图里，把装配体的组件拆分开，使各组件之间分开一定的距离，以便于观察装配体中的每个组件，清楚地反映装配体的结构。UG 具有强大的爆炸图功能，用户可以方便地建立、编辑和删除一个或多个爆炸图。

10.7.1　爆炸图工具条介绍

在 装配 功能选项卡中单击 爆炸图 区域，系统弹出"爆炸图"工具栏，如图 10.7.1 所示。利用该工具栏，用户可以方便地创建、编辑爆炸图，便于在爆炸图与无爆炸图之间切换。

图 10.7.1 "爆炸图"工具栏

图 10.7.1 所示的"爆炸图"工具栏中的按钮功能。

- : 该按钮用于创建爆炸图。如果当前显示的不是一个爆炸图，单击此按钮，系统弹出"新建爆炸"对话框，输入爆炸图名称后单击 确定 按钮，系统创建一个爆炸图；如果当前显示的是一个爆炸图，单击此按钮，系统弹出的"创建爆炸图"对话框会询问是否将当前爆炸图复制到新的爆炸图里。

- : 该按钮用于编辑爆炸图中组件的位置。单击此按钮，系统弹出"编辑爆炸"对话框，用户可以指定组件，然后自由移动该组件，或者设定移动的方式和距离。

- : 该按钮用于自动爆炸组件。利用此按钮可以指定一个或多个组件，使其按照设定的距离自动爆炸。单击此按钮，系统弹出"类选择"对话框，选择组件后单击 确定 按钮，提示用户指定组件间距，自动爆炸将按照默认的方向和设定的距离生成爆炸图。

- 取消爆炸组件 : 该按钮用于不爆炸组件。此命令和自动爆炸组件刚好相反，操作也基本相同，只是不需要指定数值。

- 删除爆炸 : 该按钮用于删除爆炸图。单击该按钮，系统会列出当前装配体的所有爆炸图，选择需要删除的爆炸图后单击 确定 按钮，即可删除。

- Explosion 1 ▼ : 该下拉列表显示了爆炸图名称，可以在其中选择某个名称。用户利用此下拉列表，可以方便地在各爆炸图以及无爆炸图状态之间切换。

- : 该按钮用于隐藏组件。单击此按钮，系统弹出"类选择"对话框，选择需要隐藏的组件并执行后，该组件被隐藏。

- : 该按钮用于显示组件，此命令与隐藏组件刚好相反。如果图中有被隐藏的组件，单击此按钮后，系统会列出所有隐藏的组件，用户选择后，单击 确定 按钮即可恢复组件显示。

- ♪ : 该按钮用于创建跟踪线，该命令可以使组件沿着设定的引导线爆炸。

以上按钮与下拉菜单 装配(A) ➡ 爆炸图(X) 中的命令一一对应。

10.7.2 新建爆炸图

Step1. 打开文件 D:\ugxc12\work\ch10.07.02\explosion.prt。

Step2. 选择命令。选择下拉菜单 装配(A) ➡ 爆炸图(X) ➡ 新建爆炸(N)... 命令，系统弹出图 10.7.2 所示的"新建爆炸"对话框（一）。

Step3. 新建爆炸图。在 名称 文本框处可以输入爆炸图名称，接受系统默认的名称 Explosion1，然后单击 确定 按钮，完成爆炸图的新建。

新建爆炸图后，视图切换到刚刚创建的爆炸图，"爆炸图"工具条中的以下项目被激活："编辑爆炸"按钮 、"自动爆炸组件"按钮 、"取消爆炸组件"按钮 取消爆炸组件 和"工作视图爆炸"下拉列表 Explosion 2 。

图 10.7.2 "新建爆炸"对话框（一）

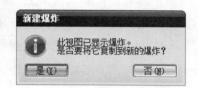

图 10.7.3 "新建爆炸"对话框（二）

10.7.3 删除爆炸图

Step1. 在"工作视图爆炸"下拉列表 Explosion 1 中选择 （无爆炸） 选项。

Step2. 选择下拉菜单 装配(A) ➡ 爆炸图(X) ➡ 删除爆炸(D)... 命令，系统会列出所有爆炸视图，选择要删除的视图，单击 确定 按钮。

关于新建爆炸图的说明。

● 如果用户在一个已存在的爆炸视图下创建新的爆炸视图，系统会弹出图 10.7.3 所示的"新建爆炸"对话框（二），提示用户是否将已存在的爆炸图复制到新建的爆炸图，单击 是(Y) 按钮后，新建立的爆炸图和原爆炸图完全一样；如果希望建立新的爆炸图，可以切换到无爆炸视图，然后进行创建即可。

● 可以按照上面方法建立多个爆炸图。

● 要删除爆炸图，可以选择下拉菜单 装配(A) ➡ 爆炸图(X) ➡ 删除爆炸(D)... 命令，系统会弹出图 10.7.4 所示的"爆炸图"对话框。选择要删除的爆炸图，单击 确定 按钮即可。如果所要删除的爆炸图正在当前视图中显示，系统会弹出图 10.7.5 所示的"删除爆炸"对话框，提示爆炸图不能删除。

图 10.7.4 "爆炸图"对话框

图 10.7.5 "删除爆炸"对话框

10.7.4 编辑爆炸图

爆炸图创建完成，产生了一个待编辑的爆炸图，在图形区中的图形并没有发生变化，爆炸图编辑工具被激活，可以编辑爆炸图。

1. 自动爆炸

自动爆炸只需要用户输入很少的内容，就能快速生成爆炸图，如图 10.7.6b 所示。

a）自动爆炸前　　　　　　　　　　　b）自动爆炸后

图 10.7.6　自动爆炸

Step1. 打开文件 D:\ugxc12\work\ch10.07.04\explosion_01.prt，按照 10.7.2 小节步骤新建爆炸图。

Step2. 选择命令。选择下拉菜单 装配(A) ➡ 爆炸图(X) ➡ 自动爆炸组件(A)... 命令，系统弹出"类选择"对话框。

Step3. 选取爆炸组件。选取图中所有组件，单击 确定 按钮，系统弹出图 10.7.7 所示的"自动爆炸组件"对话框。

图 10.7.7　"自动爆炸组件"对话框

Step4. 在 距离 文本框中输入值 40，单击 确定 按钮，系统会自动生成该组件的爆炸图，结果如图 10.7.6b 所示。

关于自动爆炸组件的说明。

- 自动爆炸组件可以同时选取多个对象，如果将整个装配体选中，可以直接获得整个装配体的爆炸图。
- "取消爆炸组件"的功能刚好与"自动爆炸组件"相反，因此可以将两个功能放在一起记。选择下拉菜单 装配(A) ➡ 爆炸图(X) ➡ 取消爆炸组件(U) 命令，系统弹出"类选择"对话框。选取要爆炸的组件后单击 确定 按钮，选中的组件自动回到爆炸前的位置。

2. 手动编辑爆炸图

自动爆炸并不能总是得到满意的效果，因此系统提供了编辑爆炸功能。

Step1. 打开文件 D:\ugxc12\work\ch10.07.04\ explosion_01.prt。

Step2. 选择下拉菜单 装配(A) ➡ 爆炸图(X) ➡ 新建爆炸(N)... 命令，新建一个爆炸视图。

Step3. 选择下拉菜单 装配(A) ➡ 爆炸图(X) ➡ 编辑爆炸(E)... 命令，系统弹出图 10.7.8 所示的"编辑爆炸"对话框。

Step4. 选取要移动的组件。在对话框中选中 ⊙ 选择对象 单选项，在图形区选取图 10.7.9 所示的轴套模型。

Step5. 移动组件。选中 ⊙ 移动对象 单选项，系统显示图 10.7.9 所示的移动手柄；单击手柄上的箭头（图 10.7.9），对话框中的 距离 文本框被激活，供用户选择沿该方向的移动距离；单击手柄上沿轴套轴线方向的箭头，在文本框中输入距离值 60；单击 确定 按钮，结果如图 10.7.10 所示。

说明：单击图 10.7.9 所示两箭头间的圆点时，对话框中的 角度 文本框被激活，供用户输入角度值，旋转的方向沿第三个手柄，符合右手定则；也可以直接用鼠标左键按住箭头或圆点，移动鼠标实现手工拖动。

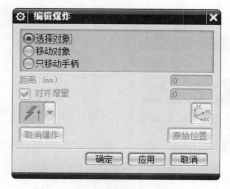

图 10.7.8 "编辑爆炸"对话框

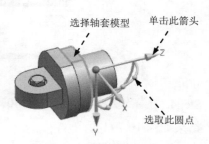

图 10.7.9 定义移动组件和方向

Step6. 编辑螺栓位置。参照 Step4，输入距离值-60，结果如图 10.7.11 所示。

Step7. 编辑螺母位置。参照 Step4，输入距离值 40，结果如图 10.7.12 所示。

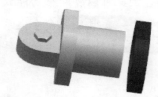

图 10.7.10 编辑轴套

图 10.7.11 编辑螺栓

图 10.7.12 编辑螺母

关于编辑爆炸图的说明。

● 选中 ⦿ 移动对象 单选项后，▨ 按钮被激活。单击 ▨ 按钮，手柄被移动到 WCS 位置。

● 单击手柄箭头或圆点后，☑ 对齐增量 复选框被激活，该选项用于设置手工拖动的最小距离，可以在文本框中输入数值。例如设置为 10mm，则拖动时会跳跃式移动，每次跳跃的距离为 10mm，单击 取消爆炸 按钮，选中的组件移动到没有爆炸的位置。

● 单击手柄箭头后，▨↑▾ 下拉列表被激活，可以直接将选中手柄方向指定为某矢量方向。

10.8 装配干涉检查

在实际的产品设计中，当产品中的各个零部件组装完成后，设计人员往往比较关心产品中各个零部件间的干涉情况：有无干涉？哪些零件间有干涉？干涉量是多大？下面通过一个简单的装配体模型为例，说明干涉分析的一般操作过程。

Step1. 打开文件 D:\ugxc12\work\ch10.08\interference.prt。

Step2. 在装配模块中选择下拉菜单 分析(L) ➡ 简单干涉(I)... 命令，系统弹出图 10.8.1 所示的"简单干涉"对话框。

图 10.8.1 "简单干涉"对话框

Step3. "创建干涉体"简单干涉检查。

（1）在"简单干涉"对话框 干涉检查结果 区域的 结果对象 下拉列表中选择 干涉体 选项。

（2）依次选取图 10.8.2 所示的对象 1 和对象 2，单击"简单干涉"对话框中的 应用按钮，系统弹出图 10.8.3 所示的"简单干涉"提示框。

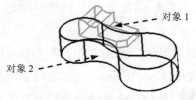

图 10.8.2　创建干涉实体

图 10.8.3　"简单干涉"提示框

（3）单击"简单干涉"提示框的 确定(O) 按钮，完成"创建干涉体"简单干涉检查。

Step4. "高亮显示面"简单干涉检查。

（1）在"简单干涉"对话框 干涉检查结果 区域的 结果对象 下拉列表中选择 高亮显示的面对 选项，如图 10.8.4 所示。

（2）在"简单干涉"对话框 干涉检查结果 区域的 要高亮显示的面 下拉列表中选择 仅第一对 选项，依次选取图 10.8.4a 所示的对象 1 和对象 2。模型中将显示图 10.8.4b 所示的干涉平面。

a）检查前　　　　　　　　　　　　　　　　　　　　b）检查后

图 10.8.4　"高亮显示面"干涉检查

（3）在"简单干涉"对话框 干涉检查结果 区域的 要高亮显示的面 下拉列表中选择 在所有对之间循环 选项，单击 显示下一对 按钮，模型中将依次显示所有干涉平面。

（4）单击"简单干涉"对话框中的 取消 按钮，完成"高亮显示面"简单干涉检查操作。

10.9　模型的测量与分析

10.9.1　测量距离

下面以一个简单的模型为例来说明测量距离的方法以及相应的操作过程。

Step1. 打开文件 D:\ugxc12\work\ch10.09.01 \distance.prt。

Step2. 选择下拉菜单 分析(L) ➞ 测量距离(D).. 命令，系统弹出图 10.9.1 所示的"测量距离"对话框。

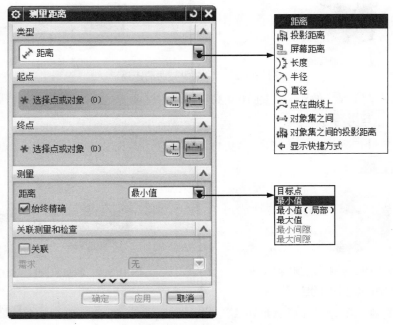

图 10.9.1 "测量距离"对话框

图 10.9.1 所示的"测量距离"对话框 类型 下拉列表中部分选项的说明如下。

☑ 距离 选项：可以测量点、线、面之间的任意距离。

☑ 投影距离 选项：可以测量空间上的点、线投影到同一个平面上，在该平面上它们之间的距离。

☑ 屏幕距离 选项：可以测量图形区的任意位置的距离。

☑ 长度 选项：可以测量任意线段的距离。

☑ 半径 选项：可以测量任意圆的半径值。

☑ 点在曲线上 选项：可以测量在曲线上两点之间的最短距离。

Step3. 测量面到面的距离。

（1）定义测量类型。在"测量距离"对话框的 类型 下拉列表中选择 距离 选项。

（2）定义测量距离。在"测量距离"对话框 测量 区域的 距离 下拉列表中选取 最小值 选项。

（3）定义测量对象。选取图 10.9.2a 所示的模型表面 1，再选取模型表面 2。测量结果如图 10.9.2b 所示。

（4）单击 应用 按钮，完成测量面到面的距离。

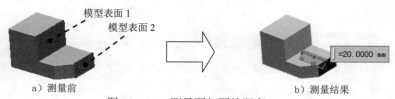

图 10.9.2   测量面与面的距离

Step4. 测量线到线的距离（图 10.9.3），操作方法参见 Step3，先选取边线 1，后选取边线 2，单击 应用 按钮。

Step5. 测量点到线的距离（图 10.9.4），操作方法参见 Step3，先选取中点 1，后选取边线，单击 应用 按钮。

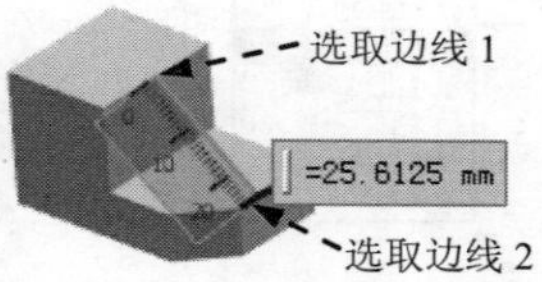

图 10.9.3   测量线到线的距离

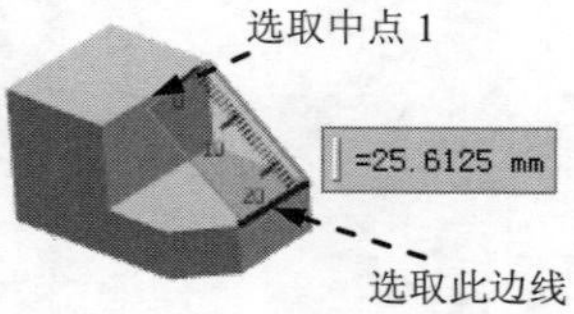

图 10.9.4   测量点到线的距离

Step6. 测量点到点的距离。

（1）定义测量类型。在"测量距离"对话框的 类型 下拉列表中选择 距离 选项。

（2）定义测量距离。在"测量距离"对话框 测量 区域的 距离 下拉列表中选取 目标点 选项。

（3）定义测量几何对象。选取图 10.9.5 所示的模型表面点 1 和点 2。测量结果如图 10.9.5 所示。

（4）单击 应用 按钮，完成测量点到点的距离。

Step7. 测量点与点的投影距离（投影参照为平面）。

（1）定义测量类型。在"测量距离"对话框的 类型 下拉列表中选择 投影距离 选项。

（2）定义测量距离。在"测量距离"对话框 测量 区域的 距离 下拉列表中选取 最小值 选项。

（3）定义投影表面。选取图 10.9.6 所示的模型表面 1。

（4）定义测量几何对象。先选取图 10.9.6 所示的模型点 1，然后选取模型点 2，测量结果如图 10.9.6 所示。

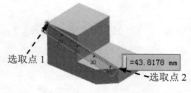

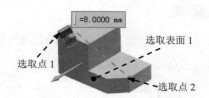

图 10.9.5   测量点到点的距离

图 10.9.6   测量点与点的投影距离

（5）单击 < 确定 > 按钮，完成测量点与点的投影距离。

10.9.2 测量角度

下面以一个简单的模型为例，说明测量角度的方法及相应的操作过程。

Step1. 打开文件 D:\ugxc12\work\ch10.09.02\angle.prt。

Step2. 选择下拉菜单 分析(L) ➡ ◥ 测量角度(A)... 命令，系统弹出图 10.9.7 所示的"测量角度"对话框。

Step3. 测量面与面之间的角度。

（1）定义测量类型。在"测量角度"对话框的 类型 下拉列表中选择 按对象 选项。

（2）定义测量计算平面。选取 测量 区域 评估平面 下拉列表中的 3D 角 选项，选取 方向 下拉列表中的 内角 选项。

（3）定义测量几何对象。选取图 10.9.8a 所示的模型表面 1，再选取图 10.9.8a 所示的模型表面 2，测量结果如图 10.9.8b 所示。

（4）单击 应用 按钮，完成面与面之间的角度测量。

Step4. 测量线与面之间的角度。步骤参见测量面与面之间的角度。依次选取图 10.9.9a 所示的边线 1 和表面 2，测量结果如图 10.9.9b 所示，单击 应用 按钮。

图 10.9.7 "测量角度"对话框

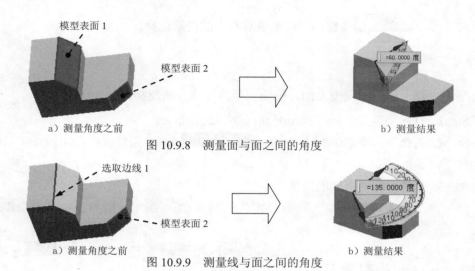

a）测量角度之前   b）测量结果

图 10.9.8　测量面与面之间的角度

a）测量角度之前   b）测量结果

图 10.9.9　测量线与面之间的角度

注意：选取线的位置不同，即线上标示的箭头方向不同，所显示的角度值也可能会不同，两个方向的角度值之和为 180°。

Step5. 测量线与线之间的角度。步骤参见 Step3。依次选取图 10.9.10a 所示的边线 1 和边线 2，测量结果如图 10.9.10b 所示。

Step6. 单击 〈 确定 〉 按钮，完成角度测量。

a）测量角度之前   b）测量结果

图 10.9.10　测量线与线间的角度

10.9.3　测量曲线长度

下面以一个简单的模型为例，说明测量曲线长度的方法以及相应的操作过程。

Step1. 打开文件 D:\ugxc12\ch10.09.03\curve.prt。

Step2. 选择命令。选择下拉菜单 分析(L) ➡ 测量长度(L)... 命令，系统弹出"测量长度"对话框。

Step3. 定义要测量的曲线。选取图 10.9.11a 所示的曲线 1，系统显示这条曲线的长度结果，如图 10.9.11b 所示。

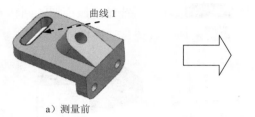

a）测量前　　　　　　　　　　　　　b）测量后

图 10.9.11　测量曲线长度

10.9.4　测量面积及周长

下面以一个简单的模型为例来说明测量面积及周长的一般操作过程。

Step1. 打开文件 D:\ugxc12\work\ch07\ch10.09.041\area.prt。

Step2. 选择下拉菜单 分析(L) ➡ 测量面(F)... 命令，系统弹出"测量面"对话框。

Step3. 在"上边框条"工具条的下拉列表中选择 单个面 选项。

Step4. 测量模型表面面积。选取图 10.9.12 所示的模型表面 1，系统显示这个曲面的面积测量结果。

Step5. 测量曲面的周长。在图 10.9.12 所示的结果中选择 面积 下拉列表中的 周长 选项，测量周长的结果如图 10.9.13 所示。

Step6. 单击 确定 按钮，完成测量。

模型表面 1

图 10.9.12　测量面积　　　　　　　　　图 10.9.13　测量周长

10.9.5　模型的质量属性分析

通过模型质量属性分析，可以获得模型的体积、曲面区域、质量、回转半径和重量等数据。下面以一个模型为例，简要说明其操作过程。

Step1. 打开文件 D:\ugxc12\work\ch10.09.05\mass.prt。

Step2. 选择下拉菜单 分析(L) ➡ 测量体(B)... 命令，系统弹出"测量体"对话框。

Step3. 选取图 10.9.14a 所示的模型实体 1，系统弹出图 10.9.14b 所示模型上的"体积"下拉列表。

Step4. 选择"体积"下拉列表中的 表面积 选项，系统显示该模型的表面积。

Step5. 选择"体积"下拉列表中的 质量 选项，系统显示该模型的质量。

Step6. 选择"体积"下拉列表中的 回转半径 选项，系统显示该模型的回转半径。

Step7. 选择"体积"下拉列表中的 重量 选项，系统显示该模型的重量。

a）分析前

图 10.9.14　体积分析

Step8. 单击 确定 按钮，完成模型质量属性分析。

学习拓展：扫码学习更多视频讲解。

讲解内容：装配设计实例精选。讲解了一些典型的装配设计案例，着重介绍了装配设计的方法流程以及一些快速操作技巧。

第 **11** 章　装配设计综合实例

Task1. 部件装配

下面以图 11.1 所示为例，讲述一个多部件装配范例，使读者进一步熟悉 UG 的装配设计操作。

Step1. 新建文件。选择下拉菜单 文件(F) ➡ 新建(N)... 命令，系统弹出"新建"对话框。在 模型 选项卡的 模板 区域中选取模板类型为 装配，在 名称 文本框中输入文件名称 assemblies，在 文件夹 文本框后单击 按钮，选择 D:\ugxc12\work\ch11.01，单击 确定 按钮，进入装配环境。

Step2. 添加下基座。在"添加组件"对话框中单击 按钮，选择 D:\ugxc12\work\ch11.01\down_base.prt，然后单击 OK 按钮；在"添加组件"对话框 位置 区域的 装配位置 下拉列表中选取 绝对坐标系 - 显示部件 选项，单击 < 确定 > 按钮。

Step3. 添加轴套并定位，如图 11.2 所示。在"添加组件"对话框中单击 按钮，选择 D:\ugxc12\work\ ch11.01\sleeve.prt，然后单击 OK 按钮，系统弹出"添加组件"对话框；在"添加组件"对话框的 放置 区域选择 约束 选项，在 设置 区域的 互动选项 选项组中选中 启用预览窗口 复选框；在 约束类型 区域中选择 选项，在 要约束的几何体 区域的 方位 下拉列表中选择 对齐 选项；在"组件预览"对话框中选择图 11.3 所示的面 1，然后在图形区选择图 11.4 所示的面 2，完成平面的对齐；在 要约束的几何体 区域的 方位 下拉列表中选择 首选接触 选项，选择图 11.5 所示的接触面 3 和面 4，单击 按钮，调整接触方向；完成平面的接触；在 要约束的几何体 区域的 方位 下拉列表中选择 自动判断中心/轴 选项，选择图 11.3 所示的同轴面 5 和图 11.4 所示的面 6，单击 应用 按钮，完成同轴的接触操作。

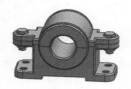

图 11.1　综合装配范例

图 11.2　添加轴套

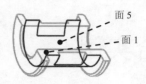
图 11.3　选择配对面

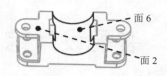
图 11.4　选择配对面

图 11.5　选择配对面

Step4. 添加楔块并定位，如图 11.6 所示。在"添加组件"对话框中单击█████按钮，选择 D:\ugxc12\work\ch11.01\chock.prt，然后单击████ OK ████按钮，系统弹出"添加组件"对话框；在"添加组件"对话框的 放置 区域选择 ⊙约束 选项，在 设置 区域的 互动选项 选项组中选中 ☑启用预览窗口 复选框；在"装配约束"对话框的 约束类型 区域中选择████选项，在 要约束的几何体 区域的 方位 下拉列表中选择 ⚡首选接触 选项，选择图 11.7 所示的面 1 与面 4；选择面 2 与面 5；选择面 3 与面 6，单击 应用 按钮，完成接触关系。

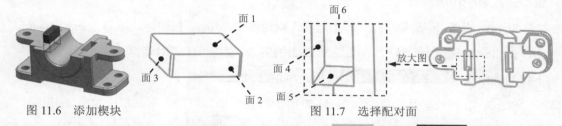

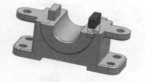
图 11.6　添加楔块

图 11.7　选择配对面

Step5. 镜像图 11.8 所示的楔块。选择下拉菜单 装配(A) ➡ 组件(C) ▶ ➡ ▦ 镜像装配(I)... 命令，系统弹出"镜像装配向导"对话框，单击 下一步 > 按钮；选择上一步添加的楔块，单击 下一步 > 按钮；单击"创建基准平面"按钮 ▫ ，系统弹出"基准平面"对话框，在 类型 下拉列表中选择 ▦ 二等分 选项，依次选取图 11.9 所示的两个平面，单击 < 确定 > 按钮，完成对称面的创建，如图 11.10 所示；单击 下一步 > 按钮，系统弹出"镜像装配向导"对话框（一），单击 下一步 > 按钮，系统弹出"镜像装配向导"对话框（二）；单击 完成 按钮，完成楔块的镜像操作。

图 11.8　镜像楔块

选取这两个面

图 11.9　选取平面

Step6. 镜像轴套。单击"创建基准平面"按钮 ▫ ，系统弹出"基准平面"对话框，在 类型 下拉列表中选择 ⚡自动判断 选项，选取图 11.11 所示的平面为参照创建基准平面；参照上面镜像楔块的步骤镜像轴套。

插入此面

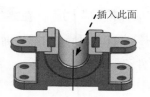

图 11.10 创建对称面

Step7. 将组件上基座添加到装配体中并定位，如图 11.12 所示。选择下拉菜单 装配(A) ➡ 组件(C) ▶ ➡ 添加组件(A)... 命令，系统弹出"添加组件"对话框；在"添加组件"对话框中单击 按钮，选择 D:\ugxc12\work\ch11.01\top_cover.prt，然后单击 OK 按钮，系统弹出"添加组件"对话框；在"添加组件"对话框的 放置 区域选择 ●约束 选项，在 设置 区域的 互动选项 选项组中选中 ☑启用预览窗口 复选框；在"装配约束"对话框的 约束类型 区域中选择 选项，在 要约束的几何体 区域的 方位 下拉列表中选择 首选接触 选项，选择图 11.13 所示的平面 1 与平面 3，完成"接触"约束；在 要约束的几何体 区域的 方位 下拉列表中选择 对齐 选项，选择图 11.13 所示的平面 2 和平面 4，完成"对齐"约束；在 要约束的几何体 区域的 方位 下拉列表中选择 自动判断中心/轴 选项，选择图 11.13 所示的圆柱面 1 和圆柱面 2，单击 应用 按钮，完成"同轴"约束，此时组件已完全定位。

选取此平面

图 11.11 选取基准平面

图 11.12 添加组件上基座

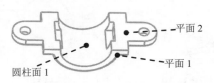

平面 2
圆柱面 1
平面 1

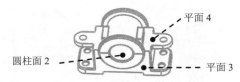

平面 4
圆柱面 2
平面 3

图 11.13 选择接触面

Step8. 将组件螺栓添加到装配体中并定位，如图 11.14 所示。在"添加组件"对话框中单击 按钮，选择 D:\ugxc12\work\ch11.01\bolt.prt，然后单击 OK 按钮，系统弹出"添加组件"对话框；在"添加组件"对话框的 放置 区域选择 ●约束 选项，在 设置 区域的 互动选项 选项组中选中 ☑启用预览窗口 复选框；在"装配约束"对话框的 约束类型 区域中选择 选项，在 要约束的几何体 区域的 方位 下拉列表中选择 首选接触 选项，选择图

11.15 所示的平面 1 和平面 2，完成"接触"约束；在 要约束的几何体 区域的 方位 下拉列表中选择 自动判断中心/轴 选项，选择图 11.16 所示的圆柱面 1 和圆柱面 2，单击 应用 按钮，完成"同轴"约束，此时组件已完全定位。

图 11.14 添加组件螺栓

图 11.15 选择配对平面

Step9. 将组件螺母添加到装配体中并定位，如图 11.17 所示。在"添加组件"对话框中单击 按钮，选择 D:\ugxc12\work\ch11.01\nut.prt，然后单击 OK 按钮，系统弹出"添加组件"对话框；在"添加组件"对话框的 放置 区域选择 ⊙约束 选项；在 设置 区域的 互动选项 选项组中选中 ☑启用预览窗口 复选框；在"装配约束"对话框的 约束类型 区域中选择 选项，在 要约束的几何体 区域的 方位 下拉列表中选择 首选接触 选项，选择图 11.18 所示的平面 1 和平面 2，完成"接触"约束；在 要约束的几何体 区域的 方位 下拉列表中选择 自动判断中心/轴 选项，选择图 11.19 所示的圆柱面 1 和圆柱面 2，单击 应用 按钮，完成"同轴"约束，此时组件已完全定位。

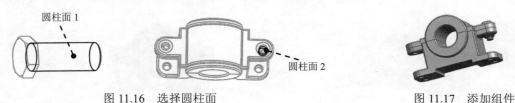
图 11.16 选择圆柱面   图 11.17 添加组件

图 11.18 选择配对平面   图 11.19 选择"中心"对齐圆柱面

Step10. 镜像图 11.20 所示的螺栓和螺母，步骤参照 Step5，镜像基准面选取 Step5 时创建的基准平面。

Step11. 完成组件的装配。

Task2. 创建爆炸图

装配体完成后，可以创建爆炸图，以便清楚查看部件间的装配关系。

Step1. 创建爆炸图。选择下拉菜单 装配(A) ➡ 爆炸图(X) ➡ 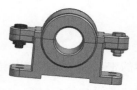 命令，系统弹出图 11.21 所示的"新建爆炸"对话框；接受系统默认的爆炸图名 Explosion1，单击 确定 按钮，完成爆炸图的创建。

图 11.20　镜像螺栓和螺母　　　　　图 11.21　"新建爆炸"对话框

Step2. 自动爆炸组件。选择下拉菜单 装配(A) ➡ 爆炸图(X) ➡ 自动爆炸组件(A)... 命令，系统弹出"类选择"对话框，选择整个装配体后单击 确定 按钮，系统弹出图 11.22 所示的"自动爆炸组件"对话框；在 距离 文本框中输入值 100，单击 确定 按钮，系统自动生成爆炸图，如图 11.23 所示。

Step3. 编辑组件的位置，结果如图 11.24 所示（编辑所有组件的方法相同，读者根据实际需要进行编辑，这里就不再赘述）。

图 11.22　"自动爆炸组件"对话框　　　图 11.23　自动爆炸图　　　图 11.24　编辑组件位置

关于创建爆炸图时可能出现问题的说明：在创建爆炸图时，读者可根据模型的大小选择合适的爆炸距离；编辑爆炸图时，手柄箭头的方向应根据最终爆炸图中的组件位置确定，可以调整箭头方向，也可以输入负数数值使组件移至相反方向，还可以直接按住鼠标左键并拖动箭头来改变组件的位置。如果所选组件的手柄箭头难以选取，可以在"编辑爆炸图"对话框中选择 ⊙ 只移动手柄 单选项，拖动手柄到合适位置，以便选取手柄箭头；放在绝对原点（装配的第一个组件）的组件不能进行编辑。

第12章　工程图设计

12.1　UG NX 工程图概述

使用 UG NX 12.0 的制图环境可以创建三维模型的工程图，且图样与模型相关联。因此，图样能够反映模型在设计阶段中的更改，可以使图样与装配模型或单个零部件保持同步。其主要特点如下。

- ◆ 用户界面直观、易用、简洁，可以快速方便地创建图样。
- ◆ "在图纸上"工作的画图板模式，此方法类似于制图人员在画图板上绘图，应用此方法可以极大地提高工作效率。
- ◆ 支持新的装配体系结构和并行工程，制图人员可以在设计人员对模型进行处理的同时，制作图样。
- ◆ 可以快速地将视图放置到图纸上，系统会自动正交对齐视图。
- ◆ 具有创建与自动隐藏线和剖面线完全关联的横剖面视图的功能。
- ◆ 具有从图形窗口编辑大多数制图对象（如尺寸、符号等）的功能。用户可以创建制图对象，并立即对其进行修改。
- ◆ 图样视图的自动隐藏线渲染。
- ◆ 在制图过程中，系统的反馈信息可减少许多返工和编辑工作。
- ◆ 使用对图样进行更新的用户控件，能有效地提高工作效率。

12.2　进入工程图环境

新建一个文件后，有两种方法进入工程图环境，分别介绍如下。

方法一：单击 应用模块 功能选项卡 设计 区域中的 制图 按钮。

方法二：利用组合键<Ctrl+Shift+ D>。

进入工程图环境以后，下拉菜单将会发生一些变化，系统为用户提供了一个方便、快捷的操作界面。

12.3　工程图基本管理操作

12.3.1　新建工程图

Step1. 打开零件模型。打开文件 D:\ugxc12\work\ch12.03.01\down_base.prt。

Step2. 进入制图环境。单击 应用模块 功能选项卡 设计 区域中的 制图 按钮。

Step3. 新建工程图。选择下拉菜单 插入(S) ➡ 图纸页(H)... 命令（或单击"新建图纸页"按钮），系统弹出"工作表"对话框，如图 12.3.1 所示。在对话框中选择图 12.3.1 所示的选项。

Step4. 在"工作表"对话框中单击 确定 按钮，系统弹出图 12.3.2 所示的"视图创建向导"对话框。

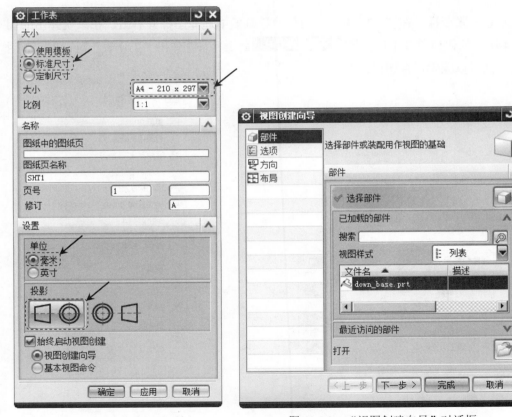

图 12.3.1　"工作表"对话框　　　　图 12.3.2　"视图创建向导"对话框

图 12.3.1 所示的"工作表"对话框中的选项说明如下。

● 图纸页名称 文本框：指定新图样的名称，可以在该文本框中输入图样名；图样名最多可以包含 30 个字符；默认的图样名是 SHT1。

- A4 - 210 x 297 ▼ 下拉列表: 用于选择图纸大小, 系统提供了 A4、A3、A2、A1、A0、A0+和 A0++七种型号的图纸。
- 比例 下拉列表: 为添加到图样中的所有视图设定比例。
- 度量单位: 指定 ○ 英寸 或 ○ 毫米 为单位。
- 投影角度: 指定第一角投影 ▢◁○ 或第三角投影 ○▷▢; 按照国标, 应选择 ⊙ 毫米 和第一角投影 ▢◁○。

说明: 在 Step3 中, 单击 确定 按钮之前, 每单击一次 应用 按钮都会新建一张图样。

Step5. 在 "视图创建向导" 对话框中单击 完成 按钮, 完成图样的创建。

12.3.2 编辑图纸页

新建一张图样, 在图 12.3.3 所示的部件导航器中选择图样并右击, 在系统弹出的图 12.3.4 所示的快捷菜单中选择 编辑图纸页 (H)... 命令, 系统弹出 "工作表" 对话框, 利用该对话框可以编辑已存图样的参数。

图 12.3.3 部件导航器

图 12.3.4 快捷菜单

12.3.3 删除工作表

在一个工程图文件中可能包含多个工作表, 如果有不需要的工作表可以进行删除, 删除工作表的方法有两种。

方法一: 选择下拉菜单 编辑(E) ➡ ✕ 删除(D)... 命令, 系统弹出 "类选择" 对话框,在部件导航器中选择要删除的工作表，最后单击 确定 按钮。

方法二：在部件导航器中选择要删除的工作表节点，右击，在系统弹出的快捷菜单中选择✕ 删除(D)... 命令。

12.4 工程图视图的创建

12.4.1 基本视图

基本视图是基于 3D 几何模型的视图，它可以独立放置在工作表中，也可以成为其他视图类型的父视图。下面创建图 12.4.1 所示的基本视图，操作过程如下。

Step1. 打开零件模型。打开文件 D:\ugxc12\work\ch12.04.01\base.prt，进入建模环境，零件模型如图 12.4.2 所示。

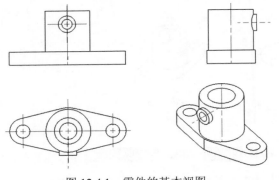

图 12.4.1 零件的基本视图

图 12.4.2 零件模型

Step2. 进入制图环境。单击 应用模块 功能选项卡 设计 区域中的 制图 按钮。

Step3. 新建工程图。选择下拉菜单 插入(S) ➡ 图纸页 (H)... 命令，系统弹出"工作表"对话框，在对话框中选择 基本视图命令 单选项，然后单击 确定 按钮，系统弹出"基本视图"对话框。

Step4. 定义基本视图参数。在"基本视图"对话框 模型视图 区域的 要使用的模型视图 下拉列表中选择 前视图 选项，在 比例 区域的 比例 下拉列表中选择 1:1 选项。

"基本视图"对话框中的选项说明如下。

- 部件 区域：该区域用于加载部件、显示已加载部件和最近访问的部件。
- 视图原点 区域：该区域主要用于定义视图在图形区的摆放位置，例如水平、垂直、鼠标在图形区的点击位置或系统的自动判断等。
- 模型视图 区域：该区域用于定义视图的方向，例如仰视图、前视图和右视图等；

单击该区域的"定向视图工具"按钮，系统弹出"定向视图工具"对话框，通过该对话框可以创建自定义的视图方向。

● 比例 区域：用于在添加视图之前为基本视图指定一个特定的比例。默认的视图比例值等于图样比例。

● 设置 区域：该区域主要用于完成视图样式的设置，单击该区域的 ^A 按钮，系统弹出"设置"对话框。

Step5. 放置视图。在图形区中的合适位置（图 12.4.3）依次单击以放置主视图、俯视图和左视图，单击中键完成视图的放置。

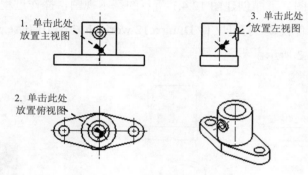

1. 单击此处放置主视图
2. 单击此处放置俯视图
3. 单击此处放置左视图

图 12.4.3　视图的放置

Step6. 创建正等测视图。

（1）选择命令。选择下拉菜单 插入(S) ➡ 视图(W) ➡ 基本(B)... 命令（或单击"基本视图"按钮 ），系统弹出"基本视图"对话框。

（2）选择视图类型。在"基本视图"对话框 模型视图 区域的 要使用的模型视图 下拉列表中选择 正等测图 选项。

（3）定义视图比例。在 比例 区域的 比例 下拉列表中选择 1:1 选项。

（4）放置视图。选择合适的放置位置并单击，单击中键完成视图的放置，结果如图 12.4.3 所示。

说明：如果视图位置不合适，可将鼠标移至视图出现边框时，拖动视图的边框来调整视图的位置。

12.4.2　全剖视图

剖视图通常用来表达零件的内部结构和形状，在 UG NX 中可以使用简单/阶梯剖视图命令创建工程图中常见的全剖视图和阶梯剖视图。下面创建图 12.4.4 所示的全剖视图，操作过程如下。

Step1. 打开文件 D:\ugxc12\work\ch12.04.02\section_cut.prt。

Step2. 选择命令。选择下拉菜单 插入(S) ➡ 视图(W) ➡ 剖视图(S)... 命令（或单击"剖视图"按钮 ▣），系统弹出"剖视图"对话框。

Step3. 定义剖切类型。在 截面线 区域的 方法 下拉列表中选择 简单剖/阶梯剖 选项。

Step4. 选择剖切位置。确认"捕捉方式"工具条中的 ⊙ 按钮被按下，选取图 12.4.5 所示的圆，系统自动捕捉圆心位置。

说明：系统自动选择距剖切位置最近的视图作为创建全剖视图的父视图。

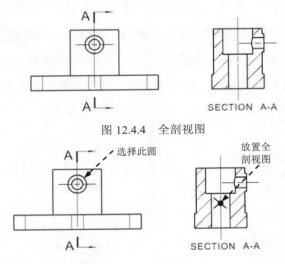

图 12.4.4　全剖视图

图 12.4.5　选择圆

Step5. 放置剖视图。在系统 指示图纸页上剖视图的中心 的提示下，在图 12.4.5 所示的位置单击放置剖视图，然后按 Esc 键结束，完成全剖视图的创建。

12.4.3　半剖视图

半剖视图通常用来表达对称零件，一半剖视图表达了零件的内部结构，另一半视图则可以表达零件的外形。下面创建图 12.4.6 所示的半剖视图，操作过程如下。

Step1. 打开文件 D:\ugxc12\work\ch12.04.03\half_section_cut.prt。

Step2. 选择命令。选择下拉菜单 插入(S) ➡ 视图(W) ➡ 剖视图(S)... 命令，系统弹出"剖视图"对话框。

Step3. 定义剖切类型。在 截面线 区域的 方法 下拉列表中选择 半剖 选项。

Step4. 选择剖切位置。确认"捕捉方式"工具条中的 ⊙ 按钮被按下，依次选取图 12.4.6 所示的 1 指示的圆弧和 2 指示的圆弧，系统自动捕捉圆心位置。

Step5. 放置半剖视图。移动鼠标到位置 3 单击，完成视图的放置。

12.4.4　旋转剖视图

旋转剖视图是采用相交的剖切面来剖开零件，然后将被剖切面剖开的结构等旋转到同一个平面上进行投影的剖视图。下面创建图 12.4.7 所示的旋转剖视图，操作过程如下。

Step1. 打开文件 D:\ugxc12\ch12.04.04\revolved_section_cut.prt。

Step2. 选择命令。选择下拉菜单 插入(S) ➡ 视图(V) ➡ 剖视图(S)... 命令，系统弹出"剖视图"对话框。

Step3. 定义剖切类型。在 截面线 区域的 方法 下拉列表中选择 旋转 选项。

Step4. 选择剖切位置。单击"捕捉方式"工具条中的 ⊙ 按钮，依次选取图 12.4.7 所示的 1 指示的圆弧和 2 指示的圆弧，再取消选中"捕捉方式"工具条中的 ⊙ 按钮，并单击 ◎ 按钮，然后选取图 12.4.7 所示的 3 指示的圆弧的象限点。

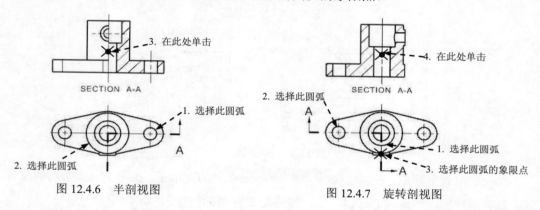

图 12.4.6　半剖视图　　　　　图 12.4.7　旋转剖视图

12.4.5　阶梯剖视图

阶梯剖视图也是一种全剖视图，只是阶梯剖的剖切平面一般是一组平行的平面，在工程图中，其剖切线为一条连续垂直的折线。下面创建图 12.4.8 所示的阶梯剖视图，操作过程如下。

Step1. 打开文件 D:\ugxc12\work\ch12.04.05\stepped_section_cut.prt。

Step2. 绘制剖面线。

（1）选择下拉菜单 插入(S) ➡ 视图(V) ➡ 剖切线(L)... 命令，系统弹出"截面线"对话框并自动进入草图环境。

说明： 如果当前图纸中不止一个视图，则需要先选择父视图才能进入草图环境。

（2）绘制图 12.4.9 所示的剖切线。

（3）退出草图环境，系统返回到"截面线"对话框，在该对话框的 方法 下拉列表中选择 ⊙ 简单剖/阶梯剖 选项，单击 确定 按钮，完成剖切线的创建。

Step3. 创建阶梯剖视图。

（1）选择下拉菜单 插入(S) ➡ 视图(W) ➡ 剖视图(S)... 命令，系统弹出"剖视图"对话框。

（2）定义剖切类型。在 截面线 区域的 定义 下拉列表中选择 选择现有的 选项，然后选择以前绘制的剖切线。

（3）在原视图的上方单击放置阶梯剖视图。

（4）单击"剖视图"对话框中的 关闭 按钮。

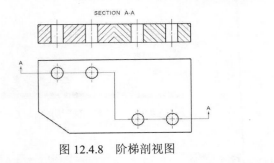

图 12.4.8　阶梯剖视图

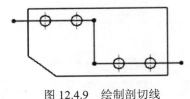

图 12.4.9　绘制剖切线

12.4.6　局部剖视图

局部剖视图是通过移除零件某个局部区域的材料来查看内部结构的剖视图，创建时需要提前绘制封闭或开放的曲线来定义要剖开的区域。下面创建图 12.4.10 所示的局部剖视图，操作过程如下。

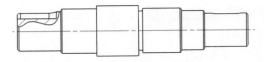

图 12.4.10　局部剖视图

Step1. 打开文件 D:\ugxc12\work\ch12.04.06\breakout_section.prt。

Step2. 绘制草图曲线。

（1）激活要创建局部剖的视图。在 部件导航器 中右击视图 ✔ 投影 "ORTHO@7" ，在系统弹出的快捷菜单中选择 活动草图视图 命令，此时将激活该视图为草图视图。

说明：如果此时该视图已被激活，则无需进行此步操作。

（2）单击 布局 功能选项卡，然后在 草图 区域单击"艺术样条"按钮 ，系统弹出"艺术样条"对话框，选择 通过点 类型，在 参数化 区域中选中 ☑ 封闭 复选框，绘制图12.4.11 所示的样条曲线，单击对话框中的 < 确定 > 按钮。

（3）单击 完成草图 按钮，完成草图绘制。

Step3. 选择下拉菜单 插入(S) ➡ 视图(W) ➡ 局部剖(O)... 命令，系统弹出"局部剖"对话框（一），如图 12.4.12 所示。

图 12.4.11　插入艺术样条曲线

图 12.4.12　"局部剖"对话框（一）

Step4. 创建局部剖视图。

（1）选择视图。在"局部剖"对话框中选中 ⊙ 创建 单选项，在系统 选择一个生成局部剖的视图 的提示下，在对话框中单击选取 ORTHO@7 为要创建的对象（也可以直接在图纸中选取），此时对话框变成图 12.4.13 所示的状态。

（2）定义基点。在系统 选择对象以自动判断点 的提示下，单击"捕捉方式"工具条中的 按钮，选取图 12.4.14 所示的基点。

图 12.4.13　"局部剖"对话框（二）

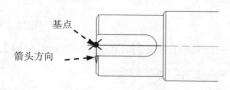

图 12.4.14　选取基点

（3）定义拉出的矢量方向。接受系统的默认方向。

（4）选择剖切范围。单击"局部剖"对话框中的"选择曲线"按钮 ，选择样条曲线作为剖切线，单击 应用 按钮，再单击 取消 按钮，完成局部剖视图的创建。

12.4.7 局部放大视图

局部放大图是将现有视图的某个部位单独放大并建立一个新的视图，以便显示零件结构和便于标注尺寸。下面创建图 12.4.15 所示的局部放大图，操作过程如下。

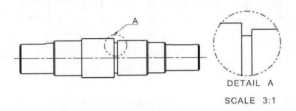

图 12.4.15 局部放大图

Step1. 打开文件 D:\ugxc12\work\ch12.04.07\magnify_view.prt。

说明：如果当前环境是建模环境，单击 应用模块 功能选项卡 设计 区域中的 制图 按钮，进入制图环境。

Step2. 选择命令。选择下拉菜单 插入(S) ➡ 视图(W) ➡ 局部放大图(D)... 命令（或单击"局部放大图"按钮），系统弹出图 12.4.16 所示的"局部放大图"对话框。

Step3. 选择边界类型。在"局部放大图"对话框的 类型 下拉列表中选择 圆形 选项。

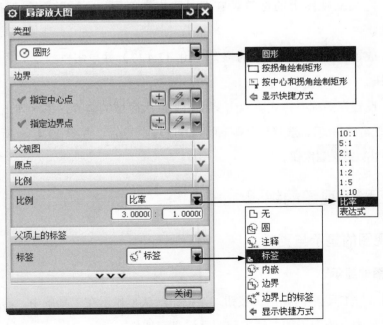

图 12.4.16 "局部放大图"对话框

Step4. 绘制放大区域的边界，如图 12.4.17 所示。

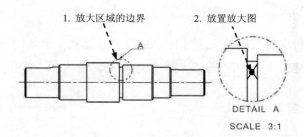

图 12.4.17　放大区域的边界

图 12.4.16 所示的"局部放大图"对话框的选项说明如下。

- 类型 -区域：该区域用于定义绘制局部放大图边界的类型，包括"圆形""按拐角绘制矩形"和"按中心和拐角绘制矩形"。

- 边界 -区域：该区域用于定义创建局部放大图的边界位置。

- 父项上的标签 区域：该区域用于定义父视图边界上的标签类型，包括"无""圆""注释""标签""内嵌""边界"和"边界上的标签"。

Step5. 指定放大图比例。在"局部放大图"对话框 比例 区域的 比例 下拉列表中选择 比率 选项，输入 3:1。

Step6. 定义父视图上的标签。在对话框 父项上的标签 -区域的 标签 下拉列表中选择 标签 选项。

Step7. 放置视图。选择合适的位置（图 12.4.17）并单击以放置放大图，然后单击 关闭 按钮。

Step8. 设置视图标签样式。双击父视图上放大区域的边界，系统弹出"设置"对话框，如图 12.4.18 所示。选择 详细下的 标签 选项，然后设置图 12.4.18 所示的参数，完成设置后单击 确定 按钮。

12.5　工程图视图的编辑

12.5.1　视图的显示与更新

1. 视图的显示

在"图纸"工具条中单击 按钮（该按钮默认不显示在工具条中，需要手动添加），系统会在模型的三维图形和二维工程图之间进行切换。

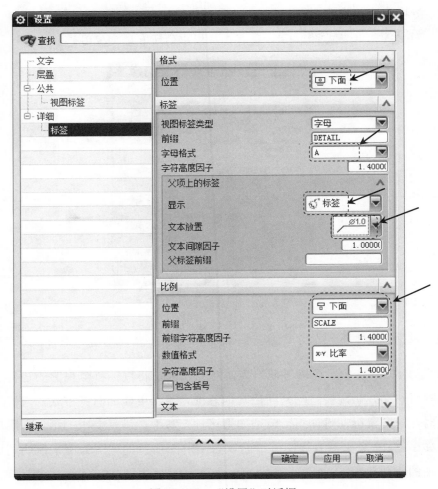

图 12.4.18　"设置"对话框

2. 视图的更新

选择下拉菜单 编辑(E) ➡ 视图(W) ➡ 更新(U)... 命令（或单击"更新视图"按钮 ），可更新图形区中的视图。选择该命令后，系统弹出图 12.5.1 所示的"更新视图"对话框。

图 12.5.1 所示的"更新视图"对话框的按钮及选项说明如下。

● 显示图纸中的所有视图：列出当前存在于部件文件中所有工作表面上的所有视图，
   当该复选框被选中时，部件文件中的所有视图都在该对话框中可见并可供选择。
   如果取消选中该复选框，则只能选择当前显示的图样上的视图。

● 选择所有过时视图：用于选择工程图中的过时视图。单击 应用 按钮之后，这些视图将进行更新。

● 选择所有过时自动更新视图: 用于选择工程图中的所有过期视图并自动更新。

图 12.5.1 "更新视图"对话框

12.5.2 视图的对齐

UG NX 12.0 提供了比较方便的视图对齐功能。将鼠标移至视图的边界上并按住左键,然后移动,系统会自动判断用户的意图,显示可能的对齐方式,当移动至适合的位置时,松开鼠标左键即可。但是如果这种方法不能满足要求的话,则用户还可以利用 视图对齐 命令来对齐视图。下面以图 12.5.2 所示的视图为例来说明利用该命令对齐视图的一般过程。

a)对齐前   b)对齐后

图 12.5.2 对齐视图

Step1. 打开文件 D:\ugxc12\work\ch12.05.02\level1.prt。

Step2. 选择命令。选择下拉菜单 编辑(E) ➡ 视图(W) ➡ 对齐(I)... 命令,系统弹出图 12.5.3 所示的"视图对齐"对话框。

Step3. 选择要对齐的视图。选择图 12.5.4 所示的视图为要对齐的视图。

Step4. 定义对齐方式。在"视图对齐"对话框的 方法 下拉列表中选择 水平 选项。

Step5. 选择对齐视图。选择主视图为对齐视图。

Step6. 单击对话框中的 取消 按钮，完成视图的对齐。

图 12.5.3 "视图对齐"对话框

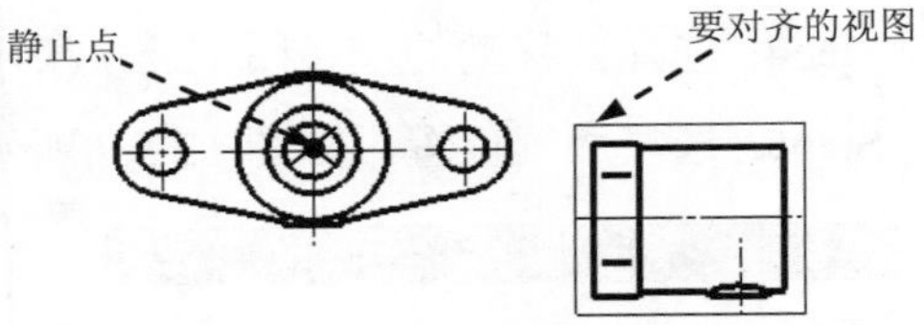

图 12.5.4 选择对齐视图

图 12.5.3 所示的"视图对齐"对话框中"方法"下拉列表的选项说明如下。

- 自动判断：自动判断两个视图可能的对齐方式。
- 水平：将选定的视图水平对齐。
- 竖直：将选定的视图垂直对齐。
- 垂直于直线：将选定视图与指定的参考线垂直对齐。
- 叠加：同时水平和垂直对齐视图，以便使它们重叠在一起。

12.5.3 视图的编辑

1. 编辑整个视图

在视图的边框上右击，从系统弹出的快捷菜单中选择 设置(S)... 命令，系统弹出图 12.4.18 所示的"设置"对话框，使用该对话框可以改变视图的显示。"设置"对话框和"制图首选项"对话框基本一致，在此不做具体介绍。

2. 视图细节的编辑

类型 1：编辑剖切线。

下面以图 12.5.5 为例来说明编辑剖切线的一般过程。

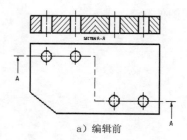
a）编辑前

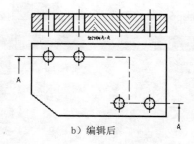
b）编辑后

图 12.5.5　编辑剖切线

Step1. 打开文件 D:\ugxc12\work\ch12.05.03\edit_section.prt。

Step2. 选择命令。在视图中双击要编辑的剖切线（或者双击剖切箭头），系统弹出图 12.5.6 所示的"截面线"对话框。

Step3. 选择"编辑草图"命令。单击"截面线"对话框中的 按钮。

Step4. 选择要移动的段（图 12.5.7 所示的一段剖切线）。

Step5. 选择放置位置，如图 12.5.7 所示。

图 12.5.6　"截面线"对话框

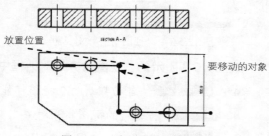

图 12.5.7　创建剖切线

说明：利用"截面线"对话框不仅可以增加、删除和移动剖切线，还可重新定义铰链线、剖切矢量和箭头矢量等。

Step6. 单击"剖切线"对话框中的 应用 按钮，再单击 取消 按钮，此时视图并未立即更新。

Step7. 更新视图。选择下拉菜单 编辑(E) ➡ 视图(W) ➡ 更新(U)... 命令，系统弹出"更新视图"对话框，单击"选择所有过时视图"按钮 ，选择全部视图，再单击 确定 按钮，完成剖切线的编辑。

类型 2：定义剖切阴影线。

在工程图环境中，用户可以选择现有剖面线或自定义的剖面线填充剖面。与产生剖视图的结果不同，填充剖面不会产生新的视图。下面以图 12.5.8 为例来说明定义剖面线的一般操作过程。

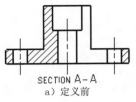
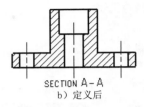

图 12.5.8　定义剖面线

Step1. 打开文件 D:\ugxc12\work\ch12.05.03\edit_section3.prt。

Step2. 选择命令。选择下拉菜单 插入(S) ➡ 注释(A) ➡ 剖面线(Q)... 命令，系统弹出图 12.5.9 所示的"剖面线"对话框，在该对话框 边界-区域的 选择模式 下拉列表中选择 边界曲线 选项。

Step3. 定义剖面线边界。依次选择图 12.5.10 所示的边界为剖面线边界。

Step4. 设置剖面线。剖面线的设置如图 12.5.9 所示。

Step5. 单击 确定 按钮，完成剖面线的定义。

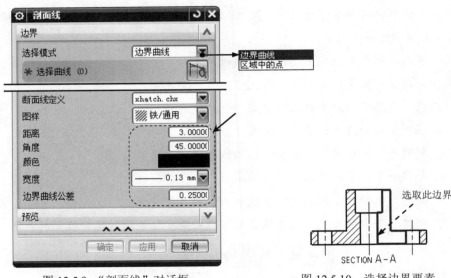

图 12.5.9　"剖面线"对话框　　　　图 12.5.10　选择边界要素

图 12.5.9 所示的"剖面线"对话框的边界区域说明如下。

● 边界曲线 选项：若选择该选项，则在创建剖面线时是通过在图形上选取一个封闭的边界曲线来得到。

● 区域中的点 选项：若选择该选项，则在创建剖面线时，只需要在一个封闭的边界曲线内部单击一下，系统就会自动选取此封闭边界作为创建剖面线边界。

12.6 工程图标注

12.6.1 尺寸标注

尺寸标注是工程图中一个重要的环节，本节将介绍尺寸标注的方法及注意事项。选择下拉菜单 插入(S) ➡ 尺寸(M)▶ 命令，系统弹出"尺寸"菜单，或者通过图 12.6.1 所示的 主页 功能选项卡 尺寸 区域的命令按钮进行尺寸标注。在标注的任一尺寸上右击，在系统弹出的快捷菜单中选择 编辑… 命令，系统会弹出图 12.6.2 所示的"尺寸编辑"界面。

图 12.6.1　"主页"功能选项卡"尺寸"区域

图 12.6.1 所示的"主页"功能选项卡"尺寸"区域的按钮说明如下。

　：允许用户使用系统功能创建尺寸，以便根据用户选取的对象以及光标位置自动判断尺寸类型创建一个尺寸。

　：在两个对象或点位置之间创建线性尺寸。

　：创建圆形对象的半径或直径尺寸。

　：在两条不平行的直线之间创建一个角度尺寸。

　：在倒斜角曲线上创建倒斜角尺寸。

　：创建一个厚度尺寸，测量两条曲线之间的距离。

　：创建一个弧长尺寸来测量圆弧周长。

　：创建周长约束以控制选定直线和圆弧的集体长度。

　：创建一个坐标尺寸，测量从公共点沿一条坐标基线到某一位置的距离。

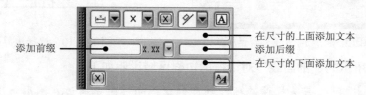

图 12.6.2　"尺寸编辑"界面

图 12.6.2 所示的"尺寸编辑"界面的按钮及选项说明如下。

- 　：用于设置尺寸类型。
- 　：用于设置尺寸精度。

- **☒**：检测尺寸。
- **✓ ▼**：用于设置尺寸文本位置。
- **A**：单击该按钮，系统弹出"附加文本"对话框，用于添加注释文本。
- **┓**：用于设置尺寸精度。
- **(x)**：用于设置参考尺寸。
- **ᴬA**：单击该按钮，系统弹出"设置"对话框，用于设置尺寸显示和放置等参数。

下面以图 12.6.3 为例来介绍创建尺寸标注的一般操作过程。

Step1. 打开文件 D:\ugxc12\ch12.06.01\dimension.prt。

Step2. 标注竖直尺寸。选择下拉菜单 **插入(S)** ➡ **尺寸(M)▶** ➡ **⊢∃线性** 命令，系统弹出图 12.6.4 所示的"线性尺寸"对话框。

Step3. 在 **测量** 区域的 **方法** 下拉列表中选择 **┆┆竖直** 选项，单击"捕捉方式"工具条中的 **╱** 按钮，选取图 12.6.5 所示的边线 1 和边线 2，系统自动显示活动尺寸，单击合适的位置放置尺寸，然后单击 **关闭** 按钮，结果如图 12.6.6 所示。

Step4. 标注水平尺寸。选择下拉菜单 **插入(S)** ➡ **尺寸(M)▶** ➡ **⊢∃线性** 命令，系统弹出"线性尺寸"对话框。

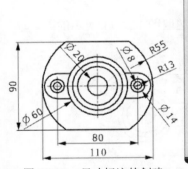

图 12.6.3 尺寸标注的创建

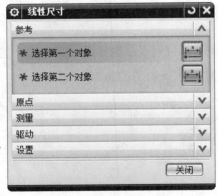

图 12.6.4 "线性尺寸"对话框

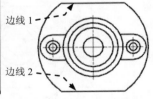

图 12.6.5 选取尺寸线参照

Step5. 在 **测量** 区域的 **方法** 下拉列表中选择 **┆┆水平** 选项，单击"捕捉方式"工具条中的 **⊙** 按钮，选取图 12.6.7 所示的圆 1 和圆 2，系统自动显示活动尺寸，单击合适的位置放置尺寸；然后选取图 12.6.7 所示的边线 1 和边线 2，系统自动显示活动尺寸，单击合适的位置放置尺寸，结果如图 12.6.8 所示。

Step6. 标注半径尺寸。选择下拉菜单 **插入(S)** ➡ **尺寸(M)▶** ➡ **⋌径向(R)...** 命令，系统弹出"径向尺寸"对话框。

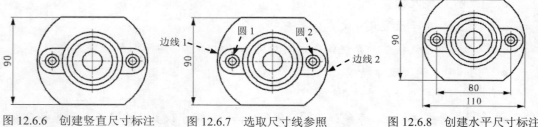

图 12.6.6　创建竖直尺寸标注　　　图 12.6.7　选取尺寸线参照　　　图 12.6.8　创建水平尺寸标注

Step7. 在 测量 区域的 方法 下拉列表中选择 径向 选项，分别选取图 12.6.9 所示的圆弧，单击合适的位置放置半径尺寸，结果如图 12.6.10 所示。

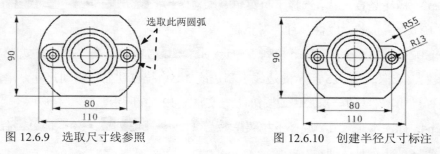

图 12.6.9　选取尺寸线参照　　　　　图 12.6.10　创建半径尺寸标注

Step8. 标注直径尺寸。选择下拉菜单 插入(S) ➡ 尺寸(M)▶ ➡ 径向(R)... 命令，系统弹出"径向尺寸"对话框。

Step9. 在 测量 区域的 方法 下拉列表中选择 直径 选项，选取图 12.6.11 所示的圆，单击合适的位置放置直径尺寸，结果如图 12.6.12 所示。

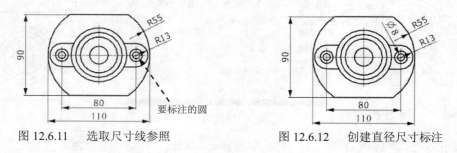

图 12.6.11　　选取尺寸线参照　　　　图 12.6.12　　创建直径尺寸标注

Step10. 选取其他图元创建尺寸标注，使其完全约束，结果如图 12.6.3 所示。

12.6.2　基准特征标注

利用"基准符号"命令可以创建用户所需的各种基准符号。下面将介绍创建基准符号的一般操作过程。

Step1. 打开文件 D:\ugxc12\work\ch12.06.02\datum_feature_symbol.prt。

Step2. 选择命令。选择下拉菜单 插入(S) ➡ 注释(A) ➡ 🅰 基准特征符号(R)... 命令（或单击"注释"区域中的 🅰 按钮），系统弹出图 12.6.13 所示的"基准特征符号"对话框。

Step3. 创建基准。在 基准标识符 区域的 字母 文本框中输入 A，其余采用默认设置。

Step4. 在"基准特征符号"对话框的 指引线 区域中单击"选择终止对象"按钮 ↘，选择图 12.6.14 所示的标注位置向下拖动，然后按住 Shift 键拖动到放置位置，单击放置基准符号。

Step5. 在"基准特征符号"对话框中单击 关闭 按钮（或者单击鼠标中键），结果如图 12.6.14 所示。

说明：基准特征符号的样式与制图标准有关。

图 12.6.13 "基准特征符号"对话框

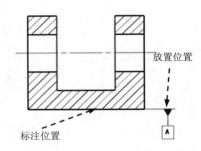

图 12.6.14 标注基准特征符号

12.6.3 几何公差标注

几何公差用来表示加工完成的零件的实际几何与理想几何之间的误差，包括形状公差和位置公差，是工程图中非常常见和重要的技术参数。下面以图 12.6.15 所示为例来介绍创建几何公差符号的一般操作过程。

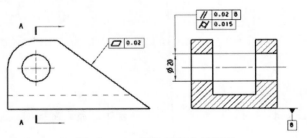

图 12.6.15 标注几何公差符号

Step1. 打开文件 D:\ugxc12\work\ch12.06.03\feature_control.prt。

Step2. 创建平面度公差。

（1）选择下拉菜单 插入(S) ➡ 注释(A) ➡ 特征控制框(E)... 命令（或单击"注释"区域中的 按钮），系统弹出图 12.6.16 所示的"特征控制框"对话框。

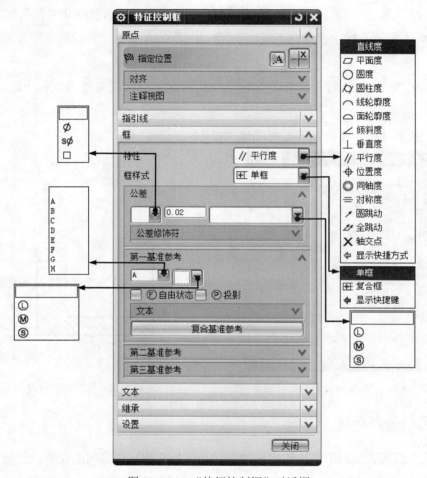

图 12.6.16　"特征控制框"对话框

（2）定义公差。在 特性 下拉列表中选择 平面度 选项，在 框样式 下拉列表中选择 单框 选项，在 公差 区域的 0.0 文本框中输入值 0.02，其余采用默认设置。

（3）放置公差框。选择图 12.6.17 所示的边线按下鼠标左键并拖动到放置位置，单击此位置以放置几何公差框。

Step3. 创建平行度公差。

（1）在"特征控制框"对话框的 特性 下拉列表中选择 平行度 选项，在 框样式 下拉列

表中选择 单框 选项，在 公差 区域的 0.0 文本框中输入值 0.02，在 第一基准参考 区域的
⊡ 下拉列表中选择 B 选项，其余采用默认设置。

（2）放置公差框。选择图 12.6.18 所示的尺寸按下鼠标左键并拖动，此时出现公差框
预览。

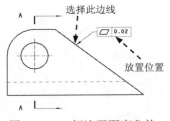

图 12.6.17　标注平面度公差

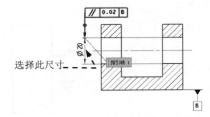

图 12.6.18　标注平行度公差

（3）调整指引线。在"特征控制框"对话框中展开 指引线 区域中的 样式 区域，在 短划线长度
文本框中输入值 15，单击图 12.6.19 所示的放置位置以放置几何公差框。

（4）在"特征控制框"对话框中单击 关闭 按钮（或者单击鼠标中键），结束命令。

Step4. 添加圆柱度公差。

（1）选择下拉菜单 插入(S) ➡ 注释(A) ➡ 特征控制框(F)... 命令（或单击"注
释"区域中的 按钮），系统弹出"特征控制框"对话框。

（2）定义公差。在 特性 下拉列表中选择 圆柱度 选项，在 框样式 下拉列表中选择 单框
选项，在 公差 区域的 0.0 文本框中输入值 0.015，在 第一基准参考 区域的 ⊡ 下拉列表
中选择空白选项，其余采用默认设置。

（3）放置公差框。确认"特征控制框"对话框中的 指定位置 被激活，移动鼠标指针
到图 12.6.20 所示的位置，系统自动进行捕捉放置，单击此位置以放置几何公差框。

（4）在"特征控制框"对话框中单击 关闭 按钮（或者单击鼠标中键），结果如图
12.6.15 所示。

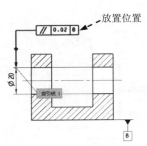

图 12.6.19　放置几何公差

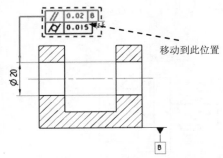

图 12.6.20　放置几何公差

12.6.4 符号标注

符号标注是一种由规则图形和文本组成的符号，在创建工程图中也是必要的。下面以图 12.6.21 所示为例来介绍创建标识符号的一般操作过程。

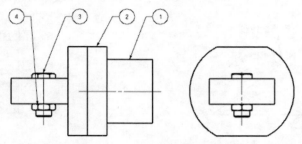

图 12.6.21　创建标识符号

Step1. 打开文件 D:\ugxc12\work\ch12.06.04\id symbol\id_symbol.prt。

Step2. 选择命令。选择下拉菜单 插入(S) ➡ 注释(A) ➡ 符号标注(B)... 命令，系统弹出"符号标注"对话框。

Step3. 定义第 1 个符号参数。在 文本 区域的 文本 文本框中输入值 1，其余参数保持不变。

Step4. 指定指引线。单击对话框 指引线 区域中的"选择终止对象"按钮，选择图 12.6.22 所示的点为引线的放置点。

Step5. 放置标识符号。单击图 12.6.22 所示的放置位置以放置标识符号。

Step6. 定义第 2 个符号参数。在 文本 区域的 文本 文本框中输入值 2，其余参数保持不变。

Step7. 单击对话框 指引线 区域中的"选择终止对象"按钮，选择图 12.6.23 所示的点为引线的放置点。

Step8. 放置标识符号。移动鼠标指针到图 12.6.23 所示的位置，系统自动捕捉到第一个标识符号并与之对齐。

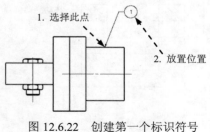

图 12.6.22　创建第一个标识符号

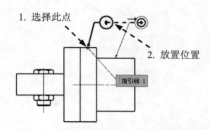

图 12.6.23　创建第二个标识符号

Step9. 参照 Step6～Step8 的操作步骤完成其余标识符号 3、4 的标注。

Step10. 单击"符号标注"对话框中的 关闭 按钮，结果如图 12.6.21 所示。

12.6.5 自定义符号标注

利用"自定义符号"命令可以创建用户所需的各种符号，且可将其加入到自定义符号库中。下面介绍创建自定义符号的一般操作过程。

Step1. 打开文件 D:\ugxc12\work\ch12.06.05\ user-defined symbol.prt。

Step2. 选择命令。选择下拉菜单 插入(S) ➡ 符号(Y)▶ ➡ 用户定义(U)... 命令，系统弹出"用户定义符号"对话框。

说明： 用户定义(U)... 命令系统默认没有显示在下拉菜单中，需要通过定制才可以使用。

Step3. 在"用户定义符号"对话框中设置图 12.6.24 所示的参数。

Step4. 放置符号。单击"用户定义符号"对话框中的 按钮，选取图 12.6.25 所示的尺寸和放置位置。

Step5. 单击 取消 按钮，结果如图 12.6.26 所示。

图 12.6.24 "用户定义符号"对话框

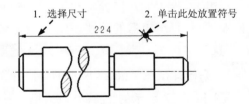

图 12.6.25 用户定义符号的创建

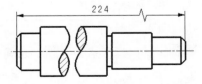

图 12.6.26 创建完的用户定义符号

图 12.6.24 所示的"用户定义符号"对话框常用的按钮及选项说明如下。

● 使用的符号来自于： 该下拉列表用于从当前部件或指定目录中调用"用户定义

符号"。

- ☑ 部件：使用该项将显示当前部件文件中所使用的符号列表。

- ☑ 当前目录：使用该项将显示当前目录部件所用的符号列表。

- ☑ 实用工具目录：使用该项可以从"实用工具目录"中的文件选择符号。

- 符号大小定义依据：在该项中可以使用长度、高度或比例和宽高比来定义符号的大小。

- 符号方向：使用该项可以对图样上的独立符号进行定位。

  - ☑ ⊞：用来定义与 XC 轴方向平行的矢量方向的角度。

  - ☑ ⊩：用来定义与 YC 轴方向平行的矢量方向的角度。

  - ☑ ⟋：用来定义与所选直线平行的矢量方向。

  - ☑ ⟋：用从一点到另外一点所形成的直线来定义矢量方向。

  - ☑ ◿；用来在显示符号的位置输入一个角度。

- ⌐：用来将符号添加到制图对象中去。

- ⊞：用来指明符号在图样中的位置。

12.6.6 注释编辑器

制图环境中的几何公差和文本注释都是通过注释编辑器来标注的，因此，在这里先介绍一下注释编辑器的用法。

选择下拉菜单 插入(S) ➡ 注释(A) ➡ A 注释(N)...命令（或单击"注释"按钮 A），系统弹出图 12.6.27 所示的"注释"对话框（一）。

图 12.6.27 所示的"注释"对话框（一）的部分选项说明如下。

- 编辑文本-区域：该区域（"编辑文本"工具栏）用于编辑注释，其主要功能和 Word 等软件的功能相似。

- 格式设置 区域：该区域包括"文本字体设置"下拉列表 alien ▾ 、"文本大小设置"下拉列表 0.25 ▾ 、"编辑文本"按钮和"多行文本输入区"。

- 符号-区域：该区域的 类别 下拉列表中主要包括"制图""形位公差""分数""定制符号""用户定义"和"关系"几个选项。

  - ☑ 制图 选项：使用图 12.6.27 所示的 制图 选项可以将制图符号的控制字符输入到编辑窗口。

  - ☑ 形位公差 选项：图 12.6.28 所示的 形位公差 选项可以将几何公差符号的

控制字符输入到编辑窗口和检查几何公差符号的语法。几何公差窗格的上面有四个按钮，它们位于一排。这些按钮用于输入下列几何公差符号的控制字符："插入单特征控制框""插入复合特征控制框""开始下一个框"和"插入框分隔线"。这些按钮的下面是各种公差特征符号按钮、材料条件按钮和其他几何公差符号按钮。

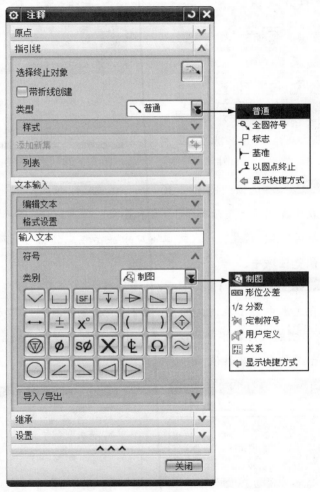

图 12.6.27　"注释"对话框（一）

☑ 　**分数**　选项：图 12.6.29 所示的　**分数**　选项分为上部文本和下部文本，通过更改分数类型，可以分别在上部文本和下部文本中插入不同的分数类型。

☑ 　**定制符号**选项：选择此选项后，可以在符号库中选取用户自定义的符号。

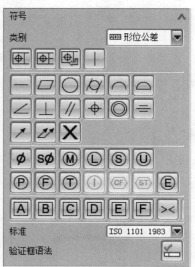

图 12.6.28 "注释"对话框（二）　　　图 12.6.29 "注释"对话框（三）

☑ 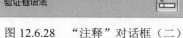选项：图 12.6.30 所示为 用户定义 选项。该选项的 符号库 下拉列表中提供了"显示部件""当前目录"和"实用工具目录"选项。单击"插入符号"按钮 后，在文本窗口中显示相应的符号代码，符号文本将显示在预览区域中。

☑ 关系 选项：图 12.6.31 所示的 关系 选项包括四种：插入控制字符，以在文本中显示表达式的值；插入控制字符，以显示对象的字符串属性值；插入控制字符，以在文本中显示部件属性值；插入控制字符，以显示工作表的属性值。

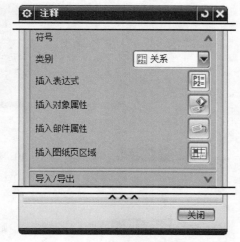

图 12.6.30 "注释"对话框（四）　　　图 12.6.31 "注释"对话框（五）

第**13**章 工程图设计综合实例

通过对前面的学习，读者应该对 UG NX 12.0 的工程图环境有了总体的了解，本节将介绍创建 down_base.prt 零件模型工程图的完整过程。学习完本节后，读者将会对创建 UG NX 12.0 工程图的具体过程有更加详细的了解，完成后的工程图如图 13.1.1 所示。

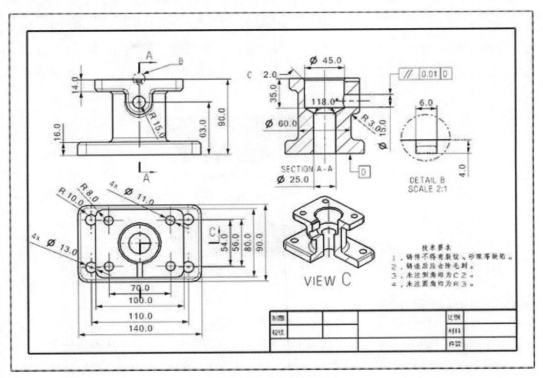

图 13.1.1 零件工程图

说明：本实例的详细操作过程请参见随书光盘中 video\ch13\文件下的语音视频讲解文件。模型文件为 D:\ugxc12\work\ch13\downbase.prt。

学习拓展：扫码学习更多视频讲解。

讲解内容：工程图设计实例精选。讲解了一些典型的工程图设计案例，重点讲解了工程图设计中视图创建和尺寸标注的操作技巧。

第14章 模具设计

14.1 概述

注塑模具设计一般包括两大部分：模具元件（Mold Component）设计和模架（Moldbase）设计。模具元件主要包括上模（型腔）、下模（型芯）、浇注系统（主流道、分流道、浇口和冷料穴）、滑块、销等；而模架则包括固定和移动侧模板、顶出销、回位销、冷却水道、加热管、止动销、定位螺栓、导柱、导套等。下面以图 14.1.1 所示的钟壳零件（clock_surface）为例来说明使用 UG NX 12.0 软件设计模具的一般过程和操作方法。

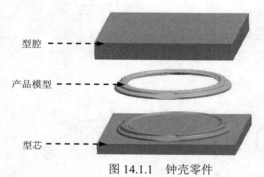

图 14.1.1　钟壳零件

14.2 初始化项目

初始化项目是 UG NX 12.0 中使用 Mold Wizard（注塑模向导）设计模具的源头，是把产品模型装配到模具模块中并在整个模具设计中起着关键性的作用。初始化项目的操作将会影响到模具设计的后续工作，所以在初始化项目之前应仔细分析产品模型的结构及材料，主要包括产品模型的加载、模具坐标系的定义、收缩率的设置和模具工件（毛坯）的创建。

下面介绍初始化项目的一般操作过程。

Step1. 打开 UG NX 12.0 软件，在功能选项卡右侧空白的位置右击，在系统弹出的快捷菜单中选择 注塑模向导 命令，系统弹出"注塑模向导"功能选项卡。

Step2. 在"注塑模向导"功能选项卡中单击"初始化项目"按钮 ，系统弹出"打开"对话框，选择 D:\ugxc12\work\ch14.01.01\clock_surface.prt 文件，单击 OK 按钮，载入模型后系统弹出"初始化项目"对话框。

Step3. 定义项目单位。在"初始化项目"对话框 设置 区域的 项目单位 下拉列表中选择 毫米 选项。

Step4. 设置项目路径和名称。

（1）设置项目路径。接受系统默认的项目路径。

（2）设置项目名称。在"初始化项目"对话框 项目设置 区域的 Name 文本框中输入 clock_surface_mold。

Step5. 单击 确定 按钮，完成加载后的产品模型如图 14.2.1 所示。

图 14.2.1　加载后的产品模型

14.3　模具坐标系

模具坐标系在整个模具设计中的地位非常重要，它不仅是所有模具装配部件的参考基准，而且还直接影响到模具的结构设计，所以在定义模具坐标系前，首先要分析产品的结构，弄清产品的开模方向（规定坐标系的+Z 轴方向为开模方向）和分型面（规定 XC-YC 平面设在分型面上，原点设定在分型面的中心）；其次，通过移动及旋转将产品坐标系调整到与模具坐标系相同的位置；最后，通过"注塑模向导"工具条中的"模具坐标系"按钮来锁定坐标系。继续以前面的模型为例，设置模具坐标系的一般操作过程如下。

Step1. 在"注塑模向导"功能选项卡的 主要 区域中单击"模具坐标系"按钮 ，系统弹出图 14.3.1 所示的"模具坐标系"对话框。

Step2. 在"模具坐标系"对话框中选择 ⊙ 当前 WCS 单选项，单击 确定 按钮，完成模具坐标系的定义，结果如图 14.3.2 所示。

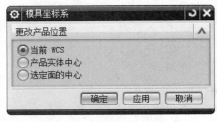

图 14.3.1　"模具坐标系"对话框

图 14.3.2　定义后的模具坐标系

图 14.3.1 所示的"模具坐标系"对话框中部分选项的说明如下。

● 当前 WCS：选择该单选项后，模具坐标系即为产品坐标系，与当前的产品坐标系相匹配。

● 产品实体中心：选择该单选项后，模具坐标系定义在产品体的中心位置。

● 选定面的中心：选择该单选项后，模具坐标系定义在指定的边界面的中心。

说明：本例中，产品坐标系不需要调整即符合模具坐标系的要求。当产品坐标系不符合模具坐标系的要求时，就需要进行调整。通过 格式(R) 下拉菜单 WCS 下拉菜单中的 原点(D)... 、 动态(D)... 和 旋转(R)... 命令即可完成坐标系的调整。也可以通过双击坐标系来调整，调整坐标系的方法与建模环境下的调整方法一致，在此不再赘述。

14.4 设置收缩率

从模具中取出注塑件后，由于温度及压力的变化塑件会产生收缩，为此 UG 软件提供了收缩率（Shrinkage）功能来纠正注塑成品零件体积收缩所造成的尺寸偏差。用户通过设置适当的收缩率来放大参照模型，便可以获得正确尺寸的注塑零件。一般它受塑料品种、产品结构、模具结构和成型工艺等多种因素的影响。继续以前面的模型为例，设置收缩率的一般操作过程如下。

Step1. 定义收缩率类型。

（1）在"注塑模向导"功能选项卡的 主要 区域中单击"收缩"按钮 ，产品模型会高亮显示，同时系统弹出图 14.4.1 所示的"缩放体"对话框。

图 14.4.1 "缩放体"对话框

（2）定义类型。在"缩放体"对话框的 类型 下拉列表中选择 均匀 选项。

Step2. 定义缩放体和缩放点。接受系统默认的设置。

说明：因为前面只加载了一个产品模型，所以此处系统会自动将该产品模型定义为缩放体，并默认缩放点位于坐标原点。

图 14.4.1 所示的"缩放体"对话框 类型 区域下拉列表的说明如下。

● 均匀：产品模型在各方向的轴向收缩均匀一致。

● 轴对称：产品模型的收缩呈轴对称分布，一般应用在柱形产品模型中。

● 常规：材料在各方向的收缩率分布呈一般性，收缩时可沿 X、Y、Z 方向计算不同的收缩比例。

● 显示快捷键：选中此选项，系统会将"类型"的快捷图标显示出来。

Step3. 定义比例因子。在"缩放体"对话框 比例因子 区域的 均匀 文本框中输入收缩率值 1.006。

Step4. 单击 确定 按钮，完成收缩率的设置。

Step5. 在设置完收缩率后，还可以对产品模型的尺寸进行检查。

（1）选择命令。选择下拉菜单 分析(L) ➡ 测量距离(D)... 命令，系统弹出图 14.4.2 所示的"测量距离"对话框。

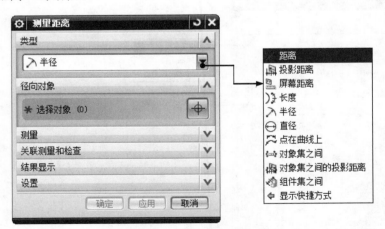

图 14.4.2　"测量距离"对话框

（2）定义测量类型及对象。在 类型 下拉列表中选择 半径 选项，选取图 14.4.3b 所示的边线，显示零件的半径值为 100.6000。

（3）检测收缩率。由图 14.4.3a 可知，产品模型在设置收缩率前的尺寸值为 100，设置后的产品模型尺寸为 100×1.006=100.6000，说明设置收缩没有失误。

（4）单击"测量距离"对话框中的 < 确定 > 按钮，退出测量。

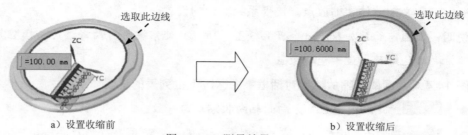

a）设置收缩前   b）设置收缩后

图 14.4.3   测量结果

14.5   创建模具工件

继续以前面的模型为例来介绍创建模具工件的一般操作过程。

Step1. 在"注塑模向导"功能选项卡的 主要 区域中单击"工件"按钮 ，系统弹出图 14.5.1 所示的"工件"对话框。

Step2. 在"工件"对话框的 类型 下拉列表中选择 产品工件 选项，在 工件方法 下拉列表中选择 用户定义的块 选项，然后在 限制 区域中进行图 14.5.1 所示的设置，单击 < 确定 > 按钮，完成工件的定义，结果如图 14.5.2 所示。

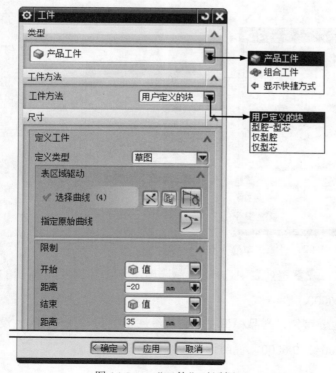

图 14.5.1   "工件"对话框

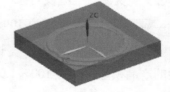

图 14.5.2   创建后的工件

图 14.5.2 所示的"工件"对话框中各选项的说明如下。

- 类型 区域: 用于定义创建工件的类型。
  - ☑ 产品工件 : 选择该选项,则在产品模型最大外形尺寸的基础上沿 X、Y 和 Z 轴的 6 个方向分别加上相应的尺寸作为成型工件的尺寸,并且系统提供 4 种定义工件的方法。
  - ☑ 组合工件 : 通过该类型来定义工件,和"产品工件"类型中"用户定义的块"方法类似,不同的是在工件草图截面定义方法。
- 工件方法 区域: 用于定义创建工件的方法。
  - ☑ 用户定义的块 : 选择该选项,则系统以提供草图的方式来定义截面。
  - ☑ 型腔-型芯 : 选择该选项,则将自定义的创建实体作为成型工件。有时系统提供的标准长方体不能满足实际需要,这时可以将自定义的实体作为工件的实体。自定义的成型工件必须保存在 parting 部件中。
  - ☑ 仅型腔 和 仅型芯 : "仅型腔"和"仅型芯"配合使用,可以分别创建型腔和型芯。

14.6 模型修补

在进行模具分型前,有些产品体上有开放的凹槽或孔,此时就要对产品模型进行修补,否则无法进行模具的分型。继续以前面的模型为例来介绍模型修补的一般操作过程。

Step1. 选择命令。在"注塑模向导"功能选项卡的 分型刀具 区域中单击"曲面补片"按钮 ◈ ,系统弹出图 14.6.1 所示的"边补片"对话框和图 14.6.2 所示的"分型导航器"窗口。

Step2. 定义修补边界。在对话框的 类型 下拉列表中选择 ● 体 选项,然后在图形区选取产品实体,系统将自动识别出破孔的边界线并以加亮形式显示出来,如图 14.6.3 所示。

Step3. 单击 确定 按钮,隐藏工件和工件线框后修补结果如图 14.6.4 所示。

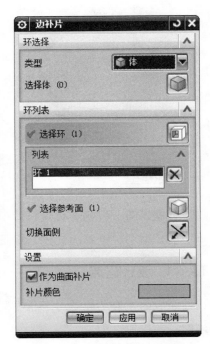

图 14.6.1 "边补片"对话框

图 14.6.2 "分型导航器"窗口

说明：图 14.6.2 中的"分型导航器"窗口的打开或关闭，可以通过在"注塑模向导"功能选项卡的 分型刀具 区域中单击 按钮来进行切换状态。

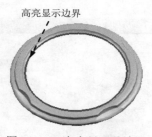

图 14.6.3 高亮显示孔边界

图 14.6.4 修补结果

14.7 模具分型

通过分型工具可以完成模具设计中很多重要的工作，包括对产品模型的分析，分型线、分型面、型芯、型腔的创建、编辑，以及设计变更等。

Task1. 设计区域

设计区域的主要功能是对产品模型进行区域分析。继续以前面的模型为例来介绍设计区域的一般操作过程。

Step1. 在"注塑模向导"功能选项卡的 分型刀具 区域中单击"检查区域"按钮 ，系统弹出图 14.7.1 所示的"检查区域"对话框（一），同时模型被加亮并显示开模方向，如图 14.7.2 所示，在对话框中选中 ⊙ 保持现有的 单选项。

说明：图 14.7.2 所示的开模方向可以通过"检查区域"对话框中的"矢量对话框"按钮来更改，由于在前面定义模具坐标系时已经将开模方向设置好了，因此系统将自动识别出产品模型的开模方向。

Step2. 在"检查区域"对话框（一）中单击"计算"按钮 ，系统开始对产品模型进行分析计算。在"检查区域"对话框（一）中单击 面 选项卡，系统弹出图 14.7.3 所示的"检查区域"对话框（二），在该对话框中可以查看分析结果。

说明：单击对话框中的"设置区域颜色"按钮 ，系统可根据分析结果对不同的面着色，便于观察。

Step3. 设置区域颜色。在"检查区域"对话框（二）中单击 区域 选项卡，系统弹出图 14.7.4 所示的"检查区域"对话框（三），在其中单击"设置区域颜色"按钮 ，然后取消选中 □内环、□分型边 和 □不完整环 三个复选框，结果如图 14.7.5 所示。

图 14.7.1 "检查区域"对话框（一）

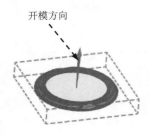

图 14.7.2 开模方向

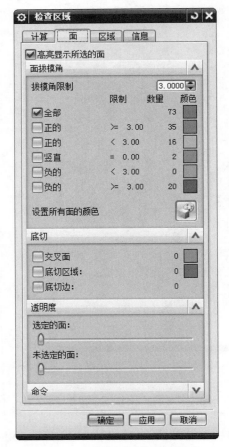

图 14.7.3 "检查区域"对话框（二）

Step4. 定义型腔区域。在"检查区域"对话框（三）的 未定义区域 区域中选中 ☑ 交叉竖直面 复选框，此时未定义区域曲面加亮显示，在 指派到区域 区域中选中 ⦿ 型腔区域 单选项，单击 应用 按钮，此时系统自动将未定义的区域指派到型腔区域中，同时对话框中的 未定义区域 显示为 0，创建结果如图 14.7.6 所示。

说明： 此处系统自动识别出型芯区域（图 14.7.7），即接受默认设置。

Step5. 单击 确定 按钮，完成区域设置。

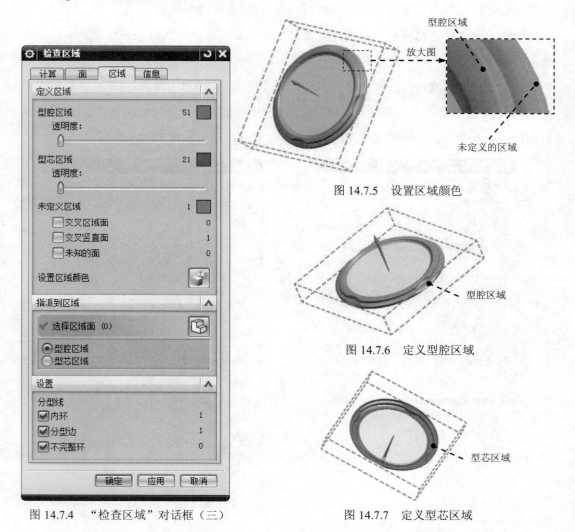

图 14.7.5　设置区域颜色

图 14.7.6　定义型腔区域

图 14.7.7　定义型芯区域

图 14.7.4　"检查区域"对话框（三）

Task2. 创建区域和分型线

完成产品模型的型芯面和型腔面定义后，接下来要进行型芯区域、型腔区域和分型线的创建工作。继续以前面的模型为例来介绍创建区域和分型线的一般操作过程。

Step1. 在"注塑模向导"功能选项卡的 分型刀具 区域中单击"定义区域"按钮 ⌖，系统弹出图 14.7.8 所示的"定义区域"对话框。

Step2. 在"定义区域"对话框的 设置 区域中选中 ☑ 创建区域 和 ☑ 创建分型线 复选框，单击 确定 按钮，完成分型线的创建，结果如图 14.7.9 所示。

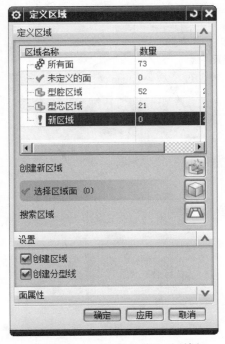

图 14.7.8 "定义区域"对话框

图 14.7.9 创建的分型线

Task3. 创建分型面

分型面的创建是在分型线的基础上完成的。继续以前面的模型为例来介绍创建分型面的一般操作过程。

Step1. 在"注塑模向导"功能选项卡的 分型刀具 区域中单击"设计分型面"按钮，系统弹出图 14.7.10 所示的"设计分型面"对话框。

Step2. 定义分型面创建方法。在"设计分型面"对话框的 创建分型面 区域中单击"有界平面"按钮。

Step3. 定义分型面大小。确认工件线框处于显示状态，在"设计分型面"对话框中接受系统默认的公差值；拖动图 14.7.11 所示分型面的宽度方向控制按钮使分型面大小超过工件大小，单击 确定 按钮，结果如图 14.7.12 所示。

图 14.7.10 "设计分型面"对话框

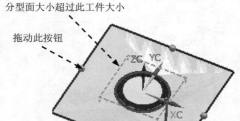

图 14.7.11 定义分型面大小

图 14.7.12 创建的分型面

图 14.7.10 所示的"设计分型面"对话框中各选项的说明如下。

● 公差 文本框：用于定义两个或多个需要进行合并的分型面之间的公差值。

● 分型面长度 文本框：用于定义分型面的长度，以保证分型面区域能够全部超出
工件。

Task4. 创建型腔和型芯

型腔是成型塑件外表面的主要零件，型芯是成型塑件内表面的主要零件。继续以前面的模型为例来介绍创建型腔和型芯的一般操作过程。

Step1. 在"注塑模向导"功能选项卡的 分型刀具 区域中单击"定义型腔和型芯"按钮 ，系统弹出图 14.7.13 所示的"定义型腔和型芯"对话框。

Step2. 创建型腔零件。

（1）在"定义型腔和型芯"对话框中选择 选择片体 区域中的 型腔区域 选项，单击 应用 按钮（此时系统自动将型腔片体选中）。

（2）系统弹出图 14.7.14 所示的"查看分型结果"对话框，接受系统默认的方向。

（3）创建的型腔零件如图 14.7.15 所示，单击 确定 按钮，完成型腔零件的创建。

图 14.7.14　"查看分型结果"对话框

图 14.7.13　"定义型腔和型芯"对话框

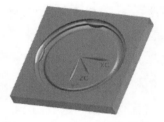

图 14.7.15　创建的型腔零件

Step3. 创建型芯零件。

（1）在"定义型腔和型芯"对话框中选择 选择片体 区域中的 型芯区域 选项，单击 确定 按钮（此时系统自动将型芯片体选中）。

（2）系统弹出"查看分型结果"对话框，接受系统默认的方向。

（3）创建的型芯零件如图 14.7.16 所示，单击 确定 按钮，完成型芯零件的创建。

图 14.7.16　创建的型芯零件

说明：查看型腔和型芯零件可以通过以下两种方式。

☑ 选择下拉菜单 窗口(O) ➡ 2. clock_surface_mold_core_005.prt 命令，系统切换到型芯窗口。

☑ 选择下拉菜单 窗口(O) ➡ clock_surface_mold_cavity_001.prt 命令，系统切换到型腔窗口。

14.8 创建模具分解视图

通过创建模具分解视图，可以模拟模具的开启过程，还可以进一步观察模具结构设计是否合理。继续以前面的模型为例来说明开模的一般操作方法和步骤。

Step1. 切换窗口。选择下拉菜单 窗口(O) ➡ 4. clock_surface_mold_top_009.prt 命令，切换到总装配文件窗口并将其设为工作部件。

说明：如果当前工作环境处于总装配窗口中，则此步操作可以省略。

Step2. 移动型腔。

（1）选择下拉菜单 装配(A) ➡ 爆炸图(X) ➡ 新建爆炸(N)... 命令，系统弹出图14.8.1 所示的"新建爆炸"对话框，接受默认的名字，单击 确定 按钮。

（2）选择命令。选择下拉菜单 装配(A) ➡ 爆炸图(X) ➡ 编辑爆炸(E)... 命令，系统弹出"编辑爆炸"对话框。

（3）选取移动对象。选取图 14.8.2 所示的型腔为移动对象。

图 14.8.1 "新建爆炸"对话框

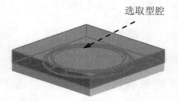

图 14.8.2 定义移动对象

（4）定义移动方向。在对话框中选择 ⊙ 移动对象 单选项，选择图 14.8.3 所示的轴为移动方向，此时对话框下部区域被激活。

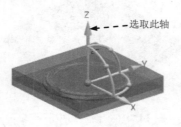

图 14.8.3 定义移动方向

（5）定义移动距离。在 距离 文本框中输入值 100，单击 确定 按钮，完成型腔的移动（图 14.8.4）。

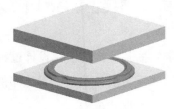

图 14.8.4　型腔移动后

Step3. 移动型芯。

（1）选择命令。选择下拉菜单 装配(A) ➡ 爆炸图(X) ➡ 编辑爆炸(E)... 命令，系统弹出"编辑爆炸"对话框。

（2）定义移动对象。选取图 14.8.5 所示的型芯为移动对象。

（3）定义移动方向和距离。在对话框中选择 ⊙ 移动对象 单选项，在模型中选中 Z 轴，在 距离 文本框中输入值-100，单击 确定 按钮，完成型芯的移动（图 14.8.6）。

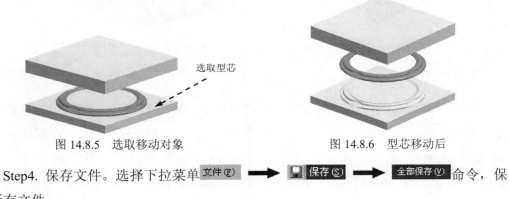

选取型芯

图 14.8.5　选取移动对象　　　　　　　　图 14.8.6　型芯移动后

Step4. 保存文件。选择下拉菜单 文件(F) ➡ 保存(S) ➡ 全部保存(V) 命令，保存所有文件。

学习拓展：扫码学习更多视频讲解。

讲解内容：主要包含模具设计概述，基础知识，模具设计的一般流程，典型零件加工案例等，特别是对有关注塑模设计、模具塑料及注塑成型工艺这些背景知识进行了系统讲解。

第 15 章　模具设计综合实例

本案例将介绍一副完整的带侧抽芯机构的模具设计过程（图 15.1），包括模具的分型和创建浇注系统。在完成本实例的学习后，希望读者能够熟练掌握带侧抽芯机构模具设计的方法和技巧。下面介绍该模具的设计过程。

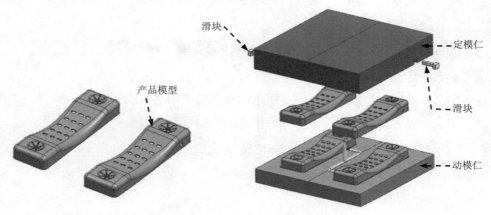

图 15.1　电话外壳的模具设计

1. 初始化项目

Step1. 加载模型。在功能选项卡右侧空白的位置右击，在系统弹出的快捷菜单中选择 注塑模向导 命令，系统弹出"注塑模向导"功能选项卡，在"注塑模向导"功能选项卡中单击"初始化项目"按钮 ，系统弹出"打开"对话框，选择 D:\ugxc12\work\ch15.01\cellphone_shell.prt，单击 OK 按钮，调入模型，系统弹出"初始化项目"对话框。

Step2. 定义项目单位。在"初始化项目"对话框的 项目单位 下拉菜单中选择 毫米 选项。

Step3. 设置项目路径和名称。接受系统默认的项目路径；在"初始化项目"对话框的 Name 文本框中输入 cellphone_shell。

Step4. 设置部件材料。在"初始化项目"对话框的 材料 下拉列表中选择 ABS+PC 选项。

Step5. 在该对话框中单击 确定 按钮，完成初始化项目的设置。

2. 模具坐标系

锁定模具坐标系。在"注塑模向导"功能选项卡的 主要 区域中单击"模具坐标系"

按钮 [图标]，系统弹出"模具坐标系"对话框；在"模具坐标系"对话框中选中 [⊙ 当前 WCS] 单选项；单击 [确定] 按钮，完成坐标系的定义。结果如图 15.2 所示。

3. 创建模具工件

Step1. 在"注塑模向导"功能选项卡的 [主要] 区域中单击"工件"按钮 [图标]，系统弹出"工件"对话框。

Step2. 在"工件"对话框的 [类型] 下拉列表中选择 [产品工件] 选项，在 [工件方法] 下拉列表中选择 [用户定义的块] 选项，其他参数采用系统默认设置值。

Step3. 修改尺寸。单击 [定义工件] 区域的"绘制截面"按钮 [图标]，系统进入草图环境，然后修改截面草图的尺寸，如图 15.3 所示；在"工件"对话框 [限制] 区域的 [开始] 下拉列表中选择 [值] 选项，并在其下的 [距离] 文本框中输入数值-20；在 [限制] 区域的 [结束] 下拉列表中选择 [值] 选项；并在其下的 [距离] 文本框中输入数值 30；单击 [< 确定 >] 按钮，完成创建后的模具工件如图 15.4 所示。

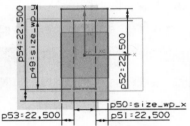

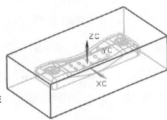

图 15.2　定义后的模具坐标系　　图 15.3　修改截面草图尺寸　　图 15.4　创建后的模具工件

4. 创建型腔布局

Step1. 在"注塑模向导"功能选项卡的 [主要] 区域中单击"型腔布局"按钮 [图标]，系统弹出"型腔布局"对话框。

Step2. 定义型腔数和间距。在"型腔布局"对话框的 [布局类型] 区域中选择 [矩形] 选项和 [⊙ 平衡] 单选项；在 [型腔数] 下拉列表中选择 [2]，并在 [缝隙距离] 文本框中输入数值 0。

Step3. 在 [布局类型] 区域中单击 [* 指定矢量 (0)]，使其激活，然后在后面的下拉列表中选择 [XC] 方向作为布局方向，在 [生成布局] 区域中单击"开始布局"按钮 [图标]，系统自动进行布局，此时在模型中显示布局方向箭头。

Step4. 在 [编辑布局] 区域中单击"自动对准中心"按钮 [图标]，使模具坐标系自动对准中心，布局结果如图 15.5 所示，单击 [关闭] 按钮。

5. 模具分型

（一）设计区域

Step1. 在"注塑模向导"功能选项卡的 分型刀具 区域中单击"检查区域"按钮 ，系统弹出"检查区域"对话框，并显示图 15.6 所示的开模方向。在"检查区域"对话框中选中 保持现有的 单选项。

说明：图 15.6 所示的开模方向可以通过"检查区域"对话框中的 指定脱模方向 按钮和"矢量对话框"按钮 来更改，本范例在前面定义模具坐标系时已经将开模方向设置好，所以系统会自动识别出产品模型的开模方向。

Step2. 定义区域。

（1）在"检查区域"对话框中单击"计算"按钮 ，系统开始对产品模型进行分析计算。单击"检查区域"对话框中的 面 选项卡，可以查看分析结果；在"检查区域"对话框中单击 区域 选项卡，取消选中 内环、 分型边 和 不完整环 三个复选框，然后单击"设置区域颜色"按钮 ，设置各区域颜色。

（2）在 未定义的区域 区域中选中 未知的面 复选框，此时系统将所有的未定义区域面加亮显示；选择图 15.7 所示的侧面和两边 44 个孔的面，在 指派到区域 区域中选中 型腔区域 单选项，单击 应用 按钮，此时系统将加亮显示面指派到型腔区域；然后选择模型中间 15 个孔的面，在 指派到区域 区域中选中 型芯区域 单选项，单击 应用 按钮，此时系统将加亮显示面指派到型芯区域；单击 取消 按钮，关闭"检查区域"对话框。结果如图 15.8 所示。

图 15.5 创建后的型腔布局

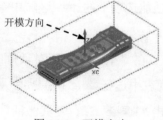
图 15.6 开模方向

图 15.7 定义型腔区域

（二）创建区域和分型线

Step1. 创建曲面补片。在"注塑模向导"功能选项卡的 分型刀具 区域中单击"曲面补片"按钮 ，系统弹出"边补片"对话框；在"边补片"对话框的 类型 下拉列表中选

择 选项，然后在图形区中选择产品实体；单击"边补片"对话框中的 确定 按钮，系统自动创建曲面补片，结果如图15.9所示。

Step2. 在"注塑模向导"功能选项卡的 分型刀具 区域中单击"定义区域"按钮 ，系统弹出"定义区域"对话框。

Step3. 在"定义区域"对话框的 设置 区域选中 ☑创建区域 和 ☑创建分型线 复选框，单击 确定 按钮，完成分型线的创建。创建分型线的结果如图15.1.10所示（已隐藏产品实体和曲面补片）。

图15.8 定义型腔和型芯区域

图15.9 创建曲面补片

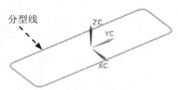

图15.10 创建分型线

（三）创建分型面

Step1. 在"注塑模向导"功能选项卡的 分型刀具 区域中单击"设计分型面"按钮 ，系统弹出"设计分型面"对话框。

Step2. 定义分型面创建方法。在对话框的 创建分型面 区域中单击"有界平面"按钮 。

Step3. 在"设计分型面"对话框中接受系统默认的公差值0.01；在图形区分型面上有四个方向的拉伸控制球，可以调整分型面大小，拖动其中的一个控制球使分型面大于工件线框，单击 确定 按钮，完成图15.11所示的分型面的创建。

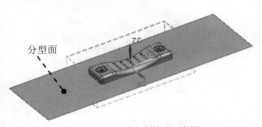

图15.11 创建的分型面

（四）创建型芯和型腔

Step1. 在"注塑模向导"功能选项卡的 分型刀具 区域中单击"定义型腔和型芯"按钮 ，系统弹出"定义型腔和型芯"对话框。

Step2. 在"定义型腔和型芯"对话框中选择 选择片体 区域下的 所有区域 选项，单击 确定 按钮，系统弹出"查看分型结果"对话框并在图形区显示出创建的型腔，单击"查看分型结果"对话框中的 确定 按钮，系统再一次弹出"查看分型结果"对话框。

Step3. 选择下拉菜单窗口(0) ➡ cellphone_shell_core_006.prt 命令，显示型芯零件，结

果如图 15.12 所示；选择下拉菜单 窗口(0) ➡ `cellphone_shell_cavity_002.prt` 命令，显示型腔零件，结果如图 15.13 所示。

图 15.12　型芯零件　　　　　　　　　图 15.13　型腔零件

（五）创建滑块

Step1. 创建拉伸特征1。选择下拉菜单 插入(S) ➡ 设计特征(E) ➡ 拉伸(E)...命令，选取图 15.14 所示的面为草图平面，绘制图 15.15 所示的截面草图，在 限制 区域的 开始 下拉列表中选择 值 选项，并在其下的 距离 文本框中输入数值 0，在 限制 区域的 结束 下拉列表中选择 直至延伸部分 选项；选取图 15.16 所示的面为拉伸延伸面；在 布尔 下拉列表中选择 无 选项。单击 〈确定〉 按钮，完成拉伸特征的创建。隐藏型腔实体后，结果如图 15.17 所示。

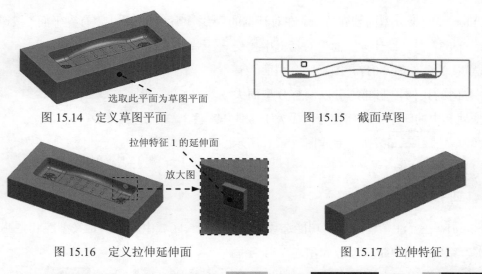

选取此平面为草图平面

图 15.14　定义草图平面　　　　　　　　　图 15.15　截面草图

拉伸特征 1 的延伸面

放大图

图 15.16　定义拉伸延伸面　　　　　　　　　图 15.17　拉伸特征 1

Step2. 创建拉伸特征2。选择下拉菜单 插入(S) ➡ 设计特征(E) ➡ 拉伸(E)...命令，选取图 15.14 所示的面为草图平面，绘制图 15.18 所示的截面草图，在 限制 区域的 开始 下拉列表中选择 值 选项，并在其下的 距离 文本框中输入数值 0，在 限制 区域的 结束 下拉列表中选择 值 选项，并在其下的 距离 文本框中输入数值-5；在 布尔 下拉列表中选择合并选项，选取上一步创建的拉伸特征为求和对象。单击 < 确定 > 按钮，完成拉伸特征的创建。隐藏型腔实体后，结果如图 15.19 所示。

Step3. 创建求交特征。选择下拉菜单 插入(S) ➡ 组合(B)▶ ➡ 相交(I)... 命令，在对话框的 设置 区域选中 ☑ 保存目标 复选框，取消选中 □ 保存工具 选项。选取型腔实体为目标体，选取拉伸特征为刀具体，单击 < 确定 > 按钮。完成求交特征的创建，如图 15.20 所示。

Step4. 创建求差特征。选择下拉菜单 插入(S) ➡ 组合(B)▶ ➡ 减去(S)... 命令，选取型腔为目标体，相交实体为工具体。在 设置 区域中选中 ☑ 保存工具 复选项，其他参数采用系统默认设置值。单击 < 确定 > 按钮，完成求差特征的创建。完成后的求差特征如图 15.21 所示。

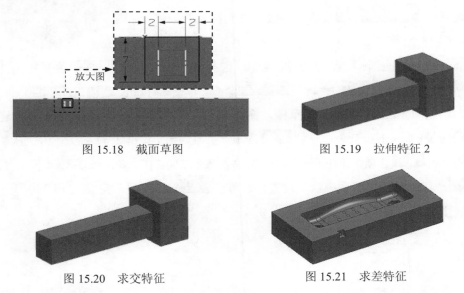

图 15.18　截面草图　　　　　　　　　　　图 15.19　拉伸特征 2

图 15.20　求交特征　　　　　　　　　　　图 15.21　求差特征

Step5. 将滑块转化为型腔子零件。在"装配导航器"窗口中右击，在系统弹出的快捷菜单中选择 WAVE 模式 命令，右击 ☑ ▣ cellphone_shell_cavity_002 图标，在系统弹出的快捷菜单中选择 WAVE▶ ➡ 新建层 命令，单击 指定部件名 按钮，系统弹出"选择部件名"对话框，在 文件名(N): 文本框中输入部件名称 cellphone_shell_slide，单击"选择部件名"对话框中的 OK 按钮，系统重新弹出"新建层"对话框，单击 类选择 按钮，在图形区选取图 15.20 所示的求交特征，单击两次 确定 按钮，完成操作。

Step6. 单击"装配导航器"中的 🗂 选项卡，在该选项卡中取消选中

□ cellphone_shell_cavity_002 部 件 。 选 择 滑 块 特 征 ， 选 择 下 拉 菜 单 格式(R) ➡ 移动至图层(M)... 命令，在 图层 的区域中选择 100，单击 确定 按钮，退出"图层设置"对话框。然后再选中"装配导航器" ▷ 选项卡中的 ☑ cellphone_shell_slide 部件。

（六）创建浇注系统

创建主流道

Step1. 选择下拉菜单 窗口(O) ➡ cellphone_shell_top_000.prt 命令，并将总装配文件激活。

Step2. 创建基准坐标系。选择下拉菜单 插入(S) ➡ 基准/点(D) ▶ ➡ 基准坐标系(C)... 命令，采用系统默认的设置，单击 < 确定 > 按钮，完成基准坐标系的创建，结果如图 15.22 所示。

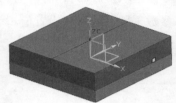

图 15.22　创建基准坐标系

Step3. 创建回转特征（主流道）。选择下拉菜单 插入(S) ➡ 设计特征(E) ➡ 旋转(R)... 命令，单击 按钮，选取 XZ 基准平面为草图平面，绘制图 15.23 所示的截面草图，在绘图区域中选取图 15.23 所示的直线为旋转轴。在 限制 区域的 开始 下拉列表中选择 值 选项，并在 角度 文本框中输入数值 0，在 结束 下拉列表中选择 值 选项，并在 角度 文本框中输入数值 360。在 布尔 区域的 布尔 下拉列表中选择 无 ，其他参数采用系统默认设置值。单击 < 确定 > 按钮，完成图 15.24 所示的回转特征（主流道）的创建。

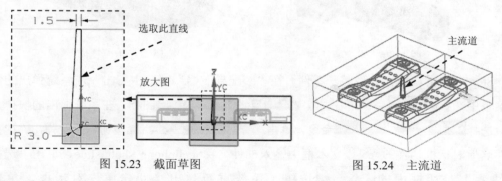

图 15.23　截面草图　　　　　　　　　　图 15.24　主流道

Step4. 后面的详细操作过程请参见随书光盘中 video\ch15.01\reference\文件夹下的语音视频讲解文件 cellphone_shell-r01.exe。

第 **16** 章 数控加工与编程

16.1 概述

数控技术即数字控制技术（Numerical Control Technology），指用计算机以数字指令的方式控制机床动作的技术。

数控加工具有产品精度高、自动化程度高、生产效率高以及生产成本低等特点，在制造业中，数控加工是所有生产技术中相当重要的一环。尤其是汽车或航天产业零部件，其几何外形复杂且精度要求较高，更突出了数控加工技术的优点。

数控编程一般可以分为手工编程和自动编程。自动数控编程是从零件的设计模型（即参考模型）直接获得数控加工程序，其主要任务是计算加工进给过程中的刀位点（Cutter Location Point，简称 CL 点），从而生成 CL 数据文件。采用自动编程技术可以帮助人们解决复杂零件的数控加工编程问题，其大部分工作由计算机来完成，使编程效率大大提高，还能解决手工编程无法解决的许多复杂形状零件的加工编程问题。

UG NX 数控模块提供了多种加工类型，用于各种复杂零件的粗精加工，用户可以根据零件结构、加工表面形状和加工精度要求选择合适的加工类型。

16.2 使用 UG NX 软件进行数控加工的基本过程

16.2.1 UG NX 数控加工流程

UG NX 能够模拟数控加工的全过程，其一般流程为（图 16.2.1）：

（1）创建制造模型，包括创建或获取设计模型。

（2）进行工艺规划。

（3）进入加工环境。

（4）创建 NC 操作（如创建程序、几何体、刀具等）。

（5）创建刀具路径文件，进行加工仿真。

（6）利用后处理器生成 NC 代码。

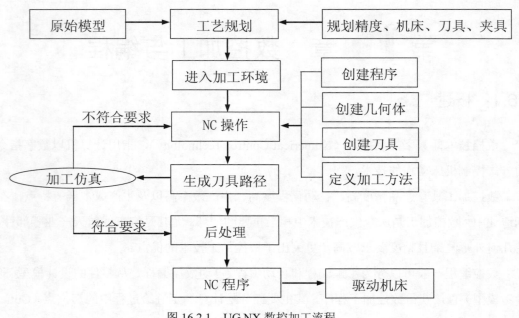

图 16.2.1　UG NX 数控加工流程

16.2.2　进入 UG NX 加工环境

在进行数控加工操作之前首先需要进入 UG NX 数控加工环境，其操作如下。

Step1. 打开模型文件 D:\ugxc12\work\ch16.02.02\pocketing.prt。

Step2. 进入加工环境。在 应用模块 功能选项卡的 加工 区域单击 按钮，系统弹出图 16.2.2 所示的"加工环境"对话框。

Step3. 选择操作模板类型。在"加工环境"对话框的 要创建的 CAM 组装 列表框中选择 mill_contour 选项，单击 确定 按钮，系统进入加工环境。

说明：当加工零件第一次进入加工环境时，系统将弹出"加工环境"对话框，在 要创建的 CAM 组装 列表中选择操作模板类型之后，在"加工环境"对话框中单击 确定 按钮，系统将根据指定的操作模板类型，调用相应的模块和相关的数据进行加工环境的设置。在以后的操作中，选择下拉菜单 工具(T) ➡ 工序导航器(O) ▶ ➡ 删除组装(S) 命令，在系统弹出的"设置删除确认"对话框中单击 确定(O) 按钮，此时系统将再次弹出"加工环境"对话框，可以重新进行操作模板类型的选择。

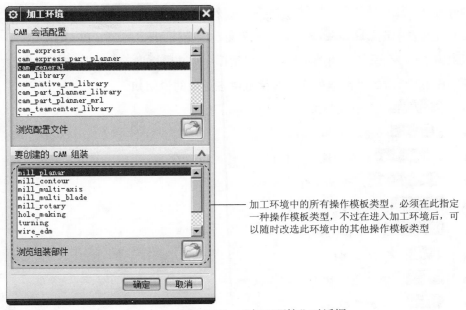

图 16.2.2 "加工环境"对话框

加工环境中的所有操作模板类型。必须在此指定一种操作模板类型，不过在进入加工环境后，可以随时改选此环境中的其他操作模板类型

16.2.3 NC 操作

NC 操作包括创建程序、创建几何体、创建刀具和定义加工方法。下面还是以模型 pocketing.prt 为例，紧接上节的操作来继续说明创建程序的一般步骤。

1. 创建程序

Step1. 选择下拉菜单 插入(S) ➡ 程序(P).. 命令（或单击"刀片"区域中的 按钮），系统弹出图 16.2.3 所示的"创建程序"对话框。

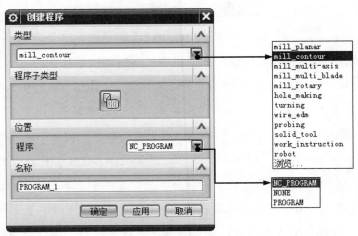

图 16.2.3 "创建程序"对话框

Step2. 在"创建程序"对话框的 类型 下拉列表中选择 mill_contour 选项，在 位置 区域的 程序 下拉列表中选择 NC_PROGRAM 选项，在 名称 文本框中输入程序名称 PROGRAM_1，单击 确定 按钮，在系统弹出的"程序"对话框中单击 确定 按钮，完成程序的创建。

图 16.2.3 所示的"创建程序"对话框中各选项的说明如下。

- mill_planar：平面铣加工模板。

- mill_contour：轮廓铣加工模板。

- mill_multi-axis：多轴铣加工模板。

- mill_multi_blade：多轴铣叶片模板。

- mill_rotary：旋转铣削模板。

- hole_making：钻孔模板。

- turning：车加工模板。

- wire_edm：电火花线切割加工模板。

- probing：探测模板。

- solid_tool：整体刀具模板。

- work_instruction：工作说明模板。

- robot：自动装置模板。

2. 创建机床坐标系和安全平面

Step1. 选择下拉菜单 插入(S) ➡ 几何体(G)... 命令，系统弹出图 16.2.4 所示的"创建几何体"对话框。

Step2. 在"创建几何体"对话框的 几何体子类型 区域中单击"MCS"按钮 ，在 位置 区域的 几何体 下拉列表中选择 GEOMETRY 选项，在 名称 文本框中输入 CAVITY_MCS。

Step3. 单击 确定 按钮，系统弹出图 16.2.5 所示的"MCS"对话框。

图 16.2.4 所示的"创建几何体"对话框中的各选项说明如下。

- （MCS 机床坐标系）：使用此选项可以建立 MCS（机床坐标系）和 RCS（参考坐标系）、设置安全距离和下限平面以及避让参数等。

- （WORKPIECE 工件几何体）：用于定义部件几何体、毛坯几何体、检查几何体和部件的偏置。所不同的是，它通常位于 MCS_MILL 父级组下，只关联 MCS_MILL 中指定的坐标系、安全平面、下限平面和避让等。

- （MILL_AREA 切削区域几何体）：使用此按钮可以定义部件、检查、切削区域、壁和修剪等几何体。切削区域也可以在以后的操作对话框中指定。

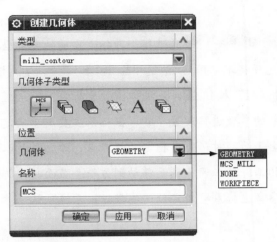

图 16.2.4 "创建几何体"对话框

图 16.2.5 "MCS"对话框

- （MILL_BND 部件边界）：使用此按钮可以指定部件边界、毛坯边界、检查边界、修剪边界和底平面几何体。在某些需要指定加工边界的操作，如表面区域铣削、3D 轮廓加工和清根切削等操作中会用到此按钮。

- A（MILL_TEXT 文字加工几何体）：使用此按钮可以指定"平面文本"和"曲面文本"工序中的雕刻文本。

- （MILL_GEOM 铣削几何体）：此按钮可以通过选择模型中的体、面、曲线和切削区域来定义部件几何体、毛坯几何体、检查几何体，还可以定义零件的偏置、材料，存储当前的视图布局与层。

- 在 位置 区域的 几何体 下拉列表中提供了如下选项。

  ☑ GEOMETRY：几何体中的最高节点，由系统自动产生。

  ☑ MCS_MILL：选择加工模板后系统自动生成，一般是工件几何体的父节点。

  ☑ NONE：未用项。当选择此选项时，表示没有任何要加工的对象。

  ☑ WORKPIECE：选择加工模板后，系统在 MCS_MILL 下自动生成的工件几何体。

图 16.2.5 所示的"MCS"对话框中的主要选项和区域说明如下。

- 机床坐标系 区域：单击此区域中的"坐标系对话框"按钮 ，系统弹出"坐标系"对话框，在此对话框中可以对机床坐标系的参数进行设置。机床坐标系即加工坐标系，它是所有刀路轨迹输出点坐标值的基准，刀路轨迹中所有点的数据都是根据机床坐标系生成的。在一个零件的加工工艺中，可能会创建多个机床坐标系，但在每个工序中只能选择一个机床坐标系。系统默认的机床坐标系定位在绝对坐标系的位置。

- 参考坐标系 区域：选中该区域中 ☑ 链接 RCS 与 MCS 复选框，即指定当前的参考坐标系为机床坐标系，此时 指定 RCS 选项将不可用；取消选中 ☐ 链接 RCS 与 MCS 复选框，单击 指定 RCS 右侧的"坐标系对话框"按钮 🖳，系统弹出"坐标系"对话框，在此对话框中可以对参考坐标系的参数进行设置。参考坐标系主要用于确定所有刀具轨迹以外的数据，如安全平面、对话框中指定的起刀点、刀轴矢量以及其他矢量数据等，当正在加工的工件从工艺各截面移动到另一个截面时，将通过搜索已经存储的参数，使用参考坐标系重新定位这些数据。系统默认的参考坐标系定位在绝对坐标系上。

- 安全设置 区域的 安全设置选项 下拉列表提供了如下选项。

  - ☑ 使用继承的 ：选择此选项，安全设置将继承上一级的设置，可以单击此区域中的"显示"按钮 🖎，显示出继承的安全平面。

  - ☑ 无 ：选择此选项，表示不进行安全平面的设置。

  - ☑ 自动平面 ：选择此选项，可以在 安全距离 文本框中设置安全平面的距离。

  - ☑ 平面 ：选择此选项，可以单击此区域中的 🖵 按钮，在系统弹出的"平面"对话框中设置安全平面。

- 下限平面 区域：此区域中的设置可以采用系统的默认值，不影响加工操作。

说明：在设置机床坐标系时，该对话框中的设置可以采用系统的默认值。

Step4. 在"MCS"对话框的 机床坐标系 区域中单击"坐标系对话框"按钮 🖳，系统弹出图 16.2.6 所示的"CSYS"对话框，在 类型 下拉列表中选择 🔹 动态 选项。

说明：系统弹出"CSYS"对话框的同时，在图形区会出现待创建坐标系，可以通过移动原点球来确定坐标系原点的位置，拖动圆弧边上的圆点可以分别绕相应轴进行旋转以调整角度。

Step5. 单击"CSYS"对话框 操控器 区域中的"点对话框"按钮 🖳，系统弹出"点"对话框，在 Z 文本框中输入值 10.0，单击 确定 按钮，此时系统返回至"CSYS"对话框，单击 确定 按钮，完成图 16.2.7 所示的机床坐标系的创建，系统返回到"MCS"对话框。

图 16.2.6 "CSYS" 对话框

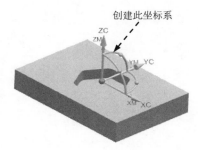

图 16.2.7 机床坐标系

Step6. 在 "MCS" 对话框的 安全设置 区域的 安全设置选项 下拉列表中选择 平面 选项。

Step7. 单击 "平面对话框" 按钮 🖳，系统弹出 "平面" 对话框，选取图 16.2.8 所示的模型表面为参考平面，在 偏置 区域的 距离 文本框中输入值 3.0。

Step8. 单击 "平面" 对话框中的 确定 按钮，完成图 16.2.9 所示的安全平面的创建。

Step9. 单击 "MCS" 对话框中的 确定 按钮，完成安全平面的创建。

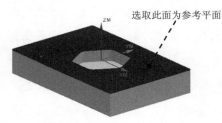

图 16.2.8 选取参考平面

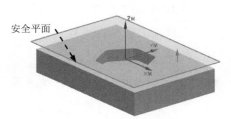

图 16.2.9 安全平面

3. 创建几何体

Step1. 选择下拉菜单 插入(S) ➡ 🔷 几何体(G)... 命令，系统弹出 "创建几何体" 对话框。

Step2. 在 几何体子类型 区域中单击 "WORKPIECE" 按钮 🗇，在 位置 区域的 几何体 下拉列表中选择 CAVITY_MCS 选项，在 名称 文本框中输入 CAVITY_WORKPIECE，然后单击 确定 按钮，系统弹出图 16.2.10 所示的 "工件" 对话框。

Step3. 创建部件几何体。

（1）单击 "工件" 对话框中的 🗇 按钮，系统弹出图 16.2.11 所示的 "部件几何体"

对话框。

图 16.2.10　"工件"对话框

图 16.2.11　"部件几何体"对话框

图 16.2.11 所示的"工件"对话框中的主要按钮说明如下。

- 按钮：单击此按钮，在系统弹出的"部件几何体"对话框中可以定义加工完成后的几何体，即最终的零件，它可以控制刀具的切削深度和活动范围，可以通过设置选择过滤器来选择特征、几何体（实体、面、曲线）和小平面体来定义部件几何体。

- 按钮：单击此按钮，在系统弹出的"毛坯几何体"对话框中可以定义将要加工的原材料，可以设置选择过滤器来选择特征、几何体（实体、面、曲线）以及偏置部件几何体来定义毛坯几何体。

- 按钮：单击此按钮，在系统弹出的"检查几何体"对话框中可以定义刀具在切削过程中要避让的几何体，如夹具和其他已加工过的重要表面。

- 按钮：当部件几何体、毛坯几何体或检查几何体被定义后，其后的 按钮将高亮度显示，此时单击此按钮，已定义的几何体对象将以不同的颜色高亮度显示。

- 部件偏置 文本框：用于设置在零件实体模型上增加或减去指定的厚度值。正的偏置值在零件上增加指定的厚度，负的偏置值在零件上减去指定的厚度。

- 按钮：单击该按钮，系统弹出"搜索结果"对话框，在此对话框中列出了材料数据库中的所有材料类型，材料数据库由配置文件指定。选择合适的材料后，

单击 确定 按钮，则为当前创建的工件指定材料属性。

● 布局和图层 区域提供了如下选项。

☑ ☑ 保存图层设置 复选框: 选中该复选框，则在选择"保存布局/图层"选项时，保存图层的设置。

☑ 布局名 文本框: 用于输入视图布局的名称，如果不更改，则使用默认名称。

☑ 🖫 按钮: 用于保存当前的视图布局和图层。

（2）在图形区选取整个零件实体为部件几何体，如图 16.2.12 所示。

（3）单击 确定 按钮，系统返回"工件"对话框。

Step4. 创建毛坯几何体。

（1）在"工件"对话框中单击 ⊕ 按钮，系统弹出"毛坯几何体"对话框（一）。

（2）在 类型 下拉列表中选择 包容块 选项，此时毛坯几何体如图 16.2.13 所示，显示"毛坯几何体"对话框（二）。

（3）单击 确定 按钮，系统返回到"工件"对话框。

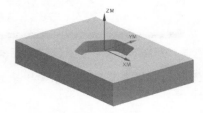

图 16.2.12　部件几何体

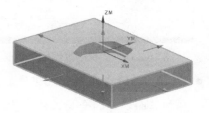

图 16.2.13　毛坯几何体

Step5. 单击"工件"对话框中的 确定 按钮，完成工件的设置。

4. 创建切削区域几何体

Step1. 选择下拉菜单 插入(S) ➡ 🔘 几何体(G)... 命令，系统弹出"创建几何体"对话框。

Step2. 在 几何体子类型 区域中单击"MILL_AREA"按钮 🔩，在 位置 区域的 几何体 下拉列表中选择 CAVITY_WORKPIECE 选项，在 名称 文本框中输入 CAVITY_AREA，然后单击 确定 按钮，系统弹出图 16.2.14 所示的"铣削区域"对话框。

Step3. 单击 指定切削区域 右侧的 🔩 按钮，系统弹出图 16.2.15 所示的"切削区域"对话框。

图 16.2.14 所示的"铣削区域"对话框中的各按钮说明如下。

● 🔩（选择或编辑检查几何体）: 用于检查几何体是否为在切削加工过程中要避

让的几何体，如夹具或重要加工平面。

● 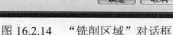（选择或编辑切削区域几何体）：使用该按钮可以指定具体要加工的区域，可以是零件几何的部分区域；如果不指定，系统将认为是整个零件的所有区域。

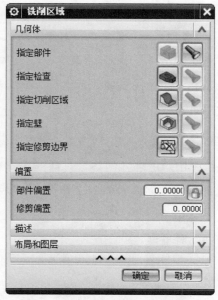

图 16.2.14　"铣削区域"对话框

图 16.2.15　"切削区域"对话框

● 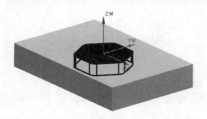（选择或编辑壁几何体）：通过设置侧壁几何体来替换工件余量，表示除了加工面以外的全局工件余量。

● （选择或编辑修剪边界）：使用该按钮可以进一步控制需要加工的区域，一般是通过设定剪切侧来实现的。

● 部件偏置：用于在已指定的部件几何体的基础上进行法向的偏置。

● 修剪偏置：用于对已指定的修剪边界进行偏置。

Step4. 选取图 16.2.16 所示的模型表面（共 13 个面）为切削区域，然后单击"切削区域"对话框中的 确定 按钮，系统返回到"铣削区域"对话框。

Step5. 单击 确定 按钮，完成切削区域几何体的创建。

图 16.2.16　指定切削区域

5. 创建刀具

Step1. 选择下拉菜单 插入(S) ➡️ 刀具(T) 命令（或单击"刀片"区域中的 按钮），系统弹出图 16.2.17 所示的"创建刀具"对话框。

Step2. 在 刀具子类型 区域中单击"MILL"按钮 ，在 名称 文本框中输入刀具名称 D6R0，然后单击 确定 按钮，系统弹出图 16.2.18 所示的"铣刀-5 参数"对话框。

Step3. 设置刀具参数。设置刀具参数如图 16.2.18 所示，在图形区可以观察所设置的刀具，如图 16.2.19 所示。

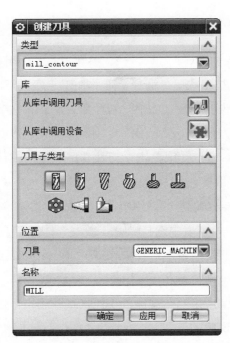

图 16.2.17 "创建刀具"对话框

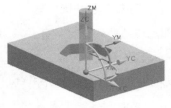

图 16.2.19 刀具预览

图 16.2.18 "铣刀-5 参数"对话框

Step4. 单击 确定 按钮，完成刀具的设定。

6. 创建加工方法

Step1. 选择下拉菜单 插入(S) ➡ 方法(M)... 命令（或单击"刀片"区域中的 按钮），系统弹出"创建方法"对话框。

Step2. 在 方法子类型 区域中单击"MOLD_FINISH_HSM"按钮，在 位置 区域的 方法 下拉列表中选择 MILL_SEMI_FINISH 选项，在 名称 文本框中输入 FINISH；然后单击 确定 按钮，系统弹出"模具精加工 HSM"对话框。

Step3. 设置部件余量。在 余量 区域的 部件余量 文本框中输入值 0.4，其他参数采用系统默认值。

Step4. 单击 确定 按钮，完成加工方法的设置。

16.2.4　创建工序

在 UG NX 12.0 加工中，每个加工工序所产生的加工刀具路径、参数形态及适用状态有所不同，所以用户需要根据零件图样及工艺技术状况，选择合理的加工工序。下面以模型 pocketing.prt 为例，紧接着上节的操作，说明创建工序的一般步骤。

Step1. 选择操作类型。

（1）选择下拉菜单 插入(S) ➡ 工序(E)... 命令（或单击"刀片"区域中的 按钮），系统弹出图 16.2.20 所示的"创建工序"对话框。

（2）在 类型 下拉列表中选择 mill_contour 选项，在 工序子类型 区域中单击"型腔铣"按钮，在 程序 下拉列表中选择 PROGRAM_1 选项，在 刀具 下拉列表中选择 D6R0（铣刀-5 参数）选项，在 几何体 下拉列表中选择 CAVITY_AREA 选项，在 方法 下拉列表中选择 FINISH 选项，接受系统默认的名称。

（3）单击 确定 按钮，系统弹出图 16.2.21 所示的"型腔铣"对话框。

图 16.2.21 所示的"型腔铣"对话框的选项说明如下。

● 刀轨设置 区域的 切削模式 下拉列表中提供了如下七种切削方式。

☑ 跟随部件：根据整个部件几何体并通过偏置来产生刀轨。与"跟随周边"方式不同的是，"跟随周边"只从部件或毛坯的外轮廓生成并偏移刀轨，"跟随部件"方式是根据整个部件中的几何体生成并偏移刀轨。"跟随部件"可以根据部件的外轮廓生成刀轨，也可以根据岛屿和型腔的外围环生成刀轨，所以无须进行"岛清理"的设置。另外，"跟随部件"方式无须指定步距的

　　方向，一般来讲，型腔的步距方向总是向外的，岛屿的步距方向总是向内的。此方式也十分适合带有岛屿和内腔零件的粗加工，当零件只有外轮廓这一条边界几何时，它和"跟随周边"方式是一样的，一般优先选择"跟随部件"方式进行加工。

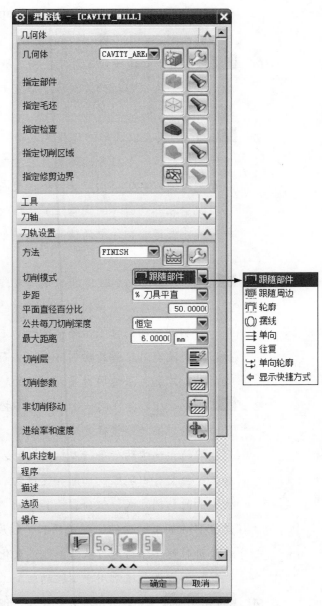

　　图 16.2.20　"创建工序"对话框　　　　　　图 16.2.21　"型腔铣"对话框

　　☑ 　跟随周边：沿切削区域的外轮廓生成刀轨，并通过偏移该刀轨形成一系列的同心刀轨，并且这些刀轨都是封闭的。当内部偏移的形状重叠时，这些刀轨将被合并成一条轨迹，然后再重新偏移产生下一条轨迹。和往复式切削一样，也能在步距运动间连续地进刀，因此效率也较高。设置参数时需要设定步距的方向是"向内"（外部进刀，步距指向中心）还是"向外"（中间进刀，步距指向外部）。此方式常用于带有岛屿和内腔零件的粗加工，如模具的型芯和型腔等。

☑ **轮廓**：用于创建一条或者几条指定数量的刀轨来完成零件侧壁或外形轮廓的加工。生成刀轨的方式和"跟随部件"方式相似，主要以精加工或半精加工为主。

☑ **摆线**：刀具会以圆形回环模式运动，生成的刀轨是一系列相交且外部相连的圆环，像一个拉开的弹簧。它控制了刀具的切入，限制了步距，以免在切削时因刀具完全切入受冲击过大而断裂。选择此选项，需要设置步距（刀轨中相邻两圆环的圆心距）和摆线的路径宽度（刀轨中圆环的直径）。此方式比较适合部件中的狭窄区域，如岛屿和部件及两岛屿之间区域的加工。

☑ **单向**：刀具在切削轨迹的起点进刀，切削到切削轨迹的终点，然后抬刀至转换平面高度，平移到下一行轨迹的起点，刀具开始以同样的方向进行下一行切削。切削轨迹始终维持一个方向的顺铣或者逆铣，在连续两行平行刀轨间没有沿轮廓的切削运动，从而会影响切削效率。此方式常用于岛屿的精加工和无法运用往复式加工的场合，如一些陡壁的筋板。

☑ **往复**：是指刀具在同一切削层内不抬刀，在步距宽度的范围内沿着切削区域的轮廓维持连续往复的切削运动。往复式切削方式生成的是多条平行直线刀轨，连续两行平行刀轨的切削方向相反，但步进方向相同，所以在加工中会交替出现顺铣切削和逆铣切削。在加工策略中指定顺铣或逆铣不会影响此切削方式，但会影响其中的"壁清根"的切削方向（顺铣和逆铣是会影响加工精度的，逆铣的加工精度比较高）。这种方法在加工时刀具在步进时始终保持进刀状态，能最大化地对材料进行切除，是最经济和高效的切削方式，通常用于型腔的粗加工。

☑ **单向轮廓**：与单向切削方式类似，但在进刀时将进刀点设在前一行刀轨的起始点位置，然后沿轮廓切削到当前行的起点进行当前行的切削，切削到端点时，仍然沿轮廓切削到前一行的端点，然后抬刀转移平面，再返回到起始边当前行的起点进行下一行的切削。其中抬刀回程是快速横越运动，在连续两行平行刀轨间会产生沿轮廓的切削壁面刀轨（步距），因此壁面加工的质量较高。此方法切削比较平稳，对刀具冲击很小，常用于粗加工后对要求余量均匀的零件进行精加工，如一些对侧壁要求较高的零件和薄壁零件等。

- 步距：是指两个切削路径之间的水平间隔距离，而在环形切削方式中是指两个环之间的距离。其方式分别是 恒定 、 残余高度 、 % 刀具平直 和 多重变量 四种。

  - ☑ 恒定 ：选择该选项后，用户需要定义切削刀路间的固定距离。如果指定的刀路间距不能平均分割所在区域，系统将减小这一刀路间距以保持恒定步距。

  - ☑ 残余高度 ：选择该选项后，用户需要定义两个刀路间剩余材料的高度，从而在连续切削刀路间确定固定距离。

  - ☑ % 刀具平直 ：选择该选项后，用户需要定义刀具直径的百分比，从而在连续切削刀路之间建立起固定距离。

  - ☑ 多重变量 ：选择该选项后，可以设定几个不同步距大小的刀路数以提高加工效率。

- 平面直径百分比 ：步距方式选择 % 刀具平直 时，该文本框可用，用于定义切削刀路之间的距离为刀具直径的百分比。

- 公共每刀切削深度 ：用于定义每一层切削的公共深度。

选项 区域中的选项说明如下。

- 编辑显示 选项：单击此选项后的"编辑显示"按钮 ⬚，系统弹出"显示选项"对话框，在此对话框中可以进行刀具显示、刀轨显示以及其他选项的设置。在系统默认的情况下，在"显示选项"对话框的 刀轨生成 区域中，使 ☐ 显示切削区域 、 ☐ 显示后暂停 、 ☐ 显示前刷新 和 ☐ 抑制刀轨显示 四个复选框为取消选中状态。

说明：在系统默认情况下， 刀轨生成 区域中的四个复选框均为取消选中状态，选中这四个复选框，在"型腔铣"对话框的 操作 区域中单击"生成"按钮 ⬚ 后，系统会弹出"刀轨生成"对话框。

Step2. 设置一般参数。在"型腔铣"对话框的 切削模式 下拉列表中选择 ⬚ 跟随部件 选项，在 步距 下拉列表中选择 % 刀具平直 选项，在 平面直径百分比 文本框中输入值 50.0，在 公共每刀切削深度 下拉列表中选择 恒定 选项，在 最大距离 文本框中输入值1.0。

Step3. 设置切削参数。

（1）单击"切削参数"按钮 ，系统弹出图 16.2.22 所示的"切削参数"对话框。

（2）单击"切削参数"对话框中的 余量 选项卡，在 部件侧面余量 文本框中输入值 0.1，在 公差 区域的 内公差 文本框中输入值 0.02，在 外公差 文本框中输入值 0.02。

（3）其他参数采用系统默认设置值，单击 确定 按钮，完成切削参数的设置，系统返回到"型腔铣"对话框。

Step4. 设置非切削移动参数。

（1）单击"型腔铣"对话框中的"非切削移动"按钮 ，系统弹出"非切削移动"对话框。

（2）单击"非切削移动"对话框中的 进刀 选项卡，在 封闭区域 区域的 进刀类型 下拉列表中选择 螺旋 选项，其他参数采用系统默认设置值，单击 确定 按钮，完成非切削移动参数的设置。

Step5. 设置进给率和速度。

（1）单击"型腔铣"对话框中的"进给率和速度"按钮 ，系统弹出图 16.2.23 所示的"进给率和速度"对话框。

（2）在"进给率和速度"对话框中选中 ☑ 主轴速度（rpm）复选框，然后在其文本框中输入值 1500.0，在 进给率 区域的 切削 文本框中输入值 2500.0，并单击该文本框右侧的 按钮计算表面速度和每齿进给量，其他参数采用系统默认设置值。

（3）单击 确定 按钮，完成进给率和速度参数的设置，系统返回到"型腔铣"对话框。

16.2.5　生成刀具轨迹并进行仿真

刀路轨迹是指在图形窗口中显示已生成的刀具运动路径。刀路确认是指在计算机屏幕上对毛坯进行去除材料的动态模拟。下面还是紧接上节的操作，说明生成刀路轨迹并确认的一般步骤。

Step1. 在"型腔铣"对话框的 操作 区域中单击"生成"按钮 ，在图形区中生成图 16.2.24 所示的刀路轨迹。

图 16.2.22　"切削参数"对话框

图 16.2.23　"进给率和速度"对话框

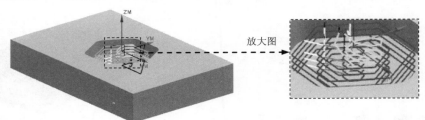

图 16.2.24　刀路轨迹

Step2. 在 操作 区域中单击"确认"按钮 📷,系统弹出图 16.2.25 所示的"刀轨可视化"对话框。

Step3. 单击 2D 动态 选项卡,然后单击"播放"按钮 ▶,即可进行 2D 动态仿真,完成仿真后的模型如图 16.2.26 所示。

说明:刀轨可视化中的 2D 动态 选项卡在默认安装后是不显示的,需要通过设置才可以显示出来。具体设置方法是:选择下拉菜单 文件(F) ▶ ➡ 实用工具(U) ▶ ➡ 🗔 用户默认设置(D)... 命令,在系统弹出的"用户默认设置"对话框中单击 加工 节点下的 仿真与可视化 节点,然后在右侧单击 常规 选项卡,并选中 ☑ 显示 2D 动态页面 复选框,单击 确定 按钮,最后将软件关闭重新启动即可。

Step4. 单击 确定 按钮，系统返回到"型腔铣"对话框，单击 确定 按钮，完成型腔铣操作。

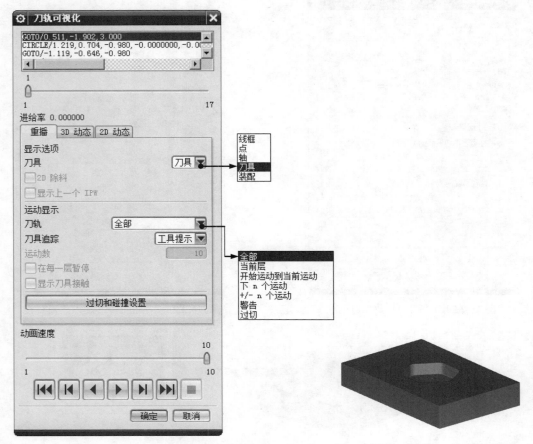

图 16.2.25　"刀轨可视化"对话框　　　　　图 16.2.26　2D 仿真结果

16.2.6　后处理

在工序导航器中选中一个操作或者一个程序组后，用户可以利用系统提供的后处理器来处理程序，其中利用 Post Builder（后处理构造器）建立特定机床定义文件以及事件处理文件后，可用 NX/Post 进行后置处理，将刀具路径生成为合适的机床 NC 代码。用 NX/Post 进行后置处理时，可在 NX 加工环境下进行，也可在操作系统环境下进行。后处理的一般操作步骤如下。

Step1. 在工序导航器中选择 CAVITY_MILL 节点，然后单击"工序"区域中的"后处理"按钮，系统弹出图 16.2.27 所示的"后处理"对话框。

Step2. 在 后处理器 区域中选择 MILL_3_AXIS 选项，在 单位 下拉列表中选择 公制/部件 选项。

Step3. 单击 确定 按钮，系统弹出"后处理"警告对话框，单击 确定(Q) 按钮，系统弹出"信息"窗口，如图 16.2.28 所示，并在当前模型所在的文件夹中生成一个名为 pocketing.ptp 的加工代码文件。

Step4. 保存文件。关闭"信息"窗口，选择下拉菜单 文件(F) ➡ 🖫 保存(S) 命令，即可保存文件。

图 16.2.27 "后处理"对话框

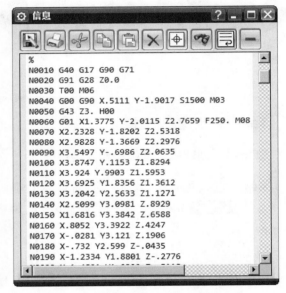

图 16.2.28 NC 代码

16.3 铣削加工

铣削加工是机械加工中最常用的加工方法之一，它主要包括平面铣削和轮廓铣削，也可以对零件进行孔以及螺纹等的加工。本节将通过范例来介绍一些铣削加工的方法，希望读者能够熟练掌握这些铣削加工方法。

16.3.1 底壁铣

底壁铣是平面铣工序中比较常用的铣削方式之一，它通过选择加工平面来指定加工区域。一般选用端铣刀。底壁铣可以进行粗加工，也可以进行精加工。

下面以图 16.3.1 所示的零件为例来介绍创建底壁铣的一般步骤。

Task1. 打开模型文件并进入加工模块

Step1. 打开文件 D:\ugxc12\work\ch16.03.01\face_milling_area.prt。

Step2. 进入加工环境。在 应用模块 功能选项卡的 加工 区域单击 按钮，在系统弹出的"加工环境"对话框的 要创建的 CAM 组装 列表框中选择 mill_planar 选项，然后单击 确定 按钮，进入加工环境。

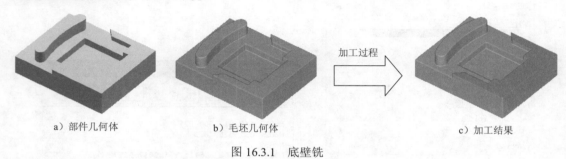

a）部件几何体　　　　　　b）毛坯几何体　　　　　　加工过程　　　　　　c）加工结果

图 16.3.1　底壁铣

Task2. 创建几何体

Stage1. 创建机床坐标系和安全平面

Step1. 进入几何视图。在工序导航器的空白处右击鼠标，在系统弹出的快捷菜单中选择 几何视图 命令，在工序导航器中双击 MCS_MILL 节点，系统弹出"MCS 铣削"对话框。

Step2. 创建机床坐标系。

（1）在"MCS 铣削"对话框的 机床坐标系 区域中单击"坐标系对话框"按钮，系统弹出"CSYS"对话框，确认在 类型 下拉列表中选择 动态 选项。

（2）单击"CSYS"对话框 操控器 区域中的"点对话框"按钮，系统弹出"点"对话框，在"点"对话框的 Z 文本框中输入值 65.0，单击 确定 按钮，此时系统返回至"CSYS"对话框。单击 确定 按钮，完成图 16.3.2 所示机床坐标系的创建，系统返回到"MCS 铣削"对话框。

Step3. 创建安全平面。

（1）在"MCS 铣削"对话框 安全设置 区域的 安全设置选项 下拉列表中选择 平面 选项，单击"平面对话框"按钮，系统弹出"平面"对话框。

（2）选取图 16.3.3 所示的平面参照，在 偏置 区域的 距离 文本框中输入值 10.0，单击

确定 按钮，系统返回到"MCS 铣削"对话框，完成图 16.3.3 所示的安全平面的创建。

（3）单击"MCS 铣削"对话框中的 确定 按钮，完成安全平面的创建。

Stage2．创建部件几何体

Step1. 在工序导航器中双击 ⊞ ⅙MCS_MILL 节点下的 ⬢WORKPIECE，系统弹出"工件"对话框。

Step2. 选取部件几何体。单击 🔲 按钮，系统弹出"部件几何体"对话框。在"上边框条"工具条中确认"类型过滤器"设置为"实体"，在图形区选取整个零件为部件几何体。

Step3. 单击 确定 按钮，完成部件几何体的创建，同时系统返回到"工件"对话框。

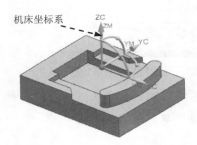

图 16.3.2　创建机床坐标系

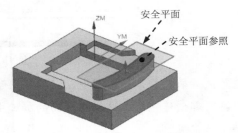

图 16.3.3　创建安全平面

Stage3．创建毛坯几何体

Step1. 在"工件"对话框中单击 ◈ 按钮，系统弹出"毛坯几何体"对话框。

Step2. 在 类型 下拉列表中选择 ▣部件的偏置 选项，在 偏置 文本框中输入值 1.0。

Step3. 单击 确定 按钮，系统返回到"工件"对话框。

Step4. 单击 确定 按钮，完成毛坯几何体的创建。

Task3．创建刀具

Step1. 选择下拉菜单 插入(S) ➡ ⌷刀具(T)... 命令，系统弹出"创建刀具"对话框。

Step2. 确定刀具类型。在 类型 下拉列表中选择 mill_planar 选项，在 刀具子类型 区域中单击"MILL"按钮 🔟，在 位置 区域的 刀具 下拉列表中选择 GENERIC_MACHINE 选项，在 名称 文本框中输入刀具名称 D15R0，单击 确定 按钮，系统弹出图 16.3.4 所示的"铣刀 -5 参数"对话框。

Step3. 设置刀具参数。设置图 16.3.4 所示的刀具参数，单击 确定 按钮，完成刀具的创建。

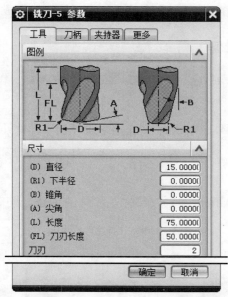

图 16.3.4 "铣刀-5 参数"对话框

注意：如果在加工的过程中，需要使用多把刀具，比较合理的方式是一次性把所需要的刀具全部创建完毕，这样在后面的加工中直接选取创建好的刀具即可，有利于后续工作的快速完成。

Task4. 创建底壁铣工序

Stage1. 插入工序

Step1. 选择下拉菜单 插入(S) ➡ 工序(E)... 命令，系统弹出"创建工序"对话框。

Step2. 确定加工方法。在"创建工序"对话框的 类型 下拉列表中选择 mill_planar 选项，在 工序子类型 区域中单击"底壁铣"按钮，在 程序 下拉列表中选择 PROGRAM 选项，在 刀具 下拉列表中选择 D15R0 (铣刀-5 参数) 选项，在 几何体 下拉列表中选择 WORKPIECE 选项，在 方法 下拉列表中选择 MILL_FINISH 选项，采用系统默认的名称。

Step3. 单击 确定 按钮，系统弹出图 16.3.5 所示的"底壁铣"对话框。

Stage2. 指定切削区域

Step1. 在 几何体 区域中单击"选择或编辑切削区域几何体"按钮，系统弹出"切削区域"对话框。

Step2. 选取图 16.3.6 所示的面为切削区域，单击 确定 按钮，完成切削区域的创建，同时系统返回到"底壁铣"对话框。

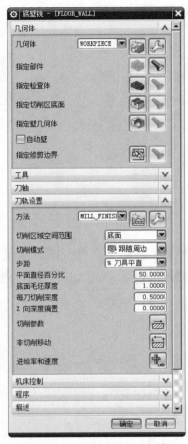

图 16.3.5 "底壁铣"对话框

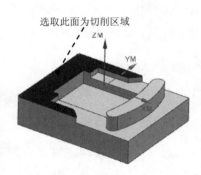

选取此面为切削区域

图 16.3.6 指定切削区域

图 16.3.5 所示的"底壁铣"对话框中的各按钮说明如下。

● （新建）：用于创建新的几何体。

● （编辑）：用于对部件几何体进行编辑。

● （选择或编辑检查几何体）：检查几何体是在切削加工过程中需要避让的几何体，如夹具或重要的加工平面。

● （选择或编辑切削区域几何体）：指定部件几何体中需要加工的区域，该区域可以是部件几何体中的几个重要部分，也可以是整个部件几何体。

● （选择或编辑壁几何体）：通过设置侧壁几何体来替换工件余量，表示除了加工面以外的全局工件余量。

- 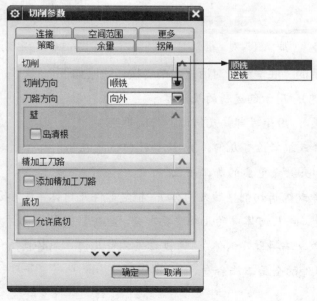（切削参数）：用于切削参数的设置。
- （非切削移动）：用于进刀、退刀等参数的设置。
- （进给率和速度）：用于主轴速度、进给率等参数的设置。

Stage3．显示刀具和几何体

Step1. 显示刀具。在 工具 区域中单击"编辑/显示"按钮 ，系统弹出"铣刀-5 参数"对话框，同时在图形区会显示当前刀具，在系统弹出的对话框中单击 取消 按钮。

Step2. 显示几何体。在 几何体 区域中单击"显示"按钮 ，在图形区中会显示当前的部件几何体以及切削区域。

说明：这里显示的刀具和几何体用于确认前面的设置是否正确，如果能保证前面的设置无误，可以省略此步操作。

Stage4．设置刀具路径参数

Step1. 设置切削模式。在 刀轨设置 区域的 切削模式 下拉列表中选择 跟随周边 选项。

Step2. 设置步进方式。在 步距 下拉列表中选择 刀具平直 选项，在 平面直径百分比 文本框中输入值 50.0，在 底面毛坯厚度 文本框中输入值 1.0，在 每刀切削深度 文本框中输入值 0.5。

Stage5．设置切削参数

Step1. 单击"底壁铣"对话框 刀轨设置 区域中的"切削参数"按钮 ，系统弹出"切削参数"对话框。单击 策略 选项卡，设置参数如图 16.3.7 所示。

图 16.3.7 "策略"选项卡

图 16.3.7 所示的"切削参数"对话框"策略"选项卡中的各选项说明如下。

- 切削方向：用于指定刀具的切削方向，包括 顺铣 和 逆铣 两种方式。
  - ☑ 顺铣：沿刀轴方向向下看，主轴的旋转方向与运动方向一致。
  - ☑ 逆铣：沿刀轴方向向下看，主轴的旋转方向与运动方向相反。
- 选中 精加工刀路 区域的 ☑ 添加精加工刀路 复选框，系统会出现如下选项。
  - ☑ 刀路数：用于指定精加工走刀的次数。
  - ☑ 精加工步距：用于指定精加工两道切削路径之间的距离，可以是一个固定的距离值，也可以是以刀具直径的百分比表示的值。取消选中 ☐ 添加精加工刀路 复选框，零件中岛屿侧面的刀路轨迹如图 16.3.8a 所示；选中 ☑ 添加精加工刀路 复选框，并在 刀路数 文本框中输入值 2.0，此时零件中岛屿侧面的刀路轨迹如图 16.3.8b 所示。

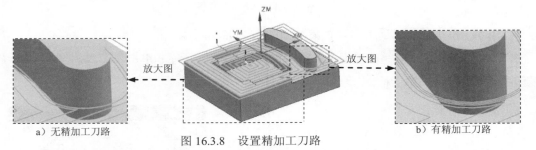

a) 无精加工刀路　　　　图 16.3.8　设置精加工刀路　　　　b) 有精加工刀路

- ☐ 允许底切 复选框：取消选中该复选框可防止刀柄与工件或检查几何体碰撞。

Step2. 单击 余量 选项卡，设置参数如图 16.3.9 所示。

Step3. 单击 拐角 选项卡，设置参数如图 16.3.10 所示。

图 16.3.9　"余量"选项卡

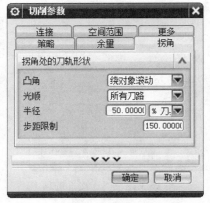

图 16.3.10　"拐角"选项卡

图 16.3.10 所示的"切削参数"对话框"拐角"选项卡中的各选项说明如下。

- 凸角：用于设置刀具在零件拐角处的切削运动方式，有 绕对象滚动 、 延伸并修剪 和 延伸 三个选项。

- 光顺：用于添加并设置拐角处的圆弧刀路，有 所有刀路 和 无 两个选项。添加圆弧拐角刀路可以减少刀具突然转向对机床的冲击，一般在实际加工中都将此参数设置为 所有刀路 。此参数生成的刀路轨迹如图 16.3.11b 所示。

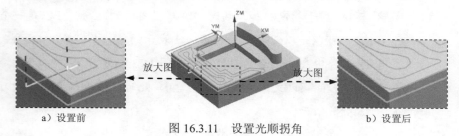

a）设置前   图 16.3.11   设置光顺拐角   b）设置后

Step4. 单击 连接 选项卡，设置参数如图 16.3.12 所示。

Step5. 单击 空间范围 选项卡，设置参数如图 16.3.13 所示；单击 确定 按钮，系统返回到"底壁铣"对话框。

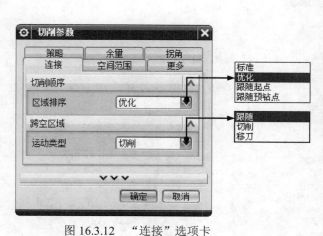

图 16.3.12   "连接"选项卡   图 16.3.13   "空间范围"选项卡

图 16.3.13 所示的"切削参数"对话框"空间范围"选项卡中的部分选项说明如下。

● **毛坯** 区域的各选项说明如下。

☑ **毛坯** 下拉列表：用于设置毛坯的加工类型，包括如下三种类型。

◆ **厚度**：选择此选项后，将会激活其下的 **底面毛坯厚度** 和 **壁毛坯厚度** 文本框。用户可以输入相应的数值以分别确定底面和侧壁的毛坯厚度值。

◆ **毛坯几何体**：选择此选项后，将会按照工件几何体或铣削几何体中已提前定义的毛坯几何体进行计算和预览。

◆ **3D IPW**：选择此选项后，将会按照前面工序加工后的 IPW 进行计算和预览。

● **切削区域** 区域的各选项说明如下。

☑ **将底面延伸至**：用于设置刀路轨迹是否根据部件的整体外部轮廓来生成。选中 **部件轮廓** 选项，刀路轨迹则延伸到部件的最大外部轮廓，如图 16.3.14 所示；选中 **无** 选项，刀路轨迹只在所选切削区域内生成，如图 16.3.15 所示；选中 **毛坯轮廓** 选项，刀路轨迹则延伸到毛坯的最大外部轮廓（仅在"毛坯几何体"有效时可用）。

图 16.3.14　刀路延伸到部件的外部轮廓　　　　图 16.3.15　刀路在切削区域内生成

☑ **合并距离**：用于设置加工多个等高的平面区域时，相邻刀路轨迹之间的合并距离值。如果两条刀路轨迹之间的最小距离小于合并距离值，那么这两条刀路轨迹将合并成为一条连续的刀路轨迹，合并距离值越大，合并的范围也越大。当合并距离值设置为 0 时，两区域间的刀路轨迹是独立的，如图 16.3.16 所示；合并距离值设置为 15mm 时，两区域间的刀路轨迹部分合并，如图 16.3.17 所示；合并距离值设置为 40mm 时，两区域间的刀路轨迹完全合并，如图 16.3.18 所示。

☑ **简化形状**：用于设置刀具的走刀路线相对于加工区域轮廓的简化形状，系统提供了 **轮廓**、**凸包**、**最小包围盒** 三种走刀路线。选择 **轮廓** 选项时，刀路轨迹如图 16.3.19 所示；选择 **最小包围盒** 选项时，刀路轨迹如图 16.3.20 所示。

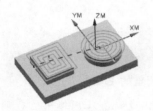
图 16.3.16　刀路轨迹（一）

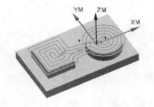
图 16.3.17　刀路轨迹（二）

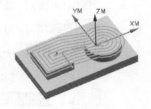
图 16.3.18　刀路轨迹（三）

☑ 切削区域空间范围：用于设置刀具的切削范围。当选择 底面 选项时，刀具只在底面边界的垂直范围内进行切削，此时侧壁上的余料将被忽略；当选择 壁 选项时，刀具只在底面和侧壁围成的空间范围内进行切削。

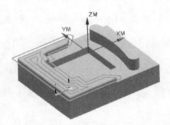
图 16.3.19　简化形状为"轮廓"的刀路轨迹

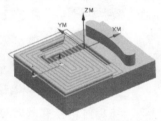
图 16.3.20　简化形状为"最小包围盒"的刀路轨迹

☑ ☐ 精确定位 复选框：用于设置在计算刀具路径时是否忽略刀具的尖角半径值。选中该复选框，将会精确计算刀具的位置；否则，将忽略刀具的尖角半径值，此时在倾斜的侧壁上将会留下较多的余料。

☑ 刀具延展量：用于设置刀具延展到毛坯边界外的距离，该距离可以是一个固定值，也可以是刀具直径的百分比值。

Stage6. 设置非切削移动参数

Step1. 单击"底壁铣"对话框 刀轨设置 区域中的"非切削移动"按钮 ⬚，系统弹出"非切削移动"对话框。

Step2. 单击 进刀 选项卡，其参数的设置如图 16.3.21 所示，其他选项卡中的参数设置值采用系统的默认值，单击 确定 按钮，完成非切削移动参数的设置。

图 16.3.21 所示的"非切削移动"对话框"进刀"选项卡中的各选项说明如下。

封闭区域：用于设置部件或毛坯边界之内区域的进刀方式。

● 进刀类型：用于设置刀具在封闭区域中进刀时切入工件的类型。

　　☑ 螺旋：刀具沿螺旋线切入工件，刀具轨迹（刀具中心的轨迹）是一条螺旋线，此种进刀方式可以减少切削时对刀具的冲击力。

- ☑ 沿形状斜进刀：刀具按照一定的倾斜角度切入工件，能减少刀具的冲击力。
- ☑ 插削：刀具沿直线垂直切入工件，进刀时刀具的冲击力较大，一般不选择这种进刀方式。
- ☑ 无：没有进刀运动。

● 斜坡角：用于定义刀具斜进刀进入部件表面的角度，即刀具切入材料前的最后一段进刀轨迹与部件表面的角度。

● 高度：用于定义刀具沿形状斜进刀或螺旋进刀时的进刀点与切削点的垂直距离，即进刀点与部件表面的垂直距离。

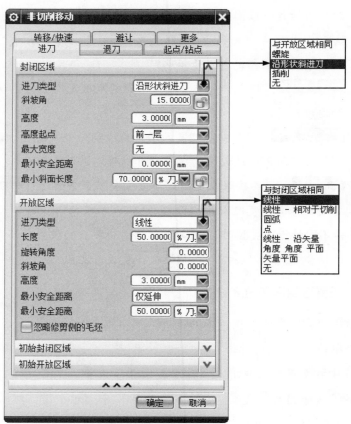

图 16.3.21　"进刀"选项卡

● 高度起点：用于定义前面 高度 选项的计算参照。

● 最大宽度：用于定义斜进刀时相邻两拐角间的最大宽度。

● 最小安全距离：用于定义沿形状斜进刀或螺旋进刀时，工件内非切削区域与刀具之间的最小安全距离。

- 最小斜面长度：用于定义沿形状斜进刀或螺旋进刀时最小倾斜斜面的水平长度。

开放区域：用于设置在部件或毛坯边界之外区域，刀具靠近工件时的进刀方式。

- 进刀类型：用于设置刀具在开放区域中进刀时切入工件的类型。
  - ☑ 与封闭区域相同：刀具的走刀类型与封闭区域的相同。
  - ☑ 线性：刀具按照指定的线性长度以及旋转的角度等参数进行移动，刀具逼近切削点时的刀轨是一条直线或斜线。
  - ☑ 线性 - 相对于切削：刀具相对于衔接的切削刀路呈直线移动。
  - ☑ 圆弧：刀具按照指定的圆弧半径以及圆弧角度进行移动，刀具逼近切削点时的刀轨是一段圆弧。
  - ☑ 点：从指定点开始移动。选取此选项后，可以用下方的"点构造器"和"自动判断点"来指定进刀开始点。
  - ☑ 线性 - 沿矢量：指定一个矢量和一个距离来确定刀具的运动矢量、运动方向和运动距离。
  - ☑ 角度 角度 平面：刀具按照指定的两个角度和一个平面进行移动，其中，角度可以确定进刀的运动方向，平面可以确定进刀开始点。
  - ☑ 矢量平面：刀具按照指定的一个矢量和一个平面进行移动，矢量确定进刀方向，平面确定进刀开始点。

注意：选择不同的进刀类型时，"进刀"选项卡中参数的设置会不同，应根据加工工件的具体形状选择合适的进刀类型，从而进行各参数的设置。

Stage7. 设置进给率和速度

Step1. 单击"底壁铣"对话框中的"进给率和速度"按钮🔧，系统弹出图 16.3.22 所示的"进给率和速度"对话框。

Step2. 选中 主轴速度 区域中的 ☑ 主轴速度 (rpm) 复选框，在其后的文本框中输入值 1500.0，在 进给率 区域的 切削 文本框中输入值 800.0，按 Enter 键，然后单击 🔳 按钮，其他参数的设置如图 16.3.22 所示。

Step3. 单击 确定 按钮，系统返回"底壁铣"对话框。

注意：这里不设置表面速度和每齿进给量并不表示其值为 0，单击 🔳 按钮后，系统会根据主轴转速计算表面速度，再根据切削进给率自动计算每齿进给量。

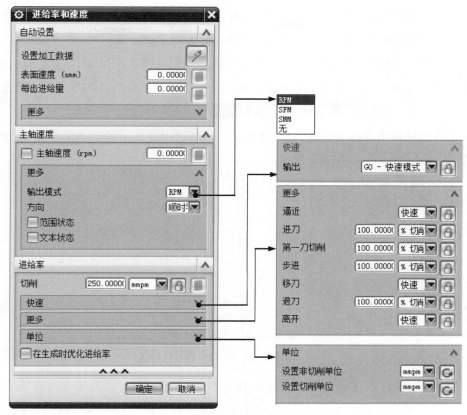

图 16.3.22 "进给率和速度"对话框

图 16.3.22 所示的"进给率和速度"对话框中的各选项说明如下。

- 表面速度（smm）：用于设置表面速度。表面速度即刀具在旋转切削时与工件的相对运动速度，与机床的主轴速度和刀具直径相关。

- 每齿进给量：刀具每个切削齿切除材料量的度量。

- 输出模式：系统提供了以下三种主轴速度输出模式。

  ☑ RPM：以每分钟转数为单位创建主轴速度。

  ☑ SFM：以每分钟曲面英尺为单位创建主轴速度。

  ☑ SMM：以每分钟曲面米为单位创建主轴速度。

  ☑ 无：没有主轴输出模式。

- ☑ 范围状态 复选框：选中该复选框以激活 范围 文本框，范围 文本框用于创建主轴的速度范围。

- ☑ 文本状态 复选框：选中该复选框以激活其下的文本框，可输入必要的字符。在

CLSF 文件输出时，此文本框中的内容将添加到 LOAD 或 TURRET 中；在后处理时，此文本框中的内容将存储在 mom 变量中。

- 切削：切削过程中的进给量，即正常进给时的速度。
- 快速 区域：用于设置快速运动时的速度，即刀具从开始点到下一个前进点的移动速度，有 G0 - 快速模式 、 G1 - 进给模式 两种选项可选。
- 更多 区域中各选项的说明如下（刀具的进给率和速度示意图如图 16.3.23 所示）。

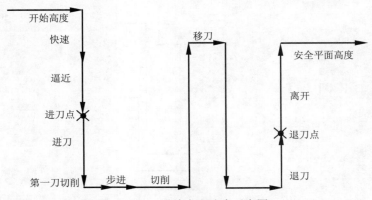

图 16.3.23　进给率和速度示意图

- ☑ 逼近：用于设置刀具接近时的速度，即刀具从起刀点到进刀点的进给速度。在多层切削加工中，它控制刀具从一个切削层到下一个切削层的移动速度。默认为 快速 模式，可通过其后的下拉列表选择 无 、 mmpm （毫米/分钟）、 mmpr （毫米/转）、 快速 、 切削百分比 等模式。

  注意：以下几处进给率的设定方法与此类似，故不再赘述。

- ☑ 进刀：用于设置刀具从进刀点到初始切削点时的进给率。

- ☑ 第一刀切削：用于设置第一刀切削时的进给率。

- ☑ 步进：用于设置刀具进入下一个平行刀轨切削时的横向进给速度，即铣削宽度，多用于往复式的切削方式。

- ☑ 移刀：用于设置刀具从一个切削区域跨越到另一个切削区域时做水平非切削移动时刀具的移动速度。移刀时，刀具先抬刀至安全平面高度，然后做横向移动，以免发生碰撞。

- ☑ 退刀：用于设置退刀时，刀具切出部件的速度，即刀具从最终切削点到退刀点之间的速度。

- ☑ 离开：设置离开时的进给率，即刀具退出加工部位到返回点的移动速度。

在钻孔加工和车削加工中，刀具由里向外退出时和加工表面有很小的接触，因此速度会影响加工表面的表面粗糙度。

● 单位 区域中各选项的说明如下。

☑ 设置非切削单位：单击其后的"更新"按钮 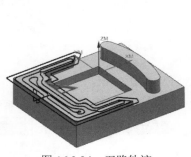，可将所有的"非切削进给率"单位设置为下拉列表中的 无 、 mmpm （毫米/分钟）、 mmpr （毫米/转）或 快速 等类型。

☑ 设置切削单位：单击其后的"更新"按钮 ，可将所有的"切削进给率"单位设置为下拉列表中的 无 、 mmpm （毫米/分钟）、 mmpr （毫米/转）或 快速 等类型。

Task5. 生成刀路轨迹并仿真

Step1. 在"底壁铣"对话框中单击"生成"按钮 ，在图形区中生成图 16.3.24 所示的刀路轨迹。

Step2. 在图形区通过旋转、平移、放大视图，再单击"重播"按钮 重新显示路径，可以从不同角度对刀路轨迹进行查看，以判断其路径是否合理。

Step3. 单击"确认"按钮 ，系统弹出图 16.3.25 所示的"刀轨可视化"对话框。

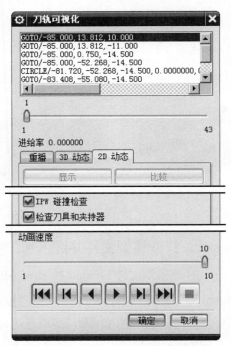

图 16.3.24 刀路轨迹　　　　图 16.3.25 "刀轨可视化"对话框

Step4. 使用 2D 动态仿真。单击 2D 动态 选项卡，采用系统默认设置值，调整动画速度后单击"播放"按钮 ▶，即可演示 2D 动态仿真加工，完成演示后的模型如图 16.3.26 所示，仿真完成后单击 确定 按钮，完成刀轨确认操作。

Step5. 单击 确定 按钮，完成操作。

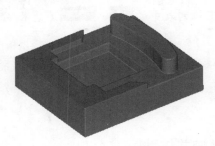

图 16.3.26 2D 仿真结果

Task6. 保存文件

选择下拉菜单 文件(F) ➡ 🖫 保存(S) 命令，保存文件。

16.3.2 型腔铣

型腔铣（标准型腔铣）主要用于粗加工，可以切除大部分毛坯材料，几乎适用于加工任意形状的几何体，可以应用于大部分的粗加工和直壁或者是斜度不大的侧壁的精加工，也可以用于清根操作。下面以图 16.3.27 所示的模型为例，讲解创建型腔铣的一般步骤。

a）部件几何体　　　　　　b）毛坯几何体　　　　　加工过程　　　　　c）加工结果

图 16.3.27 型腔铣

Task1. 打开模型文件并进入加工环境

Step1. 打开模型文件 D:\ugxc12\ch16.03.02\CAVITY_MILL.prt。

Step2. 进入加工环境。在 应用模块 功能选项卡的 加工 区域单击 🖋 按钮，系统弹出"加工环境"对话框，在 要创建的 CAM 组装 列表框中选择 mill contour 选项。单击 确定 按钮，进入加工环境。

Task2．创建几何体

Stage1．创建机床坐标系和安全平面

Step1．创建机床坐标系。

（1）选择下拉菜单 插入(S) ➡ 几何体(G)... 命令，系统弹出"创建几何体"对话框。

（2）在 类型 下拉列表中选择 mill_contour 选项，在 几何体子类型 区域中选择 [MCS]，在 几何体 下拉列表中选择 GEOMETRY 选项，在 名称 文本框中采用系统默认的名称 MCS。

（3）单击 确定 按钮，系统弹出"MCS"对话框。

Step2．在 机床坐标系 区域中单击"坐标系 对话框"按钮 ，在系统弹出的"CSYS"对话框的 类型 下拉列表中选择 动态 选项。

Step3．单击 操控器 区域中的 按钮，在"点"对话框的 参考 下拉列表中选择 WCS 选项，然后在 XC 文本框中输入值-100.0，在 YC 文本框中输入值-60.0，在 ZC 文本框中输入值 0.0，单击 确定 按钮，系统返回到"CSYS"对话框，单击 确定 按钮，完成机床坐标系的创建。

Step4．创建安全平面。

（1）在 安全设置 区域的 安全设置选项 下拉列表中选择 平面 选项。单击"平面对话框"按钮 ，系统弹出"平面"对话框，选取图 16.3.28 所示的模型表面为参考平面，在 偏置 区域的 距离 文本框中输入值 10.0。

（2）单击 确定 按钮，完成安全平面的创建，然后再单击"MCS"对话框中的 确定 按钮。

Stage2．创建部件几何体

Step1．选择下拉菜单 插入(S) ➡ 几何体(G)... 命令，系统弹出"创建几何体"对话框。

Step2．在 类型 下拉列表中选择 mill_contour 选项，在 几何体子类型 区域中选择"WORKPIECE"按钮 ，在 几何体 下拉列表中选择 MCS 选项，采用系统默认的名称 WORKPIECE_1。单击 确定 按钮，系统弹出"工件"对话框。

Step3．单击"选择或编辑部件几何体"按钮 ，系统弹出"部件几何体"对话框，在图形区选取整个零件实体为部件几何体，结果如图 16.3.29 所示。单击 确定 按钮，系统返回到"工件"对话框。

Stage3．创建毛坯几何体

Step1．在"工件"对话框中单击"选择或编辑毛坯几何体"按钮 ，系统弹出"毛

坯几何体"对话框。

Step2. 确定毛坯几何体。在 类型 下拉列表中选择 包容块 选项，在图形区中显示图16.3.30 所示的毛坯几何体，单击 确定 按钮，完成毛坯几何体的创建，系统返回到"工件"对话框。

Step3. 单击 确定 按钮，完成毛坯几何体的创建。

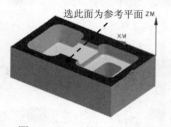
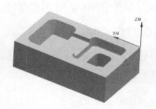
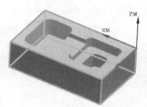

图 16.3.28　选择参考平面　　　图 16.3.29　部件几何体　　　图 16.3.30　毛坯几何体

Task3. 创建刀具

Step1. 选择下拉菜单 插入(S) ➡ 刀具(T)... 命令，系统弹出"创建刀具"对话框。

Step2. 确定刀具类型。在 类型 下拉列表中选择 mill_contour 选项，在 刀具子类型 区域中选择"MILL"按钮，在 刀具 下拉列表中选择 GENERIC_MACHINE 选项，在 名称 文本框中输入D12R1，单击 确定 按钮，系统弹出"铣刀-5 参数"对话框。

Step3. 设置刀具参数。在"铣刀-5 参数"对话框 尺寸 区域的 (D) 直径 文本框中输入值12.0，在 (R1) 下半径 文本框中输入值 1.0，其他参数采用系统默认的设置值，单击 确定 按钮，完成刀具的创建。

Task4. 创建型腔铣操作

Stage1. 创建工序

Step1. 选择下拉菜单 插入(S) ➡ 工序(E)... 命令，系统弹出"创建工序"对话框。

Step2. 确定加工方法。在 类型 下拉列表中选择 mill_contour 选项，在 工序子类型 区域中选择"型腔铣"按钮，在 程序 下拉列表中选择 PROGRAM 选项，在 刀具 下拉列表中选择D12R1 (铣刀-5 参数) 选项，在 几何体 下拉列表中选择 WORKPIECE_1 选项，在 方法 下拉列表中选择METHOD 选项，单击 确定 按钮，系统弹出"型腔铣"对话框。

Stage2. 显示刀具和几何体

Step1. 显示刀具。在 工具 区域中单击"编辑/显示"按钮，系统弹出"铣刀-5 参数"对话框，同时在图形区显示当前刀具的形状及大小，单击 确定 按钮。

Step2. 显示几何体。在 几何体 区域中单击 指定部件 右侧的"显示"按钮 ，在图形区会显示与之对应的几何体，如图 16.3.31 所示。

图 16.3.31 显示几何体

Stage3. 设置刀具路径参数

在"型腔铣"对话框的 切削模式 下拉列表中选择 跟随周边 选项，在 步距 下拉列表中选择 刀具平直 选项，在 平面直径百分比 文本框中输入值 50.0，在 公共每刀切削深度 下拉列表中选择 恒定 选项，然后在 最大距离 文本框中输入值 3.0。

Stage4. 设置切削参数

Step1. 单击"型腔铣"对话框中的"切削参数"按钮 ，系统弹出"切削参数"对话框。

Step2. 单击 策略 选项卡，设置图 16.3.32 所示的参数。

Step3. 单击 连接 选项卡，其参数设置值如图 16.3.33 所示，单击 确定 按钮，系统返回到"型腔铣"对话框。

Stage5. 设置非切削移动参数

Step1. 在"型腔铣"对话框中单击"非切削移动"按钮 ，系统弹出"非切削移动"对话框。

Step2. 单击 进刀 选项卡，在 封闭区域 区域的 进刀类型 下拉列表中选择 螺旋 选项，其他参数的设置如图

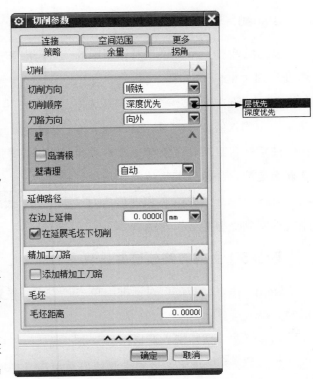

图 16.3.32 "策略"选项卡

16.3.34 所示，单击 确定 按钮，完成非切削移动参数的设置。

图 16.3.33　"连接"选项卡　　　　图 16.3.34　"非切削移动"对话框

Stage6. 设置进给率和速度

Step1. 单击"型腔铣"对话框中的"进给率和速度"按钮，系统弹出"进给率和速度"对话框。

Step2. 选中 ☑ 主轴速度（rpm）复选框，然后在其后的文本框中输入值 1200.0，在 切削 文本框中输入值 250.0，按 Enter 键，单击 按钮，其他参数采用系统默认设置值。

注意：这里不设置表面速度和每齿进给并不表示其值为 0，系统会根据主轴转速计算表面速度，会根据剪切值计算每齿进给量。

Step3. 单击"进给率和速度"对话框中的 确定 按钮，完成进给率和速度的设置，系统返回到"型腔铣"对话框。

Task5. 生成刀路轨迹并仿真

Step1. 在"型腔铣"对话框中单击"生成"按钮，在图形区中生成图 16.3.35 所示的刀路轨迹。

Step2. 在"型腔铣"对话框中单击"确认"按钮，系统弹出"刀轨可视化"对话框。单击 2D 动态 选项卡，调整动画速度后单击"播放"按钮，即可演示刀具按刀轨运行，完成演示后的模型如图 16.3.36 所示，仿真完成后单击 确定 按钮，完成仿真操作。

Step3. 单击 确定 按钮，完成操作。

图 16.3.35 刀路轨迹

图 16.3.36 2D 仿真结果

Task6. 保存文件

选择下拉菜单 文件(F) ➡ 保存(S) 命令，保存文件。

16.3.3 深度轮廓铣

深度轮廓铣是一种固定的轴铣削操作，通过多个切削层来加工零件表面轮廓。在深度轮廓铣操作中，除了可以指定部件几何体外，还可以指定切削区域作为部件几何体的子集，方便限制切削区域。如果没有指定切削区域，则对整个零件进行切削。深度轮廓铣的一个重要功能就是能够指定"陡角"，以区分陡峭与非陡峭区域。下面以图 16.3.37 所示的模型为例，讲解创建深度轮廓铣操作的一般步骤。

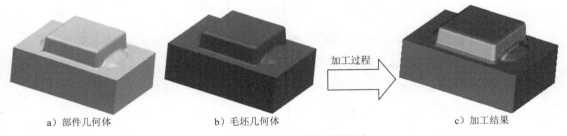

a) 部件几何体   b) 毛坯几何体   c) 加工结果

图 16.3.37 陡峭区域等高轮廓铣

Task1. 打开模型文件并进入加工模块

Step1. 打开文件 D:\ugxc12\work\ch16.03.03\zlevel_profile_steep.prt。

Step2. 进入加工环境。在 应用模块 功能选项卡的 加工 区域单击 按钮，在系统弹出的"加工环境"对话框的 要创建的 CAM 组装 下拉列表中选择 mill_contour 选项，然后单击 确定 按钮，进入加工环境。

Task2. 创建几何体

Stage1. 创建机床坐标系和安全平面

Step1. 进入几何体视图。在工序导航器的空白处右击鼠标，在快捷菜单中选择 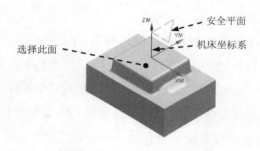 几何视图 命令，在工序导航器中双击节点 ⊞ MCS_MILL，系统弹出"MCS 铣削"对话框。

Step2. 定义机床坐标系。在 机床坐标系 区域中单击"坐标系 对话框"按钮 ，在 类型 下拉列表中选择 动态 选项。

Step3. 单击 操控器 区域中的 + 按钮，系统弹出"点"对话框，在 参考 下拉列表中选择 WCS 选项，然后在 XC 文本框中输入值 0.0，在 YC 文本框中输入值 0.0，在 ZC 文本框中输入值 60.0，单击两次 确定 按钮，系统返回到"MCS 铣削"对话框，完成图 16.3.38 所示的机床坐标系的创建。

ZM 安全平面
YM
选择此面 机床坐标系
XM

图 16.3.38　创建机床坐标系及安全平面

Step4. 创建安全平面。在 安全设置 区域的 安全设置选项 下拉列表中选择 平面 选项，单击"平面对话框"按钮 ，系统弹出"平面"对话框；选取图 16.3.38 所示的模型平面为参照，在 偏置 区域的 距离 文本框中输入值 20.0，单击 确定 按钮，完成图 16.3.38 所示的安全平面的创建，然后单击 确定 按钮。

Stage2. 创建部件几何体

Step1. 在工序导航器中单击 ⊞ MCS_MILL 节点前的"+"，双击节点 WORKPIECE，系统弹出"工件"对话框。

Step2. 选取部件几何体。在"工件"对话框中单击 按钮，系统弹出"部件几何体"对话框，在图形区选取整个零件实体为部件几何体。

Step3. 单击 确定 按钮，完成部件几何体的创建，同时系统返回到"工件"对话框。

Stage3. 创建毛坯几何体

Step1. 在"工件"对话框中单击 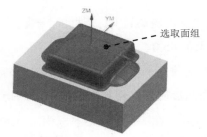 按钮，系统弹出"毛坯几何体"对话框。

Step2. 确定毛坯几何体。在 类型 下拉列表中选择 部件的偏置 选项，在 偏置 文本框中输入值 0.5。单击 确定 按钮，完成毛坯几何体的创建。

Step3. 单击 确定 按钮。

Stage4. 创建切削区域几何体

Step1. 右击工序导航器中的节点 WORKPIECE ，在快捷菜单中选择 插入 ▶ ➡ 几何体 命令，系统弹出"创建几何体"对话框。

Step2. 在 类型 下拉列表中选择 mill_contour 选项，在 几何体子类型 区域中单击 "MILL_AREA"按钮 ，在 几何体 下拉列表中选择 WORKPIECE 选项，采用系统默认名称 MILL_AREA，单击 确定 按钮，系统弹出"铣削区域"对话框。

Step3. 单击 按钮，系统弹出"切削区域"对话框，采用系统默认的选项，选取图 16.3.39 所示的切削区域，单击 确定 按钮，系统返回到"铣削区域"对话框。

Step4. 单击 确定 按钮。

图 16.3.39 指定切削区域

Task3. 创建刀具

Step1. 选择下拉菜单 插入(S) ➡ 刀具(T)... 命令，系统弹出"创建刀具"对话框。

Step2. 在 类型 下拉列表中选择 mill_contour 选项，在 刀具子类型 区域中单击"MILL"按钮 ，在 位置 区域的 刀具 下拉列表中选择 GENERIC_MACHINE 选项，在 名称 文本框中输入刀具名称 D10R2，然后单击 确定 按钮，系统弹出"铣刀-5 参数"对话框。

Step3. 设置刀具参数。在 尺寸 区域的 (D) 直径 文本框中输入值 10.0，在 (R1) 下半径 文本框中输入值 2.0，其他参数采用系统默认设置值，设置完成后单击 确定 按钮，完成刀具的创建。

Task4. 创建工序

Stage1. 创建工序

Step1. 选择下拉菜单 插入(S) ➡ 工序(E)... 命令，系统弹出"创建工序"对话框。

Step2. 确定加工方法。在 类型 下拉列表中选择 mill_contour 选项，在 工序子类型 区域中单击"深度轮廓铣"按钮 ，在 刀具 下拉列表中选择 D10R2 (铣刀-5 参数) 选项，在 几何体 下拉列表中选择 MILL AREA 选项，在 方法 下拉列表中选择 MILL_FINISH 选项，采用系统默认的名称。

Step3. 单击 确定 按钮，系统弹出"深度轮廓铣"对话框。

Stage2. 显示刀具和几何体

Step1. 显示刀具。在 工具 区域中单击"编辑/显示"按钮 ，系统弹出"铣刀-5 参数"对话框，同时在图形区会显示当前刀具的形状及大小，单击 确定 按钮，系统返回到"深度轮廓铣"对话框。

Step2. 显示几何体。在 几何体 区域中单击相应的"显示"按钮 ，在图形区会显示当前的部件几何体以及切削区域。

Stage3. 设置刀具路径参数

Step1. 设置陡峭角。在"深度轮廓铣"对话框的 陡峭空间范围 下拉列表中选择 仅陡峭的 选项，并在 角度 文本框中输入值 45.0。

说明：这里是通过设置陡峭角来进一步确定切削范围的，只有陡峭角大于设定值的切削区域才能被加工到，因此后面可以看到两侧较平坦的切削区域部分没有被切削。

Step2. 设置刀具路径参数。在 合并距离 文本框中输入值 3.0，在 最小切削长度 文本框中输入值 1.0，在 公共每刀切削深度 下拉列表中选择 恒定 选项，然后在 最大距离 文本框中输入值 1.0。

Stage4. 设置切削参数

Step1. 单击"深度轮廓铣"对话框中的"切削参数"按钮 ，系统弹出"切削参数"对话框。

Step2. 单击 策略 选项卡，在 切削顺序 下拉列表中选择 层优先 选项，

Step3. 单击 余量 选项卡，取消选中 □ 使底面余量与侧面余量一致 复选框，在 部件底面余量 文本框中输入值 0.5，其余参数采用系统默认设置。

Step4. 单击 确定 按钮，系统返回"深度轮廓铣"对话框。

Stage5．设置非切削移动参数

Step1．在"深度轮廓铣"对话框中单击"非切削移动"按钮，系统弹出"非切削移动"对话框。

Step2．单击 进刀 选项卡，其参数设置值如图 16.3.40 所示，单击 确定 按钮，完成非切削移动参数的设置。

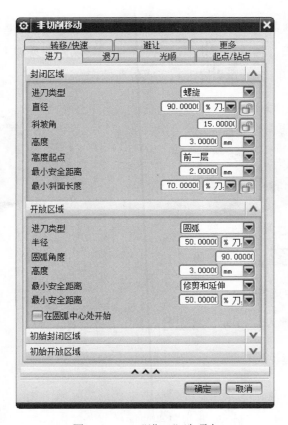

图 16.3.40 "进刀"选项卡

Stage6．设置进给率和速度

Step1．在"深度轮廓铣"对话框中单击"进给率和速度"按钮，系统弹出"进给率和速度"对话框。

Step2．选中 ☑ 主轴速度（rpm）复选框，在其后方的文本框中输入值 1800.0，在 切削 文本框中输入值 1250.0，按 Enter 键，然后单击 按钮。

Step3．在 更多 区域的 进刀 文本框中输入值 500.0，在 第一刀切削 文本框中输入值 2000.0，在其后面的单位下拉列表中选择 mmpm 选项；其他选项均采用系统默认参数设置值。

Step4. 单击 确定 按钮，完成进给率和速度的设置，系统返回"深度轮廓铣"对话框。

Task5. 生成刀路轨迹并仿真

Step1. 在"深度轮廓铣"对话框中单击"生成"按钮 ，在图形区中生成图 16.3.41 所示的刀路轨迹。

Step2. 单击"确认"按钮 ，系统弹出"刀轨可视化"对话框。单击 2D 动态 选项卡，调整动画速度后单击"播放"按钮 ，即可演示 2D 动态仿真加工，完成演示后的模型如图 16.3.42 所示，单击 确定 按钮，完成仿真操作。

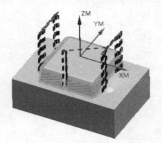

图 16.3.41　刀路轨迹

图 16.3.42　2D 仿真结果

Step3. 单击 确定 按钮，完成操作。

Task6. 保存文件

选择下拉菜单 文件(F) ➡ 保存(S) 命令，保存文件。

16.3.4　固定轮廓铣

固定轮廓铣是一种用于精加工由轮廓曲面所形成区域的加工方式，它通过精确控制刀具轴和投影矢量，使刀具沿着非常复杂曲面的复杂轮廓运动。固定轮廓铣是通过定义不同的驱动几何体来产生驱动点阵列，并沿着指定的投影矢量方向投影到部件几何体上，然后将刀具定位到部件几何体以生成刀轨。下面以图 16.3.43 所示的模型为例，讲解创建固定轴曲面轮廓铣削的一般步骤。

Task1. 打开模型文件并进入加工模块

Step1. 打开模型文件 D:\ugxc12\work\ch16.03.04\fixed_contour.prt。

Step2. 进入加工环境。在 应用模块 功能选项卡的 加工 区域单击 按钮，系统弹出"加工环境"对话框，在 要创建的 CAM 组装 列表框中选择 mill contour 选项，然后单击

确定 按钮，进入加工环境。

a）部件几何体　　　　　　　b）毛坯几何体　　　　　　　c）加工结果

图 16.3.43　固定轴曲面轮廓铣削

Task2. 创建几何体

Stage1. 创建机床坐标系和安全平面

Step1. 进入几何体视图。在工序导航器中右击鼠标，在快捷菜单中选择 几何视图 命令，双击节点 MCS_MILL ，系统弹出"MCS 铣削"对话框。

Step2. 创建机床坐标系。在 机床坐标系 区域中单击"坐标系 对话框"按钮 ，在系统弹出的"CSYS"对话框的 类型 下拉列表中选择 动态 选项。

Step3. 单击 操控器 区域中的 按钮，系统弹出"点"对话框。在 参考 下拉列表中选择 WCS 选项，在 ZC 文本框中输入值 80.0，单击两次 确定 按钮，完成图 16.3.44 所示的机床坐标系的创建。

Step4. 创建安全平面。在 安全设置 区域的 安全设置选项 下拉列表中选择 平面 选项，单击"平面对话框"按钮 ，系统弹出"平面"对话框；在 类型 下拉列表中选择 XC-YC 平面 选项，在 距离 文本框中输入值 90.0，单击 确定 按钮，完成图 16.3.44 所示安全平面的创建，然后单击 确定 按钮。

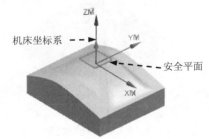

图 16.3.44　创建机床坐标系及安全平面

Stage2. 创建部件几何体

Step1. 在工序导航器中单击 MCS_MILL 节点前的"+"，双击节点 WORKPIECE ，系统弹出"工件"对话框。

Step2. 选取部件几何体，在"工件"对话框中单击 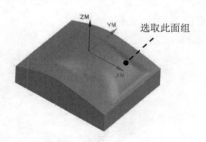按钮，系统弹出"部件几何体"对话框，在图形区选取整个零件实体为部件几何体，单击 确定 按钮，完成部件几何体的创建，同时系统返回到"工件"对话框。

Stage3. 创建毛坯几何体

Step1. 在"工件"对话框中单击 按钮，系统弹出"毛坯几何体"对话框。

Step2. 确定毛坯几何体。在 类型 下拉列表中选择 部件的偏置 选项，在 偏置 文本框中输入值 0.5。

Step3. 单击 确定 按钮，完成毛坯几何体的定义。

Stage4. 创建切削区域几何体

Step1. 在工序导航器的节点 WORKPIECE 上右击鼠标，在快捷菜单中选择 插入 ▶ ⟶ 几何体 命令，系统弹出"创建几何体"对话框。

Step2. 在 类型 下拉列表中选择 mill_contour 选项，在 几何体子类型 区域中单击"MILL_AREA"按钮 ，在 几何体 下拉列表中选择 WORKPIECE 选项，采用系统默认名称 MILL_AREA，单击 确定 按钮，系统弹出"铣削区域"对话框。

Step3. 单击 按钮，系统弹出"切削区域"对话框，采用系统默认的选项，选取图 16.3.45 所示的切削区域，单击 确定 按钮，系统返回到"铣削区域"对话框，单击 确定 按钮。

图 16.3.45　选取切削区域

Task3. 创建刀具

Step1. 选择下拉菜单 插入(S) ⟶ 刀具(T)... 命令，系统弹出"创建刀具"对话框。

Step2. 设置刀具类型和参数。在 类型 下拉列表中选择 mill_contour 选项，在 刀具子类型 区域中单击"BALL_MILL"按钮▨，在 位置 区域的 刀具 下拉列表中选择 GENERIC_MACHINE 选项，在 名称 文本框中输入刀具名称 B6，单击 确定 按钮，系统弹出"铣刀-球头铣"对话框。

Step3. 在 尺寸 区域的 (D) 球直径 文本框中输入值 6.0，其他参数采用系统默认设置值，设置完成后单击 确定 按钮，完成刀具的创建。

Task4. 创建固定轴曲面轮廓铣操作

Stage1. 创建工序

Step1. 选择下拉菜单 插入(S) ➡ ᴴ 工序(E)... 命令，系统弹出"创建工序"对话框。

Step2. 确定加工方法。在 类型 下拉列表中选择 mill_contour 选项，在 工序子类型 区域中单击"固定轮廓铣"按钮▨，在 刀具 下拉列表中选择 B6 (铣刀-球头铣) 选项，在 几何体 下拉列表中选择 MILL AREA 选项，在 方法 下拉列表中选择 MILL_FINISH 选项，单击 确定 按钮，系统弹出图16.3.46 所示的"固定轮廓铣"对话框。

Stage2. 设置驱动几何体

设置驱动方式。在"固定轮廓铣"对话框 驱动方法 区域的 方法 下拉列表中选择 区域铣削 选项，系统弹出"区域铣削驱动方法"对话框，设置图 16.3.47 所示的参数。完成后单击 确定 按钮，系统返回到"固定轮廓铣"对话框。

图 16.3.47 所示的"区域铣削驱动方法"对话框中的部分选项说明如下。

陡峭空间范围：用来指定陡峭的范围。

- 无：不区分陡峭，加工整个切削区域。
- 非陡峭：只加工部件表面角度小于陡峭角的切削区域。
- 定向陡峭：只加工部件表面角度大于陡峭角的切削区域。
- ☑ 为平的区域创建单独的区域：勾选该复选框，则将平面区域与其他区域分开来进行加工，否则平面区域和其他区域混在一起进行计算。

驱动设置 区域：该区域部分选项介绍如下。

- 非陡峭切削：用于定义非陡峭区域的切削参数。
    - ☑ 步距已应用：用于定义步距的测量沿平面还是沿部件。
        - ◆ 在平面上：沿垂直于刀轴的平面测量步距，适合非陡峭区域。
        - ◆ 在部件上：沿部件表面测量步距，适合陡峭区域。
- 陡峭切削：用于定义陡峭区域的切削参数。各参数含义可参考其他工序。

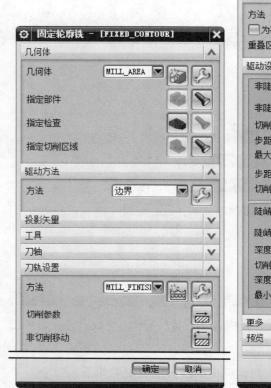

图 16.3.46　"固定轮廓铣"对话框　　　　图 16.3.47　"区域铣削驱动方法"对话框

Stage3．设置切削参数

Step1. 单击"固定轮廓铣"对话框中的"切削参数"按钮，系统弹出"切削参数"对话框。

Step2. 单击 策略 选项卡，其参数设置值如图 16.3.48 所示。

Step3. 单击 余量 选项卡，其参数设置值如图 16.3.49 所示，单击 确定 按钮。

Stage4．设置进给率和速度

Step1. 在"固定轮廓铣"对话框中单击"进给率和速度"按钮，系统弹出"进给率和速度"对话框。

Step2. 选中 ☑ 主轴速度 (rpm) 复选框，然后在其后方的文本框中输入值 1600.0，在 切削 文本框中输入值 1250.0，按 Enter 键，然后单击 按钮。

Step3. 在 更多 区域的 进刀 文本框中输入值 600.0，在其后面的单位下拉列表中选择 mmpm 选项；其他选项均采用系统默认参数设置值。

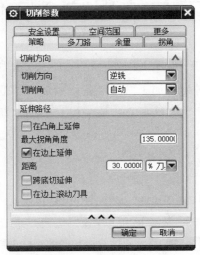　　　

图 16.3.48　"策略"选项卡　　　　　图 16.3.49　"余量"选项卡

Step4. 单击 确定 按钮，系统返回"固定轮廓铣"对话框。

Task5. 生成刀路轨迹并仿真

Step1. 在"固定轮廓铣"对话框中单击"生成"按钮 ，在图形区中生成图 16.3.50 所示的刀路轨迹。

Step2. 单击"确认"按钮 ，在系统弹出的"刀轨可视化"对话框中单击 2D 动态 选项卡，单击"播放"按钮 ，即可演示刀具刀轨运行。完成演示后的模型如图 16.3.51 所示，单击 确定 按钮，完成仿真操作。

Step3. 单击 确定 按钮，完成操作。

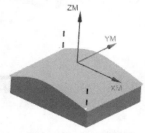　　　　　

图 16.3.50　刀路轨迹　　　　　图 16.3.51　2D 仿真结果

Task6. 保存文件

选择下拉菜单 文件(F) ➡ 保存(S) 命令，保存文件。

第 17 章　UG 数控加工与编程综合实例

下面以微波炉旋钮凸模加工为例来介绍模具的一般加工操作。粗加工，大量地去除毛坯材料；半精加工，留有一定余量的加工，同时为精加工做好准备；精加工，把毛坯件加工成目标件的最后步骤，也是关键的一步，其加工结果直接影响模具的加工质量和加工精度，所以在本例中我们对精加工的要求很高。

1．打开模型文件并进入加工模块

Step1. 打开模型文件 D:\ugxc12\work\ch17.01\ micro-oven_switch_lower.prt。

Step2. 进入加工环境。在 应用模块 功能选项卡的 加工 区域单击 按钮，系统弹出"加工环境"对话框；在 CAM 会话配置 列表框中选择 cam_general 选项，在 要创建的 CAM 组装 列表框中选择 mill contour 选项，单击 确定 按钮，进入加工环境。

2．创建几何体

Task1．创建机床坐标系

Step1. 将工序导航器调整到几何视图，双击 MCS_MILL 节点，系统弹出"MCS 铣削"对话框，在"MCS 铣削"对话框的 机床坐标系 区域中单击"CSYS 对话框"按钮 ，系统弹出"CSYS"对话框。

Step2. 单击"CSYS"对话框 操控器 区域中的"点对话框"按钮 ，系统弹出"点"对话框；在"点"对话框的 X 文本框中输入值 0.0，在 Y 文本框中输入值 0.0，在 Z 文本框中输入值 30.0；单击 确定 按钮，此时系统返回至"CSYS"对话框，在该对话框中单击 确定 按钮，完成图 17.1.1 所示的机床坐标系的创建。

Task2．创建安全平面

Step1. 在"MCS 铣削"对话框 安全设置 区域的 安全设置选项 下拉列表中选择 自动平面 选项，然后在 安全距离 文本框中输入值 20。

Step2. 单击"MCS 铣削"对话框中的 确定 按钮，完成安全平面的创建。

Task3．创建部件几何体

Step1. 在工序导航器中双击 MCS_MILL 节点下的 WORKPIECE，系统弹出"工件"对话框。

Step2. 选取部件几何体。在"工件"对话框中单击 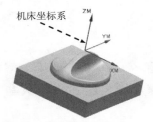 按钮，系统弹出"部件几何体"对话框。

Step3. 在图形区中选择整个零件为部件几何体，如图 17.1.2 所示。在"部件几何体"对话框中单击 确定 按钮，完成部件几何体的创建，同时系统返回到"工件"对话框。

Task4. 创建毛坯几何体

Step1. 在"工件"对话框中单击 按钮，系统弹出"毛坯几何体"对话框。

Step2. 在"毛坯几何体"对话框的 类型 下拉列表中选择 包容块 选项，在 极限 区域的 ZM+ 文本框中输入值 5.0。

Step3. 单击"毛坯几何体"对话框中的 确定 按钮，系统返回到"工件"对话框，完成图 17.1.3 所示毛坯几何体的创建。

Step4. 单击"工件"对话框中的 确定 按钮。

机床坐标系

图 17.1.1 创建机床坐标系

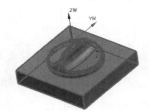

图 17.1.2 部件几何体

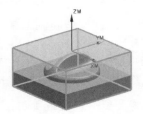

图 17.1.3 毛坯几何体

3. 创建刀具

Task1. 创建刀具（一）

Step1. 将工序导航器调整到机床视图。

Step2. 选择下拉菜单 插入(S) ➡ 刀具(T)... 命令，系统弹出"创建刀具"对话框。

Step3. 在"创建刀具"对话框的 类型 下拉列表中选择 mill_contour 选项，在 刀具子类型 区域中单击"MILL"按钮 ，在 位置 区域的 刀具 下拉列表中选择 GENERIC_MACHINE 选项，在 名称 文本框中输入 T1D20R2，然后单击 确定 按钮，系统弹出"铣刀-5 参数"对话框。

Step4. 在"铣刀-5 参数"对话框的 (D) 直径 文本框中输入值 20.0，在 (R1) 下半径 文本框中输入值 2.0，在 编号 区域的 刀具号 、 补偿寄存器 、 刀具补偿寄存器 文本框中均输入值 1，其他参数采用系统默认设置值；单击 确定 按钮，完成刀具的创建。

Task2. 创建刀具（二）

设置刀具类型为 `mill contour` 选项，在 `刀具子类型` 中单击选择"BALL_MILL"按钮 `🖊️`，刀具名称为 T2B12，刀具 `(D) 球直径` 为 12.0，在 `编号` 区域的 `刀具号`、`补偿寄存器`、`刀具补偿寄存器` 文本框中均输入值 2；具体操作方法参照 Task1。

Task3. 创建刀具（三）

设置刀具类型为 `mill contour` 选项，在 `刀具子类型` 中单击选择"BALL_MILL"按钮 `🖊️`，刀具名称为 T3B6，刀具 `(D) 球直径` 为 6.0，在 `编号` 区域的 `刀具号`、`补偿寄存器`、`刀具补偿寄存器` 文本框中均输入值 3；具体操作方法参照 Task1。

Task4. 创建刀具（四）

设置刀具类型为 `mill contour` 选项，在 `刀具子类型` 中单击选择"MILL"按钮 `🖊️`，刀具名称为 T4D12，刀具 `(D) 直径` 为 12.0，在 `编号` 区域的 `刀具号`、`补偿寄存器`、`刀具补偿寄存器` 文本框中均输入值 4；具体操作方法参照 Task1。

4. 创建型腔铣工序

说明：本步骤是为了粗加工毛坯，应选用直径较大的铣刀。创建工序时应注意优化刀轨，减少不必要的抬刀和移刀，并设置较大的每刀切削深度值，提高粗加工效率。另外还需要留有一定余量用于半精加工和精加工。

Task1. 创建工序

Step1. 将工序导航器调整到程序顺序视图。

Step2. 选择下拉菜单 `插入(S)` ➡️ `工序(E)...` 命令，在"创建工序"对话框的 `类型` 下拉列表中选择 `mill_contour` 选项，在 `工序子类型` 区域中单击"型腔铣"按钮 `🖊️`，在 `程序` 下拉列表中选择 `PROGRAM` 选项，在 `刀具` 下拉列表中选择前面设置的刀具 `T1D20R2 (铣刀-5 参数)` 选项，在 `几何体` 下拉列表中选择 `WORKPIECE` 选项，在 `方法` 下拉列表中选择 `MILL ROUGH` 选项，使用系统默认的名称。

Step3. 单击"创建工序"对话框中的 `确定` 按钮，系统弹出"型腔铣"对话框。

Task2. 设置一般参数

在"型腔铣"对话框的 `切削模式` 下拉列表中选择 `跟随部件` 选项；在 `步距` 下拉列表中选择 `% 刀具平直` 选项，在 `平面直径百分比` 文本框中输入值 50.0；在 `公共每刀切削深度` 下拉列表中

选择 恒定 选项，在 最大距离 文本框中输入值 1.0。

Task3. 设置切削参数

Step1. 在 刀轨设置 区域中单击"切削参数"按钮 ，系统弹出"切削参数"对话框。

Step2. 在"切削参数"对话框中单击 连接 选项卡，在 开放刀路 下拉列表中选择 变换切削方向 选项，其他参数采用系统默认设置值。

Step3. 单击"切削参数"对话框中的 确定 按钮，系统返回到"型腔铣"对话框。

Task4. 设置非切削移动参数

Step1. 在"型腔铣"对话框中单击"非切削移动"按钮 ，系统弹出"非切削移动"对话框。

Step2. 单击"非切削移动"对话框中的 进刀 选项卡，设置图 17.1.4 所示的参数。

Step3. 单击"非切削移动"对话框中的 确定 按钮，完成非切削移动参数的设置，系统返回到"型腔铣"对话框。

图 17.1.4 "进刀"选项卡

Task5. 设置进给率和速度

Step1. 在"型腔铣"对话框中单击"进给率和速度"按钮 ，系统弹出"进给率和速度"对话框。

Step2. 选中"进给率和速度"对话框 主轴速度 区域中的 ☑ 主轴速度 (rpm) 复选框，在其后的文本框中输入值 600.0，按 Enter 键，然后单击 按钮；在 进给率 区域的 切削 文本框中输入值 250.0，按 Enter 键，然后单击 按钮，其他参数采用系统默认设置值。

Step3. 单击 确定 按钮，完成进给率和速度的设置，系统返回到"型腔铣"对话框。

Task6. 生成刀路轨迹并仿真

生成的刀路轨迹如图 17.1.5 所示，2D 动态仿真加工后的模型如图 17.1.6 所示。

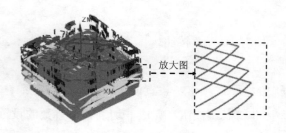

图 17.1.5　刀路轨迹

图 17.1.6　2D　仿真结果

5. 创建剩余铣工序

说明：本步骤是继承第 4 部分操作的 IPW 对毛坯进行二次粗加工。创建工序时应选用直径较小的端铣刀，并设置较小的每刀切削深度值，以保证更多区域能被加工到。

Task1. 创建工序

Step1. 选择下拉菜单 插入(S) ➡ 工序(E)... 命令，在"创建工序"对话框的 类型 下拉列表中选择 mill_contour 选项，在 工序子类型 区域中单击"剩余铣"按钮，在 程序 下拉列表中选择 PROGRAM 选项，在 刀具 下拉列表中选择刀具 T2B12 (铣刀-球头铣) 选项，在 几何体 下拉列表中选择 WORKPIECE 选项，在 方法 下拉列表中选择 MILL_SEMI_FINISH 选项，使用系统默认的名称"REST_MILLING"。

Step2. 单击"创建工序"对话框中的 确定 按钮，系统弹出"剩余铣"对话框。

Task2. 设置一般参数

在"剩余铣"对话框的 切削模式 下拉列表中选择 跟随部件 选项，在 步距 下拉列表中选择 % 刀具平直 选项，在 平面直径百分比 文本框中输入值 20.0；在 公共每刀切削深度 下拉列表中选择 恒定 选项，在 最大距离 文本框中输入值 1.0。

Task3. 设置切削参数

Step1. 在 刀轨设置 区域中单击"切削参数"按钮 ，系统弹出"切削参数"对话框。

Step2. 在"切削参数"对话框中单击 余量 选项卡，在 部件侧面余量 文本框中输入值 0.5，在 内公差 与 外公差 文本框中均输入值 0.03。

Step3. 在"切削参数"对话框中单击 空间范围 选项卡，在 毛坯 区域的 最小除料量 文本框中输入值 2。

Step4. 单击"切削参数"对话框中的 确定 按钮，系统返回到"剩余铣"对话框。

Task4. 设置非切削移动参数

采用系统默认的非切削参数设置值。

Task5. 设置进给率和速度

Step1. 在"剩余铣"对话框中单击"进给率和速度"按钮 ，系统弹出"进给率和速度"对话框。

Step2. 选中"进给率和速度"对话框 主轴速度 区域中的 ☑ 主轴速度 (rpm) 复选框，在其后的文本框中输入值 1000.0，按 Enter 键，然后单击 按钮；在 进给率 区域的 切削 文本框中输入值 300.0，按 Enter 键，然后单击 按钮，其他参数采用系统默认设置值。

Step3. 单击 确定 按钮，完成进给率和速度的设置，系统返回"剩余铣"对话框。

Task6. 生成刀路轨迹并仿真

生成的刀路轨迹如图 17.1.7 所示，2D 动态仿真加工后的模型如图 17.1.8 所示。

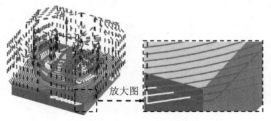

图 17.1.7　刀路轨迹　　　　　　图 17.1.8　2D 仿真结果

6. 创建深度轮廓加工铣工序（后面的详细操作过程请参见随书光盘中 video\ch17.01\reference\文件夹下的语音视频讲解文件 micro-oven_switch_lower-r01.exe）。

读者意见反馈卡

尊敬的读者:

感谢您购买机械工业出版社出版的图书!

我们一直致力于 CAD、CAPP、PDM、CAM 和 CAE 等相关技术的跟踪,希望能将更多优秀作者的宝贵经验与技巧介绍给您。当然,我们的工作离不开您的支持。如果您在看完本书之后,有好的意见和建议,或是有一些感兴趣的技术话题,都可以直接与我联系。

策划编辑: 丁锋

为了感谢广大读者对兆迪科技图书的信任与支持,兆迪科技面向读者推出"免费送课"活动,即日起,读者凭有效购书证明,可以领取价值 100 元的在线课程代金券 1 张,此券可在兆迪科技网校(http://www.zalldy.com/)免费换购在线课程 1 门。活动详情可以登录兆迪网校或者关注兆迪公众号查看。

兆迪网校

兆迪公众号

书名:《UG NX 12.0 快速入门及应用技巧》

1. 读者个人资料:

姓名: _____ 性别: ____ 年龄: ____ 职业: _____ 职务: _____ 学历: ____

专业: _____ 单位名称: _____ 办公电话: _____ 手机: ____

QQ: _____ 微信: _____ E-mail: _____

2. 影响您购买本书的因素 (可以选择多项):

□ 内容　　　　　　　　　　　□ 作者　　　　　　　　　　　□ 价格
□ 朋友推荐　　　　　　　　　□ 出版社品牌　　　　　　　　□ 书评广告
□ 工作单位 (就读学校) 指定　□ 内容提要、前言或目录　　　□ 封面封底
□ 购买了本书所属丛书中的其他图书　　　　　　　　　　　　□ 其他_____

3. 您对本书的总体感觉:

□ 很好　　　　　　　　　　　□ 一般　　　　　　　　　　　□ 不好

4. 您认为本书的语言文字水平:

□ 很好　　　　　　　　　　　□ 一般　　　　　　　　　　　□ 不好

5. 您认为本书的版式编排:

□ 很好　　　　　　　　　　　□ 一般　　　　　　　　　　　□ 不好

6. 您认为 UG 其他哪些方面的内容是您所迫切需要的?

_____

7. 其他哪些 CAD/CAM/CAE 方面的图书是您所需要的?

_____

8. 您认为我们的图书在叙述方式、内容选择等方面还有哪些需要改进的?

_____